Collecti

Edw

Po 3 -

Claude MERCIER

Les prénoms

un choix pour l'avenir

Présentation par
Pierre DACO

marabout

Les collections **marabout** sont éditées par la S.A. Les Nouvelles Éditions Marabout, 65, rue de Limbourg, B-4800 Verviers (Belgique). — Le label **marabout,** les titres des collections et la présentation des volumes sont déposés conformément à la loi. — Distributeur en **France:** HACHETTE s.a., Avenue Gutenberg, Z.A. de Coignières-Maurepas, 78310 Maurepas, B.P. 154 — pour le **Canada** et les **États-Unis:** A.D.P. Inc, 955, rue Amherst, Montréal 132, P.Q. Canada — en **Suisse:** Office du Livre, 101, route de Villars, 1701 Fribourg.

Préface

C'est avec plaisir que je présente ce livre-dictionnaire de Claude Mercier. Pourquoi est-il écrit, et pour qui ? Sera-t-il un simple jeu, ou un guide à suivre concernant des choix importants ? Ou se révélera-t-il plus vaste qu'on pourrait le croire à première vue ?

Nous y trouvons entre autres des correspondances entre le prénom et le « caractère ». Mais *caractère* signifie également *comportement*, envers soi et envers les autres. S'il y a osmose entre prénom et comportement, il ne faut évidemment jamais y voir une « magie » quelconque. Mais alors, comment un être humain pourrait-il, dans une certaine mesure, être modelé par le prénom qu'il porte ? S'il en est ainsi, il importe de choisir ce prénom avec le plus grand soin.

La première chose que feront la plupart sera de rechercher cette « correspondance » entre les prénoms et les caractères des personnes de leur entourage. Apparemment, il s'agira donc d'un jeu de société. Certains iront plus loin, chercheront le pourquoi et le comment. Ce faisant, ils attribueront aux prénoms une « finalité ». Dans cette optique, un prénom constituerait donc un « forçage » de la personnalité, dès la très petite enfance, forçage imposé par l'entourage. Dès lors, le choix d'un prénom ne devrait plus être le résultat d'un désir personnel — voire d'un égoïsme total —, mais l'aboutissement d'une série d'informations sémantiques, psychologiques, symboliques. Mais cela vaut-il la peine de pousser si loin les choses, et n'en arrive-t-on pas à couper les cheveux en quatre ?

D'autre part, de nombreuses personnes s'amusent à deviner le prénom d'inconnus. Nous retrouvons là le même jeu apparent : on tente de constater si tel prénom « colle » à telle personnalité, telle apparence, tel métier, tel comportement affectif et corporel. Ici encore, la finalité du prénom montre le bout du nez. Et si une Junon révèle s'appeler Gwendoline ou Flore, le rire ne sera pas loin.

Mais si nous disons que tout prénom est un mot, et que tout mot est une sonorité, les choses s'en trouvent déjà bien changées.

Certains auteurs établissent des corrélations entre les prénoms et l'astrologie. Ignorant tout de cette branche, je leur en laisse la responsabilité. Ils font de même en ce qui concerne les couleurs. Ici encore, j'ignore sur quoi ils se fondent ; car si la « vibration » d'une voyelle (par exemple) est de quelque 5.000 Herz (= périodes par seconde), la fréquence de la lumière visible explose dans les cent millions de millions jusqu'aux un milliard de millions de « vibrations » par seconde ! Cependant, il est amusant, voire intéressant, d'« associer » des couleurs aux sonorités des prénoms (comme on peut le faire pour les instruments de musique, puisque la voix humaine est un instrument). Par exemple, *Jean* ne fera certes pas penser au rouge vif, mais à une couleur plus douce : le bleu, le vert. C'est un jeu ? Soit, mais il pourrait aider à faire le choix important d'un prénom.

Du nourrisson au vieillard...

L'entourage choisit un prénom devant un nourrisson inconscient, voire même avant la naissance de l'enfant. Mais l'entourage imagine-t-il que cet enfant devra porter ce même prénom durant soixante-dix ou quatre-vingts ans, à l'école comme à l'armée, au bureau comme dans les salons ?

La vie est longue ; il s'agit donc de choisir un prénom qui résiste aux modes passagères et aux saisons de l'existence. Choisir un prénom est une chose ; l'imaginer dans l'avenir en est une autre.

N'oublions pas que l'être humain, à son stade actuel, est généralement mû par des sentiments d'infériorité et de faiblesse, qui produisent un besoin de puissance, un besoin d'être admiré et aimé ; et cela, grâce à des signes généralement extérieurs : son métier, sa beauté, sa force, sa maison,

son argent, sa voiture, etc. Et nous sommes très loin encore d'une « mutation » qui le fera exister selon ce qu'il est et non selon ce qu'il paraît.

Le prénom est un vêtement. Qu'il soit donc choisi sur mesure, au lieu d'être d'une banale confection.

Il existe des prénoms inattaquables, indéformables, solides, immuables comme le temps qui passe. Rien n'a de prise sur eux. Pensons — simple exemple — à « Marie ». La plus mauvaise intention ne pourrait rien contre ce prénom. On ne pourrait, ni le déformer, ni le ridiculiser. Ainsi, chaque parent devrait passer en revue les sobriquets possibles, les diminutifs ridicules, les calembours imbéciles qui pourraient abîmer le prénom envisagé.

Et surtout, il s'agit de laisser au vestiaire les égoïsmes parfois monstrueux. J'ai connu un père qui, envers et contre tout, appela son nourrisson-fille : Deodate (= donnée à Dieu). Ce souci religieux aurait été infiniment respectable s'il s'était agi de lui-même. Mais cela devenait absurde face à un bébé inconscient. Ainsi, ce père « sacralisa » et sacrifia son nourrisson à travers sa croyance personnelle. Il décréta les avenirs religieux de sa fille, traça sa route à sa place, détermina ses affectivités futures, qu'il projetait dans l'absolu avec une détermination aveugle. Le résultat ? Trente ans plus tard, Deodate était déjà une vieille fille célibataire, révoltée contre cette sacralisation qu'on avait continué de lui imposer (« rappelle-toi que tu t'appelles Deodate, lorsqu'on porte un pareil prénom, il s'agit de... », etc.). Mais la jeune femme était désormais sans foi ni croyance, névrosée, torturée par cet « appel divin » qu'elle refusait, coupable devant son refus de cette route qu'on lui avait tracée sans lui demander son avis...

Egoïstes également sont les choix selon lesquels un prénom doit prolonger celui du grand-père, de la grand-mère, etc. A moins qu'il ne soit destiné à rappeler sans cesse celui du père (on décrète sans appel : « il s'appellera comme son papa ! »). Et voici l'enfant condamné à entendre, durant toute sa vie, ses prénom et nom suivis d'un « Junior » le ramenant sans cesse, impitoyablement, à son rôle de fils. Un simple reflet, en quelque sorte, d'un père ou d'une mère égocentristes.

Un peu de musique

Il est banal de le dire, mais il faut que la « musique » du prénom s'harmonise avec celle du nom « de famille ». Les exemples pourraient être nombreux. Certains noms, demandent à être « relevés » par le prénom. Imaginons un nom banal : Dupond. Un « Jules Dupond » sera lamentablement traînaillant, tandis que Frédéric, Pierre, Jacques sont des prénoms capables de rehausser un nom sans brillance.

Les exemples pourraient être multipliés. Prénom + nom doivent former une harmonie. Un nom de famille à sonorité masculine s'harmonisera avec un prénom à sonorité féminine (voyez plus loin). L'inverse sera vrai également. Il ne faut qu'un peu de musique dans l'oreille, un peu de bon sens ou d'intelligence.

Il s'agit de prendre garde également aux diminutifs possibles qui, tout charmants qu'ils soient, basculent vite dans les sobriquets et la caricature.

Il va de soi que les parents ne peuvent pas connaître le caractère futur de l'enfant, et ignorent si tel prénom y correspondra.

Mais une question se pose déjà : *un prénom peut-il modeler le caractère ?* Tel ou tel prénom est-il capable de déterminer, dans une certaine mesure, tel ou tel comportement ? (voyez plus loin).

Généralement, les parents (ou l'entourage) choisissent le prénom selon six critères :
— l'esthétique (« cela sonne bien, c'est musical », etc.) ;
— la mode ;
— l'égoïsme (« c'est un prénom qui me plaît à moi ») ;
— la reconnaissance (« cela fera plaisir à son grand-père ») ;
— la sagesse (« ce prénom est inattaquable ») ;
— la finalité (« je l'appelerai... ; il sera comme son prénom, il aura le caractère de son prénom »).

Le symbolisme des prénoms

Il est des prénoms éternels ; le symbolisme en est généralement religieux. Ce sont, avant tout et dans nos civilisations, les prénoms chrétiens.

Marie vient au premier rang, non seulement par la beauté équilibrée de sa sonorité chantante, mais aussi en tant que prénom d'une femme ineffable: la mère du Christ. C'est la femme «sans péché» ni laideur; c'est la femme forte et douce, puissante intérieurement, d'un équilibre émotionnel parfait. Les non-chrétiens eux-mêmes réagissent à ce prénom «religieux» qui a imbibé notre civilisation depuis deux mille ans.

Pierre se situe en tête également. C'est un prénom tout aussi inattaquable, indéformable, éternel. Il possède, bien entendu, la résonance «pierre», matériau dur avec lequel on bâtit. C'est (par rappel du Nouveau Testament) le prénom d'un chef viril et spirituel. C'est un prénom de conquérant plein de compassion et de bonté.

Jean est le prénom de la douceur, de l'émotion en éveil, de la tendresse, de celui que «l'on préfère». Tout aussi inattaquable, il se prête cependant à divers diminutifs affectueux.

Thomas est le prénom «qui a du caractère», par rappel du Thomas biblique qui ne «croit que ce qu'il voit». C'est un prénom fort, terrestre, volontaire, d'une émotion contrôlée. C'est également un prénom éternel, ne prêtant le flanc à aucune déformation caricaturale.

Dans le même ordre d'idées, on trouve encore:

Marc, à la sonorité courte et extravertie.

Marie-Madeleine, dont il est inutile de rappeler le rôle auprès du Christ, prénom de compassion et de bonté, d'humanité «sociale» et de douceur. Ceci n'étant que des exemples montrant que la pénétration séculaire d'un climat chrétien rejaillit normalement sur les prénoms.

Il est d'autres symbolismes de prénoms. En voici quelques-uns: *Jeanne*. Il rappelle probablement Jeanne d'Arc. C'est un prénom de fer dur, pouvant cependant aller jusqu'à une grande douceur, selon l'intonation courte ou longue donnée au «A». C'est le prénom qui évoque le sang-froid, le contrôle quasi masculin de la femme qui le porte.

Un autre type de symbolisme est celui qui évoque un adjectif:
Claire en est un exemple. C'est un prénom «clair», éclatant,

net, sans bavure, actif. Ce prénom sonne comme une trompette. Et comment la femme, porteuse de ce prénom, ne serait-elle pas marquée par sa sonorité éclatante et printanière ?

Les prénoms de pôle masculin et de pôle féminin

Il serait intéressant que les parents, avant de choisir un prénom, « associent » sur ce prénom, ou plutôt sur sa sonorité. Personne ne songerait à associer une clarinette aiguë avec la féminité, ou la rondeur de la clarinette-basse avec la masculinité.

- **Sont de « pôle masculin »,** les prénoms qui claquent, qui sonnent clair, les prénoms secs et nets, les prénoms à consonnes, les prénoms explosifs.

A titre d'exemple : *Pierre, Frédéric, Jacques, Jeanne, Hélène, Jacqueline, Frédérique, Marcel, Marcelle, Claire, Clément, Agnès, André, Alberte...* Il serait d'ailleurs intéressant de noter ici les « fréquences » par seconde qu'atteint chacun de ces prénoms ; mais cela nous conduirait vers trop de complexité : fréquences, timbres, hauteurs, etc.

- **Sont de « pôle féminin »,** les prénoms « étales ». Ils ne sont pas des pics comme les prénoms de pôle masculin, mais « horizontaux » comme l'eau et la plaine, tantôt mystérieux et sourds, tantôt puissants comme le fleuve. Ecoutons les sonorités :

A titre d'exemple : *Marie* (puissant) ; *Alfred* (mystérieux) ; *Alphonse* (sonorité introvertie) ; *Désiré* (sonorité sourde, à quoi il faut ajouter le rappel de l'adjectif qui lui correspond) ; *Anne* (le A initial rend ce prénom particulièrement étale et féminin) ; *Antoine* (sonorité sourde, en attente) ; *Antoinette* (sonorité vive, piquante, très féminine) ; *Berthe* (sonorité ouverte, calme, nette) ; *Jean* (voyez plus haut) ; *Camille* (sonorité mouillée) ; *Claude*... etc.

Mais, avec *Claude,* nous voici dans les prénoms androgynes, portés par des hommes comme par des femmes. Ces prénoms sont généralement de « pôle » féminin, et risquent de féminiser (socialement et affectivement) l'homme qui les porte.

• Et les prénoms composés ?

Ils sont évidemment soit de double pôle masculin ou féminin, soit de pôle masculin ou féminin prédominants. Il est assez facile — en se mettant à l'écoute de leurs sonorités — de découvrir le pôle prédominant, selon la sonorité principale, et selon le pôle du prénom se présentant en premier. Par exemple : *Jean-Pierre :* pôle féminin prédominant (Jean) mais « relevé » par la masculinité brillante de Pierre. Prénom composé bien équilibré. Ici également, il suffit de laisser « chanter » les sonorités de chaque double-prénom.

Par exemple, on ressent immédiatement que *Pierre-Frédéric* est de pôle fortement masculin, que *Frédéric-Pierre* l'est davantage encore. Que *Marie-Paule* est puissamment féminin, tandis que *Jean-Marie* risque de « féminiser » le garçon qui porte ce prénom (souvent choisi par une mère d'ailleurs...). Etc.

La conclusion ? Si chacun fait en sorte de ne pas « malaimer » son enfant, *pourquoi ne met-on pas tout en jeu pour ne pas le « mal-nommer » ?* Répétons qu'un prénom est une sonorité qui « colle » à l'âme et au comportement durant une vie entière, sonorité qui possède le pouvoir d'influencer celui ou celle qu'elle désigne (voyez plus loin).

La finalité du prénom

Serait-il invraisemblable que les porteurs d'un même prénom montrent, non pas le même caractère, mais certaines grandes lignes semblables du comportement ? Par exemple, on peut remarquer que la plupart des *Jacqueline* sont actives et autoritaires, que la plupart des *Claire* sont joyeuses et débrouillardes, que nombre de *Pierre* sont brillants et affectivement solides... etc.

Comment cela pourrait-il se produire ? Par quel mécanisme ?

Et si un prénom peut « modeler » un caractère et retentir sur le comportement, il serait logique qu'autrui soit influencé à son tour par le prénom d'une personne.

Il n'est évidemment pas question d'affubler un prénom d'une « aura magique » ! Certains parlent de « vibration ». D'accord, *mais à la condition* de penser « fréquences ». Tout prénom — comme n'importe quel mot — est un *ensemble de sonorités.* C'est une tonalité musicale. *Comme tel, cet ensemble de sonorités provoque des sensations devant lesquelles se produit une réaction.* C'est ici, et ici seulement, que peut se situer la finalité du prénom.

Imaginons...

Imaginons un enfant qui, depuis le biberon, serait appelé et désigné par quelques sons musicaux, toujours les mêmes, et toujours émis par le même instrument. Cent fois par jour, la mère de cet enfant s'adresse à lui, non pas au moyen d'un prénom, mais au moyen de cette courte mélodie.

Voici par exemple un nourrisson auquel on s'adresse par le truchement d'un air de basson. Que fera l'enfant ? Car l'enfant finit par savoir (comme par un prénom) que cette mélodie le désigne. Il réagit, il répond à cette mélodie. La première chose à connaître est le type de mélodie : grave, relativement aiguë, courte, longue, sèche, etc. En deuxième lieu il s'agit d'examiner comment cette mélodie est émise. Ici donc, par un basson. On comprend que le petit enfant *finira par s'identifier* à cette sonorité qui le désigne. C'est normal, semble-t-il. Toujours dans cet exemple, le caractère sonore du basson (nostalgie, sonorité brumeuse, parfois caricaturale) déteindra sur l'enfant dont le comportement présentera des facettes nostalgiques, douces, rêveuses, farfelues, etc.

Maintenant, imaginons un enfant qui serait sans cesse désigné et appelé par des notes de trompettes. Par identification, il deviendra relativement brillant, « aigu », vif, plein de panache.

Rien ne nous empêche d'imaginer encore un enfant-flûte, un enfant-violoncelle, un enfant-hautbois, un enfant-clarinette, un enfant-trompette bouchée, etc. ; avec, chaque fois, un comportement identifié à une sonorité donnée.

Si j'ai parlé de trompette bouchée (alors qu'il s'agissait plus haut d'une trompette normale), c'est parce que l'enfant réagira, dans sa vie courante, devant :

a) la *sonorité propre* du prénom qui le désigne ;

b) le *timbre* et la *hauteur* de l'instrument qui émet le prénom : la voix humaine, douce ou dure, tendre ou sèche, aiguë ou grave, rapide ou lente, etc.

La voix humaine

La voix des personnes de l'entourage prend une part importante dans la finalité du prénom. Avant tout, la voix de la mère ! C'est cette voix que le jeune enfant percevra cent fois par jour ; c'est la voix maternelle qui désignera et interpellera l'enfant, par son « impact » physique tout d'abord (voyelles, consonnes du prénom), mais aussi par la façon de le dire (timbre et hauteur de la voix).

Le jeune enfant est un « récepteur » d'une extrême sensibilité. Les sensations premières de la vie se gravent à tout jamais, et de façon irréversible. Or, la mère est porteuse d'un symbolisme immense. Et si l'enfant réagit physiquement à l'audition « physique » de son prénom, il réagit plus encore à la sensation psychologique qui l'accompagne (façon de dire le prénom).

● Voyelles et consonnes

La voix est un instrument de musique. Ceci n'est pas une image poétique, mais un fait. Chaque son issu de la bouche humaine est composé de deux périodes transitoires et d'une période de stabilité. La *voyelle* est une période de stabilité. Les périodes transitoires sont les *consonnes*. Chacun sait que la voyelle est plus « douce », plus reposante, tandis que la consonne « claque » davantage.

La voyelle est produite par la vibration des cordes vocales ; sans entrer dans les détails, signalons qu'une série d'ondes sonores se produisent dans la gorge. Les sons féminins se distinguent des sons masculins par la hauteur et le timbre ; les fréquences utilisées par les voyelles tournent autour de 5.000 Hz (= 5.000 périodes/sec.).

Les consonnes se divisent en consonnes vocales (les *g* et les *r* gutturaux) et en consonnes non vocales *(p, k, f, s)* produites par le frottement de l'air sur les lèvres, la langue, les dents, le palais. Les fréquences de ces sons sont élevées.

De plus, rappelons-nous que les voix de femmes sont plus élevées d'une octave que les voix masculines.

• L'enfant-récepteur

Revenons-en à un enfant qui, désigné par une sonorité (celle du prénom), finit par s'y identifier. Il est évident que *Karl* possède un impact plus claquant que *Charles,* que *Pierrot* est plus doux que *Pierre,* etc. Lorsque les gens appellent un enfant par le diminutif du prénom, ils ne font qu'en adoucir la sonorité (du moins généralement). Ils « mettent une sourdine » à cet instrument humain qu'est la voix. Par exemple : *Pierrot* comporte la voyelle O qui stabilise le prénom ; *Jean* devient *Jeannot* (même processus) ; *Frédéric* devient parfois *Frédérî* (la consonne est remplacée par un I stabilisateur) ; mais le même *Frédéric* peut devenir *Fred* (avec une consonne finale qui rend le diminutif plus dur que l'original).

On comprend que si une mère appelle tendrement *Frédérî,* l'enfant réagira autrement que s'il s'entend désigné par le *Fred !* lancé sèchement par une mère courroucée.

Tout cela n'a pas tellement d'importance en soi ; mais il faut se rappeler sans cesse qu'un enfant est un « mécanisme-récepteur » finalisé ; et que, lorsqu'il s'agit du prénom, l'enfant inscrit en lui inconsciemment : *« Cette sonorité, c'est moi. Je suis représenté et désigné par cette sonorité. Je suis cette sonorité ».*

Si, d'autre part, on songe que la personnalité est entièrement modelée dès les premiers mois de la vie étant donné que les informations extérieures sont reçues par un mécanisme relativement vierge, ne vaut-il pas la peine que l'on s'attarde à tout ce qui peut donner à cet enfant les informations les plus positives possible ?

« Je » me présente…

Ces mots « sociaux » ne sont qu'apparemment banaux. Ils signifient que l'on se prépare à donner une *information sur soi-même.* Autrui deviendra le *récepteur* de cette information. Par conséquent, il réagira suivant trois phases successives : sensation, sentiment, comportement. Et le « Je me présente » devient important.

Mais de quelle information s'agit-il, lorsqu'on cite un prénom ?

● Un « Je » individuel

Le prénom est une sonorité *individuelle.* Le nom « de famille » est une sonorité « sociale ». Par le nom de famille, on est le fils, ou la fille, ou le père ou la mère de quelqu'un. A moins qu'on ne soit le représentant de telle ou telle couche sociale ou religieuse, ouvrière, bourgeoise ou aristocratique, etc. De ce fait, *l'individualité pure disparaît. On devient l'élément fragmentaire d'un groupe, et la partie d'un ensemble.* Et le « Je » est dissous, voire englouti. Il n'est rien de tel avec le prénom.

Imaginons que vous vous trouviez devant un inconnu. Vous allez vous présenter à lui. Vous allez lui dire *qui* vous êtes. Votre prénom sera votre premier ambassadeur, votre nom de famille le second. Votre prénom, émettant sa sonorité en premier lieu, frappera autrui selon sa douceur, sa dureté, sa longueur, sa brièveté, sa musicalité. Ce sera *la première information* vous concernant, *le premier impact* dont autrui sera le récepteur subjectif.

Imaginons encore que, en vous présentant, vous ne citiez *que* votre prénom. Et supposons que l'autre ne vous ait jamais vu auparavant. Vous êtes totalement anonyme jusqu'au moment où vous citez votre prénom. Ce sera pour autrui (et en attendant de plus amples informations) votre « Je » pur, *décanté de tout élément social.* Et l'autre fera ce que vous avez fait avant lui : il vous identifiera à la sonorité de votre prénom, et à la façon dont votre voix émet cette sonorité (hauteur, puissance, timbre, etc.).

Autrui réagira par une *sensation immédiate,* agréable ou désagréable : « quel prénom sonore, noble, minable, ridicule ! » etc.) ; ou par une sensation d'étonnement : « comme ce prénom lui sied mal ! comme ce prénom « colle » à sa présentation » ! etc. ; voire par une sensation de totale indifférence. Bien entendu, le symbolisme du prénom aura son importance (Marie, par exemple, est évidemment profondément symbolique, alors que Chantal ou Fabienne ne le sont pas).

Mais *la manière de dire* votre prénom est également fort importante. Tout air de musique n'est beau que par la façon dont on le joue. Interviennent alors :

— *la hauteur* de votre voix, plus ou moins aiguë ou grave, selon la fréquence des vibrations ;

— l'*intensité* de votre voix, forte ou faible, liée à l'amplitude des sons ;

— *le timbre* de votre voix, lié à la forme des vibrations (présence d'harmoniques superposées au son fondamental). En musique, c'est ainsi que l'on distingue un instrument d'un autre.

La conclusion pratique est qu'il est bon de pouvoir citer son prénom de façon telle qu'autrui soit favorablement « impressionné ». Est donc très importante la manière dont chacun ressent son propre prénom : fierté, honte, plaisir, etc., et dont chacun sent que son propre prénom « colle » ou non à ce qu'il est.

Revenons à la *sensation* éprouvée par autrui. Cette sensation provoquera immédiatement un *sentiment* (sympathie, antipathie, indifférence, etc.). Le sentiment produira une *modification du comportement :* accueil, rejet, hostilité, neutralité, etc.

Il faut répéter que *la sonorité du prénom est la toute première information que vous donnez à autrui vous concernant.*

Qu'est-ce qu'une information ?

C'est une action physique qui s'accompagne d'une action psychologique. Par exemple, votre voisin vous dit : « Il fait beau temps ». Son action physique (émission vocale de mots, gestes, etc.), est accompagnée d'actions psychologiques (plaisir, joie, projets, etc.). Votre voisin est, à ce moment, l'*émetteur* de l'information ; vous en êtes le *récepteur*. Disons également que toute relation humaine consiste en des échanges d'informations.

Une information comprend (et rapportons déjà ceci au prénom):

— un *support* de l'information (dans ce qui nous occupe, il s'agira de la voix humaine);

— une résonance psychologique (pour un enfant, ce que dit la mère a évidemment plus d'importance que les paroles d'un voisin).

Dès l'enfance, la mère dit: Je « te » nommes Jacques. « Tu » es Jacques. Je « t »'informe que tu réponds à la sonorité Jacques. Toute ta vie, tu répondras à cette même sonorité, comme tu aurais pu répondre à une clochette ou à tout instrument autre que ma voix... Je « te » nommes Jacques, et « tu » deviendras profondément Jacques.

Or, tout enfant s'identifie largement à sa mère durant la petite enfance. Il « est » sa mère. La voix de sa mère est sa propre voix. Tout, chez l'enfant, s'inscrit par le moyen des sensations. Mais tout s'imprime en lui *à jamais; il n'y a pas d'effacement possible* comme sur une bande magnétique. Tout est irréversible.

Faut-il encore répéter que la sonorité-prénom se trouve parmi les toutes premières informations données à l'enfant, et le concernant immédiatement?

Et ainsi, nous retrouvons la finalité du prénom, la correspondance entre la sonorité-prénom et certaines faces du comportement.

En fin de compte, chacun devrait pouvoir choisir son propre prénom, le temps venu. Le choisir selon ce que l'on croit être, selon la ressemblance profonde ressentie entre soi et un prénom. Mais, même si cela était possible, la « finalité » du prénom imposé n'aurait-elle pas déjà joué?

Les lois sont ce qu'elles sont. Dans ce domaine, on ne peut que rarement re-choisir ce qui fut choisi par d'autres. Alors, souhaitons que chaque parent tente de mettre en pratique le livre de Claude Mercier...

Pierre DACO

La part de chance de votre prénom

Dans les civilisations antiques, rien ne distinguait le signe des chiffres de celui des lettres, si bien qu'on a pu chiffrer l'alphabet. L'astrologie, qui remonte très loin dans le temps, a dégagé de ces alphabets chiffrés une onomancie originale, donnant la correspondance numérique de n'importe quel prénom.

Cette valeur permet de déterminer la « part de chance » de chaque prénom, simple ou composé, sur le zodiaque.

Il faut savoir, pour calculer cette part de chance, que le zodiaque est divisé en 360°.

Le Bélier va de 1° à 30°
Le Taureau va de 31° à 60°
Les Gémeaux vont de 61° à 90°
Le Cancer va de 91° à 120°
Le Lion va de 121° à 150°
La Vierge va de 151° à 180°
La Balance va de 181° à 210°
Le Scorpion va de 211° à 240°
Le Sagittaire va de 241° à 270°
Le Capricorne va de 271° à 300°
Le Verseau va de 301° à 330°
Les Poissons vont de 331° à 360° ou 0°

L'alphabet chiffré

A = 1	N = 50
B = 2	O = 70
C = 20	P = 80
D = 4	Q = 100
E = 5	R = 200
F = 80	S = 300
G = 3	T = 400
H = 8	U = 6
I = 10	V = 6
J = 10	W = 6
K = 20	X = 60
L = 30	Y = 10
M = 40	Z = 7

Comment chiffrer un prénom

Exemple : *Anne-Marie*

A = 1
N = 50
N = 50
E = 5
M = 40
A = 1
R = 200
I = 10
E = 5
Total : 362.

Comme le nombre dépasse 360, il faut soustraire 360 à 362 et on obtient 2 que l'on place sur le zodiaque. La part de chance d'Anne-Marie est à 2° sur le Bélier.

Exemple : *Jean-Etienne*

J = 10
E = 5
A = 1
N = 50
E = 5
T = 400
I = 10
E = 5
N = 50
N = 50
E = 5
Total : 591.

Comme le nombre dépasse 360, il faut soustraire 360 à 591 et on obtient 231.

La part de chance de Jean-Etienne est à 231° sur le zodiaque, c'est-à-dire le 21° du Scorpion.

Abel

Fêté le 5 août.

Etymologie : vient de l'hébreu « hevel » qui signifie vanité, fragilité des choses, ce qui passe...

Historique : la Bible nous apprend que le pauvre Abel fut le premier homme assassiné et, qui plus est, par la main de son propre frère, Caïn, le laboureur, jaloux de l'amour que Dieu portait à son cadet, le doux pasteur. Abel était en effet le deuxième fils d'Adam et d'Eve. Où diable a-t-il trouvé une épouse ? Et Caïn ? La Bible ne le dit pas. Quoi qu'il en soit, à l'époque de saint Augustin, les membres d'une secte gnostique, entre mille autres, celle des Abéliens ou des Abélonites, imitant Abel qui n'aurait pas connu bibliquement sa femme, épousaient mais ne consommaient pas le mariage. Cette secte disparut sous Théodose le Jeune, sans doute faute de descendants...

Saint Abel, lui, que l'on fête le 5 août, vivait au VIIIe siècle. Il devint archevêque de Reims mais fut évincé de son « poste » et exilé à l'abbaye de Lobbes dans le Hainaut.

Personnages célèbres : il existe curieusement un Abel fratricide, un roi de Danemark, qui occit son frère Eric II pour lui ravir la couronne. Il ne la garda pas longtemps. Deux ans après son crime, les Frisons se débarrassaient de lui.

Il existe heureusement des Abel plus pacifiques ; citons entre autres le peintre Abel Bonnard, le cinéaste Abel Gance.

La *part de chance* d'Abel est à 38° sur le zodiaque, c'est-à-dire le 8° du Taureau.
Le *chiffre* d'Abel est le 2.
La *couleur* d'Abel est le jaune.

Caractère type : il a le sens pratique et est doué pour les affaires ; il aime la vie, l'amour occupe une place importante dans son existence. Il fait beaucoup d'efforts pour mériter son bonheur. Se pourrait-il qu'il fût masqué par la vieille résonance biblique, dans son besoin de réussir, d'aimer et d'être aimé ?

Patronyme : Abel se combine mal avec un nom commençant par « l » ou « bel ».

Abélard

Fêté le 5 août comme saint Abel ou le 24 décembre comme sainte Adèle.

Etymologie : vient du germain ; dérive d'Adélard dont les origines sont « adal » qui veut dire noble et « hard » qui signifie dur.

Historique : philosophe scholastique très brillant, Abélard eut le tort de s'éprendre d'Héloïse, la nièce du chanoine Fulbert. Ce dernier soudoya des mercenaires leur ordonnant de castrer le philosophe amoureux. Villon a chanté les deux malheureux amants dans sa « Ballade des Dames du Temps jadis :

> « Où est la très sage Héloïs
> Pour qui fut châtré et puis moine
> Pierre Esbaillard à Saint-Denis
> Pour son amour eut cette essoine... »

Abélard, après sa pénible aventure, se retira dans un couvent. Il continua cependant à connaître une grande renommée comme maître es philosophie. Il existe une très belle correspondance entre lui et Héloïse. Mais une méchante langue, un érudit allemand, Schmeidler, prétend qu'elle est tout entière de la main d'Abélard qui l'aurait écrite pour se consoler.

La *part de chance* d'Abélard est à 243° sur le zodiaque, c'est-à-dire le 3° du Sagittaire.
Le *chiffre* d'Abélard est le 7.
La *couleur* d'Abélard est le jaune.

Caractère type : il a — et ce n'est pas le moindre paradoxe — une âme de père de famille. Mais comme il fallait s'y attendre, il est attiré par la philosophie et la théologie ; en outre il est un excellent pédagogue.

Patronyme : prénom du Moyen Age, il n'est plus usité étant donné les malheurs qui s'attachent au personnage. Quoi qu'il en soit, il se combine mal avec un nom commençant par « lar » « ar » et « r ».

Abélia

Voir Abel.

Ce prénom évoque une fleur ou plus exactement un arbuste de la famille des Caprifoliacées, découvert par un voyageur du nom d'Abel Clarke, d'où son nom. Cette plante pousse en Chine et dans l'Himalaya. On peut la cultiver sous nos climats. Ses fleurs blanches et rosées ont une odeur suave.

La *part de chance* d'Abélia est à 49° sur le zodiaque, c'est-à-dire le 19° du Taureau.
Le *chiffre* d'Abélia est le 3.
La *couleur* d'Abélia est le jaune.

Caractère type : intérieurement belle et très féminine, elle est affectivement robuste, gaie, mais d'un caractère assez difficile.

Patronyme : ce prénom peu usité se combine mal avec un nom banal. Il se marie bien, par contre, avec une particule.

Abella

Voir Abel.

Une ville de Campanie porte son nom (anciennement Avella). Elle est célèbre par sa richesse en noisettes que l'on appelle avelines.

La *part de chance* d'Abella est à 69° sur le zodiaque, c'est-à-dire le 9° des Gémeaux.
Le *chiffre* d'Abella est le 6.
La *couleur* d'Abella est le jaune.

Caractère type : elle est capricieuse et juge un peu vite. Qui refuse d'entrer dans son jeu la rassure. Elle n'est pas très stable.

Patronyme : ce prénom peu usité se combine mal avec les noms commençant par « la » et « a ».

Abondance

Fêtée le 16 septembre.

Etymologie : vient du latin « abundantia » qui signifie, comme en français, abondance, richesse. Abundantia était une divinité romaine, célèbre par la corne renversée qu'elle tenait à deux mains et d'où tombaient les richesses.

Historique : sainte Abondance fut une martyre du IVe siècle, sous Dioclétien.

La *part de chance* d'Abondance est à 203° sur le zodiaque, c'est-à-dire le 23° de la Balance.
Le *chiffre* d'Abondance est le 8.
La *couleur* d'Abondance est le vert.

Caractère type : aérienne, pleine de grâce et de finesse, elle est aussi intelligente, cultivée et un tantinet égoïste.

Patronyme : Abondance, prénom vraiment peu usité, se combine mal avec un nom commençant par une consonne sifflante.

Abraham

Fêté le 20 décembre.

Etymologie : vient de l'hébreu « abraham » qui signifie père d'une multitude de nations.

Historique : Abraham aurait vécu environ XX siècles avant le Christ. Il naquit à Our en Chaldée et il était païen. Il devint monothéiste en Mésopotamie. Dieu, pour le récompenser d'avoir eu le courage incroyable d'accéder à Son souhait : l'immolation de son fils Isaac qu'Il refusa au dernier moment, désigna Abraham comme le père d'une multitude de nations et changea son premier nom Abram qui voulait dire « père élevé » en Abraham. Dieu lui promit en outre dans l'immédiat la possession de Chanaan. Son autre fils Ismaël serait le père des Arabes. Ainsi Abraham, l'homme de foi par excellence, fut-il le père des Israélites, des Arabes et des

Chrétiens par Jésus-Christ.

Des saints et des bienheureux ont porté le nom d'Abraham. Citons entre autres un saint Abraham, dont l'ermitage devint en Auvergne le centre d'un monastère dédié à saint Cyr ou saint Cirgues. Il est fêté le 15 juin. Un évêque d'Arbèles, martyrisé en 344. Il est fêté le 5 février. Un évêque de Carrhes mort en 422 et fêté le 14 février.

Personnages célèbres: Abraham de Sainte-Claire, prédicateur à la cour de Vienne au XVIIIe siècle. Abraham Lincoln ce qui explique la grande vogue de ce prénom aux Etats-Unis.

La *part de chance* d'Abraham est à 253° sur le zodiaque, c'est-à-dire le 13° du Sagittaire.
Le *chiffre* d'Abraham est le 8.
La *couleur* d'Abraham est le vert.

Caractère type: il est intérieurement robuste. Par résonance psychosomatique, il est souvent grand, beau; il respire la force et la santé, mais est volontiers gourmand. Il ne tient pas en place. Grand voyageur devant l'Eternel, il a en outre le sens des affaires, pourvu qu'il puisse « bouger ». C'est un père de famille idéal.

Patronyme: Abraham, très répandu chez les Israélites et les protestants, se combine mal avec un nom de famille commençant par « m » ou « am ».

Acace

Fêté le 31 mars.

Etymologie: vient du grec « alpha privatif » et « kakos » qui signifie mauvais. Ce qui veut dire: qui est sans malice.

Historique: saint Acace vécut au IIIe siècle. Il fut préservé du martyre pour avoir défendu avec tant de conviction le christianisme devant l'empereur Dèce que celui-ci le gracia.

D'autres saints et bienheureux ont porté le nom d'Acace.

La *part de chance* d'Acace est à 47° sur le zodiaque, c'est-à-dire le 17° du Taureau.
Le *chiffre* d'Acace est le 4.

La *couleur* d'Acace est le bleu.

Caractère type : il est robuste mais lent dans toutes ses activités. C'est un amoureux de la vie. Il est souvent jouisseur, jaloux et possessif, pratique et réaliste.

Patronyme : Acace, prénom qui n'est vraiment pas à conseiller étant donné sa consonance « comique », se combine mal de toute façon avec un nom commençant par une consonne sifflante.

Achille

Fêté le 12 mai.

Etymologie : vient du grec « Achileus », nom du héros.

Mythologie : Achille est le nom d'un héros grec que sa mère, la déesse Thétis, plongea dans le Styx pour le rendre invulnérable. Hélas, elle oublia le talon par lequel elle le tenait. Pendant la guerre de Troie, il triompha d'Hector pour venger son très cher ami Patrocle. Pâris, ou le dieu Apollon sous les traits de Pâris, lui décocha une flèche dans le talon, seule partie vulnérable de son corps. Il en mourut. Cette mort avait été prévue par un oracle. Achille est un des héros principaux de l'Iliade d'Homère.

Historique : saint Achille fut martyrisé en même temps que son frère saint Nérée, tous deux soldats romains, convertis sans doute par saint Pierre lui-même vers le Ier siècle.

Personnages célèbres : Achille Tatius, écrivain alexandrin du IVe siècle, auteur d'un roman d'amour célèbre jusqu'au Moyen Age. Le lithographe Achille Devéria. Le clown Achille Zavatta. Le poète surréaliste belge Achille Chavée.

La *part de chance* d'Achille est à 104° sur le zodiaque, c'est-à-dire le 14° des Gémeaux.
Le *chiffre* d'Achille est le 5.
La *couleur* d'Achille est le rouge.

Caractère type : il est imprévisible. Il déconcerte. Il mène souvent plusieurs activités de front. Intelligent, il est parfois écrivain ou politicien.

Patronyme : Achille, prénom un peu désuet, se combine mal avec un nom commençant par « l ».

Adam

Fête : vers le XIe siècle, il a été d'usage dans l'Eglise de canoniser tous les personnages de l'Ancien Testament, du moins ceux qui le méritaient. Mais il n'existe pas de saint Adam, et c'est pourquoi ce prénom n'est pas fêté.

Etymologie : vient de l'hébreu « adâm » qui semble dériver de l'assyrien « adamou » qui veut dire créer, ou encore de « adamah » qui veut dire rouge.

Historique : tout le monde connaît les tribulations du premier homme que Dieu, selon la Bible, façonna à son image avec un peu de limon rouge. Nul n'ignore la côte malencontreuse et la pomme séduisante (à moins que ce ne soit le contraire) et l'exil pour « gagner son pain à la sueur de son front ».

Prétextant que le baptême leur avait rendu l'innocence originelle d'avant le premier péché, les Adamites, une secte gnostique du IIe siècle assistaient nus à leurs assemblées. Ces précurseurs du naturisme connurent un regain de faveur au XVe siècle en Bohême et Moravie. Nul doute que cette secte aurait sa chance aujourd'hui si quelque illuminé la redécouvrait.

Personnages célèbres : le trouvère Adam de la Halle. Le sculpteur Adam Krafft. Le poète Adam Mickiewicz.

La *part de chance* d'Adam est à 46° sur le zodiaque, c'est-à-dire le 16° du Taureau.
Le *chiffre* d'Adam est le 1.
La *couleur* d'Adam est le rouge.

Caractère type : robuste, endurant, travailleur, il sait aussi s'organiser. Il aime la vie et a le goût du plaisir. Il a souvent le sens des affaires.

Patronyme : Adam se combine mal avec un nom commençant par « en » ou « an ».

Adélaïde

Fêtée le 16 septembre.

Etymologie : vient du germain « adal » qui veut dire noble et « haid » suffixe, comparable au « heit » allemand.

Historique : sainte Adélaïde naquit en 931. Fille du roi de Bourgogne Rodolphe II, elle épousa Lothaire, roi d'Italie. Elle avait 17 ans. Veuve en 950, elle dut fuir les persécutions de Béranger II et trouva dans Otton le Grand, empereur d'Allemagne, un allié puis un mari. Veuve de nouveau, en 973, elle devint régente impératrice. Après avoir gouverné avec sagesse et fermeté, elle se retira dans un monastère qu'elle avait fondé, à Seltz, où elle mourut en 999. Sa vie a été racontée par saint Odilon, abbé de Cluny.

Personnages célèbres : Adélaïde de France, fille aînée de Louis XV. Adélaïde de Savoie, reine de France. Adélaïde d'Orléans, sœur de Louis-Philippe.

La *part de chance* d'Adélaïde est à 60° sur le zodiaque, c'est-à-dire le 30° du Taureau.
Le *chiffre* d'Adélaïde est le 5.
La *couleur* d'Adélaïde est le bleu.

Caractère type : elle est fantasque et capricieuse. Elle juge trop rapidement les êtres. Mais elle a le don d'enfance.

Patronyme : Adélaïde, prénom désuet, se combine mal avec un nom commençant par « d » ou « ide ».

Adèle

Fêtée le 24 septembre.

Etymologie : vient du germain « adal » qui veut dire noble.

Historique : sainte Adèle, fille du roi Dagobert II, se retira après la mort de son mari Albéric dans un monastère qu'elle avait fondé près de Trèves et où elle mourut en 730.

Personnages célèbres : Adèle de Champagne, troisième

femme de Louis VII et mère de Philippe-Auguste. Adèle de France, fille de Robert le Pieux et femme de Baudouin V, comte de Flandre. Adela Patti, dite la Patti, célèbre cantatrice italienne.

La *part de chance* d'Adèle est à 45° sur le zodiaque, c'est-à-dire le 15° du Taureau.
Le *chiffre* d'Adèle est le 9.
La *couleur* d'Adèle est le bleu.

Caractère type : elle a du charme, de la féminité. Elle veut plaire. Coquette parfois, gaie souvent, elle manque cependant d'humour. Elle est douée pour les arts.

Patronyme : Adèle se combine mal avec un nom commençant par « l ».

Adeline

Fêtée le 20 octobre.

Etymologie : vient du germain « adal » qui veut dire noble et « lind » qui signifie doux.

Historique : la bienheureuse Adeline fut l'abbesse du monastère de Mortain, dans le diocèse d'Avranches. Son frère était l'abbé de Savigny, qui devint le bienheureux Vital. La bienheureuse Adeline mourut dans son monastère de Dames blanches vers 1125.

La *part de chance* d'Adeline est à 105° sur le zodiaque, c'est-à-dire le 15° du Cancer.
Le *chiffre* d'Adeline est le 5.
La *couleur* d'Adeline est le bleu.

Caractère type : elle n'a guère le goût de l'effort et la paresse lui joue parfois de mauvais tours. Cependant, elle passe par des périodes d'activité intense. Elle est aussi très tenace si elle manque généralement de volonté.

Patronyme : Adeline se combine mal avec un nom commençant par « n » ou « i ».

Adhémar

Fêté le 24 mars comme Aldemar ou le 29 mai comme Aymar.

Etymologie : vient du germain « adal » qui veut dire noble, « heim » qui signifie maison et « mar » qui veut dire illustre.

Historique : saint Adhémar a disparu du calendrier liturgique actuel : il semble bien avoir été légendaire.

Personnages célèbres : l'évêque Adhémar de Monteil qui prêcha la première Croisade. Le chroniqueur Adhémar de Chabannes (988-1034).

La *part de chance* d'Adhémar est à 259° sur le zodiaque, c'est-à-dire le 19° du Sagittaire.
Le *chiffre* d'Adhémar est le 5.
La *couleur* d'Adhémar est le bleu.

Caractère type : il est de mental robuste, et psychosomatiquement sportif, mince et noble d'allure. C'est souvent un excellent pédagogue. Généralement, il réussit bien dans la vie.

Patronyme : Adhémar se combine mal avec un nom commençant par « r » ou « a ».

Adolphe

Fêté le 14 février.

Etymologie : vient du germain « adal » qui veut dire noble et « wolf » qui signifie loup.

Historique : saint Adolphe naquit vers 1185. Il fut évêque d'Osnabrück de 1216 à 1224. Il montra toujours un grand esprit de charité.

Personnages célèbres : Adolphe de Nassau, empereur germanique. Adolphe-Frédéric, roi de Suède. Le sinistre Adolf Hitler. Citons encore le roman « Adolphe » de Benjamin Constant.

La *part de chance* d'Adolphe est à 198° sur le zodiaque, c'est-

à-dire le 18° de la Balance.
Le *chiffre* d'Adolphe est le 7.
La *couleur* d'Adolphe est le vert.

Caractère type: il est très émotif et sentimental. C'est souvent un séducteur. C'est parfois un esthète. Il use de son charme et est le premier à y succomber...

Patronyme: Adolphe se combine mal avec un nom commençant par « v » ou « f ».

Adrien

Fêté le 8 septembre.

Etymologie: vient du latin « Adria », ville de Vénétie, qui donna son nom à la mer Adriatique. C'est de cette ville que l'empereur Adrien ou Hadrien tira son nom. La vie de cet illustre personnage est admirablement racontée par Marguerite Yourcenar dans ses « Mémoires d'Hadrien », splendide apocryphe.

Historique: saint Adrien, converti par les Chrétiens qu'il combattait, fut torturé puis immolé en 303, sous Dioclétien, en même temps que sainte Nathalie.

D'autres saints et bienheureux ont porté le nom d'Adrien. Citons entre autres saint Adrien, martyr à Césarée vers 309. Il est fêté le 5 mars. Un autre saint Adrien, né en Afrique, propagea la foi en Grande-Bretagne, où il mourut en 710. Il est fêté le 9 janvier. Citons aussi l'évêque de Saint-Andrews en Ecosse, martyrisé vers 874. Il est fêté le 4 mars.

Personnages célèbres: six papes dont un saint martyr, Adrien III. Notons qu'Adrien IV était anglais et Adrien VI flamand. L'expérience ne fut jamais renouvelée ! Citons aussi le navigateur belge Adrien de Gerlache.

La *part de chance* d'Adrien est à 270° sur le zodiaque, c'est-à-dire le 30° du Sagittaire.
Le *chiffre* d'Adrien est le 6.
La *couleur* d'Adrien est le bleu.

Caractère type: souvent hautain, d'allure sévère, il a les nerfs solides. Il est maître de lui mais ne supporte pas d'être abandonné. Il est souvent ambitieux. C'est un travailleur acharné. Il a le goût du pouvoir.

Patronyme : Adrien se combine mal avec un nom commençant par « in ».

Adrienne

Voir Adrien.

Personnages célèbres : la tragédienne Adrienne Lecouvreur. L'héroïne du célèbre roman de Julien Green « Adrienne Mesurat ».

La *part de chance* d'Adrienne est à 325° sur le zodiaque, c'est-à-dire le 25° du Verseau.
Le *chiffre* d'Adrienne est le 7.
La *couleur* d'Adrienne est le bleu.

Caractère type : elle est infiniment paradoxale. C'est un nid de contradictions ; par exemple, elle peut être tantôt mesquine, tantôt pleine de grandeur d'âme.

Patronyme : Adrienne se combine mal avec un nom commençant par « n ».

Agathe

Fêtée le 5 février.

Etymologie : vient du grec « agathos » qui veut dire bon.

Historique : sainte Agathe, ayant repoussé les avances d'un certain Quintanius, celui-ci l'aurait dénoncée comme chrétienne. Le juge sadique lui aurait fait trancher les seins. Elle est souvent représentée portant ceux-ci sur un plat. Elle est bien entendu la patronne des nourrices... Mais il est plus que probable que cette histoire est légendaire. Tout ce qu'on sait, c'est qu'une martyre du nom d'Agathe mourut à Catane au IIIe siècle.

Personnage célèbre : Agatha Christie.

La *part de chance* d'Agathe est à 58° sur le zodiaque, c'est-à-dire le 28° du Taureau.
Le *chiffre* d'Agathe est le 6.
La *couleur* d'Agathe est le violet.

Caractère type : belle, féminine, elle sait se mettre en valeur. Elle est solide et bon-enfant.

Patronyme : Agathe se combine mal avec les noms commençant par « at » et « a ».

Aglaé

Mythologie : Aglaé était l'une des trois Grâces. Son nom en grec signifie éclat. Elle est toujours représentée tenant à la main un bouton de rose.

La *part de chance* d'Aglaé est à 40° sur le zodiaque c'est-à-dire à 10° du Taureau.
Le *chiffre* d'Aglaé est le 8.
La *couleur* d'Aglaé est l'orangé.

Caractère type : elle met tout en œuvre pour plaire. Elle est simple, rieuse et très attachée aux traditions. Elle est souvent « bien en chair », si son mental épanoui rejaillit sur son physique.

Patronyme : Aglaé se combine mal avec un nom commençant par une voyelle surtout un « é » ou un « a ».

Agnès

Fêtée le 21 janvier.

Etymologie : du grec « agné » qui signifie pur et du latin « agnus » qui signifie agneau.

Historique : sainte Agnès est une des martyres les plus populaires de la tradition chrétienne. Elle préféra le martyre à la perte de sa virginité. Elle est devenue pour l'Eglise un symbole de pureté et saint Ambroise dresse son panégyrique dans un traité sur la virginité. Elle avait à peine 13 ans lorsqu'elle fut brûlée vive, au IVe siècle. Ses reliques sont conservées à Rome. Le jour de sa fête, on bénit, dans la basilique qui a été édifiée sur son tombeau, des agneaux dont la laine est utilisée pour les vêtements d'honneur des archevêques.

Plusieurs autres saintes et bienheureuses ont porté le nom d'Agnès et sont fêtées localement. Citons entre autres: sainte Agnès, abbesse de Sainte-Croix, fêtée le 13 mai; sainte Agnès d'Assise, fêtée le 16 novembre; sainte Agnès de Montepulcanio, fêtée le 20 avril, etc.

Personnages célèbres: Agnès de France, impératrice de Byzance, Agnès de Méranie, reine de France, femme de Philippe Auguste, Agnès Sorel, favorite de Charles VII, sans oublier l'héroïne ingénue de l'Ecole des Femmes de Molière.

La *part de chance* d'Agnès est à 359° sur le zodiaque, c'est-à-dire le 19° du Sagittaire.
Le *chiffre* d'Agnès est le 10.
La *couleur* d'Agnès est le vert.

Caractère type: elle est élégante et gracieuse; c'est une femme pleine de charme, un charme candide parfois trompeur.

Patronyme: Agnès se combine mal avec un nom commençant par une sifflante, mais très bien avec une syllabe sonore commençant par toute autre consonne qu'« s ».

Aimé

Fêté le 13 septembre.

Etymologie: vient du latin « amatus » qui signifie aimé, sous-entendu de Dieu.

Historique: saint Aimé, qui vécut de 560 à 628, fonda le monastère de Remiremont, où il mourut pieusement.

La *part de chance* d'Aimé est à 56° sur le zodiaque, c'est-à-dire le 26° du Taureau.

Le *chiffre* d'Aimé est le 1.
La *couleur* d'Aimé est le vert.

Caractère type : grand travailleur, il est solide et aime la vie. Il est chaleureux et apprécie la beauté qui l'émeut facilement.

Patronyme : Aimé se combine mal avec un nom commençant par « mé » ou « é ».

Aimée

Fêtée le 20 février.

Même étymologie qu'Aimé.

Historique : la bienheureuse Aimée naquit en 1200. Elle était la nièce de sainte Claire d'Assise qui la convainquit d'abandonner la vie mondaine et frivole qu'elle menait pour entrer au couvent où elle mourut saintement en 1250, après avoir souffert d'une grave hydropisie.

La *part de chance* d'Aimée est à 61° sur le zodiaque, c'est-à-dire à 1° des Gémeaux.
Le *chiffre* d'Aimée est le 6.
La *couleur* d'Aimée est le vert.

Caractère type : elle est souvent enfantine avec de brusques sautes d'humeur. Elle a un côté « garçon manqué ».

Patronyme : voir Aimé.

Alain

Fêté le 9 septembre.

Etymologie : vient du latin « Alanus » qui désigne une peuplade originaire de Scythie, au nord de la mer Noire. Les Alains (Alani) furent successivement vaincus par l'empereur romain Justinien et par les Wisigoths en Espagne.

Historique : le bienheureux Alain de la Roche naquit en Bretagne vers 1428 et entra chez les Dominicains à Dinan, avant de propager aux Pays-Bas, outre la bonne parole, la dévotion particulière qu'il manifestait pour la Vierge, spécialement pour le culte du Rosaire. Il mourut en 1475 à Zwolle, en Hollande.

Personnages célèbres : Alain de l'Isle, dit le « docteur universel ». Le poète de Charles VI et Charles VII, Alain Chartier. Le philosophe Alain (pseudonyme d'Emile Chartier). Le comédien Alain Delon. L'océanographe écologiste Alain Bombard.

La *part de chance* d'Alain est à 92° sur le zodiaque. C'est-à-dire à 2° du Cancer.
Le *chiffre* d'Alain est le 10.
La *couleur* d'Alain est l'orangé.

Caractère type : délicat, sensible et rêveur, il peut être indécis et se comporter avec un rien de préciosité.

Patronyme : Alain se combine mal avec un nom commençant par un « in » ou une voyelle.

Alban

Fêté le 22 juin.

Etymologie : vient du latin « albus » qui signifie blanc.

Historique : saint Alban fut martyrisé en Angleterre en 287. Païen, il avait été converti par un missionnaire qu'il accompagna au supplice. On considère souvent saint Alban comme le premier martyr de l'Angleterre. La ville où il vivait porte aujourd'hui son nom.

Personnages célèbres : l'illustre famille romaine des Albani, qui donna entre autres un pape, Clément VI. L'Albane (François Albani, dit), peintre italien (1578-1660). Le compositeur autrichien Alban Berg.

La *part de chance* d'Alban est à 82° sur le zodiaque, c'est-à-dire à 22° des Gémeaux.
Le *chiffre* d'Alban est le 3.
La *couleur* d'Alban est l'orangé.

Caractère type : il s'adapte avec aisance à toutes les circonstances, mais il a cependant des principes. Il est de caractère aristocratique.

Patronyme : Alban se combine mal avec un nom commençant par « an », la particule, par contre, lui va comme un gant.

Albéric

Fêté le 26 janvier.

Etymologie : vient du germain « alb », qui veut dire elfe et de « rik » qui veut dire roi.

Historique : saint Albéric ou saint Aubri, deuxième abbé de l'abbaye de Cîteaux, fut le principal promoteur de la réforme cistercienne. Il mourut en 1109.

D'autres saints et bienheureux ont porté le nom d'Albéric, l'un d'entre eux fut évêque d'Utrecht ; il mourut en 784 et est fêté le 21 août.

Personnages célèbres : Albéric I et Albéric II, marquis de Camerino ; le premier fut l'époux de la célèbre Marozia, le second fut seigneur de Rome. Ils vécurent tous deux au Xe siècle. Le poète dauphinois du XIIe siècle, Albéric de Briançon. Le moine chroniqueur du XIIIe siècle, Albéric.

La *part de chance* d'Albéric est à 268° sur le zodiaque, c'est-à-dire le 28° du Sagittaire.
Le *chiffre* d'Albéric est le 5.
La *couleur* d'Albéric est le rouge.

Caractère type : optimiste, très masculin, il aime le dépaysement et le dépassement. Il voudrait être différent de ce qu'il est.

Patronyme : Albéric se combine mal avec un nom commençant par « ric » ou tout simplement « i ».

Albert

Fêté le 15 novembre.

Etymologie : vient du germain « adal » qui signifie noble et de « behrt » qui veut dire « célèbre ».

Historique : saint Albert dit le Grand fut un personnage d'envergure : dominicain, il renouvela la théologie en partant de l'œuvre d'Aristote. Docteur de l'Eglise, il fut canonisé en 1931. Long purgatoire pour un tel homme. Né en Souabe vers 1200, il mourut à Cologne en 1280. C'est dans cette ville qu'il fut le maître de saint Thomas d'Aquin. Il enseigna aussi à Strasbourg et à Paris où une place porte son nom, la place Maubert (Magister Albertus). Il ne fut pas seulement théologien mais aussi un scientifique éminent. On lui doit des travaux sur le soufre, la potasse, l'acide nitrique et il aurait même inventé, bien avant Vaucansson, un automate capable de se mouvoir et de parler.

Plus de dix saints et bienheureux ont porté le nom d'Albert ; citons entre autres saint Albert de Louvain, évêque de Liège, qui ne survécut que deux mois à sa consécration épiscopale : il fut assassiné par deux chevaliers allemands sur l'ordre de l'empereur Henri VI le Cruel, en 1192. Il est fêté localement le 25 novembre.

Personnages célèbres : le roi-chevalier Albert Ier. Des empereurs, des rois et des princes, souvent germaniques ont porté le nom d'Albert. Citons encore le peintre Albert Dürer, le musicien Albert Roussel et surtout Albert Einstein et Albert Schweitzer.

La *part de chance* d'Albert est à 278° sur le zodiaque, c'est-à-dire le 8° du Capricorne.
Le *chiffre* d'Albert est le 4.
La *couleur* d'Albert est le bleu.

Caractère type : il est doué d'une intelligence synthétique et fait preuve de beaucoup d'intuition et d'introversion. Il est fait pour les entreprises de longue haleine. Il agit souvent seul. Il s'adapte facilement aux nouvelles idées.

Patronyme : Albert se combine mal avec les noms commençant par « er ».

Alberte

Voir Albert.

La *part de chance* d'Alberte est à 283° sur le zodiaque, c'est-à-dire le 13° du Capricorne.
Le *chiffre* d'Alberte est le 9.
La *couleur* d'Alberte est le bleu.

Caractère type : elle n'est pas nécessairement belle, mais elle a du charme. C'est une femme sur qui on peut compter. Elle est parfois « dure », comme la sonorité de son prénom.

Patronyme : Alberte se combine mal avec un nom commençant par « t ».

Albertine

Voir Albert.

Personnage célèbre : l'écrivain Albertine Sarrazin.

La *part de chance* d'Albertine est à 343° sur le zodiaque, c'est-à-dire le 13° des Poissons.
Le *chiffre* d'Albertine est le 5.
La *couleur* d'Albertine est le bleu.

Caractère type : elle a beaucoup d'intuition. Elle est volontiers rêveuse, suivant en cela la finale adoucie (ine) du prénom.

Patronyme : Albertine se combine mal avec un nom commençant par « t » ou « i ».

Alda

Fêtée le 26 avril.

Etymologie : vient soit du germain « adal » qui signifie noble ou de « alt » qui veut dire vieux.

Historique : la bienheureuse Alda naquit à Sienne en 1245. Veuve, elle voua le reste de sa vie à la charité et à l'humilité. Elle mourut en 1309 dans sa ville natale où se trouvent ses reliques.

La *part de chance* d'Alda est à 36° sur le zodiaque, c'est-à-dire le 6° du Taureau.
Le *chiffre* d'Alda est le 9.
La *couleur* d'Alda est le bleu.

Caractère type : nette et ouverte comme les deux voyelles de son prénom, elle est consciencieuse et aime le travail bien fait. Elle a de la simplicité et peut être très féminine, voire charnelle.

Patronyme : ce prénom peu courant dans les pays de langue française se combine mal avec un nom commençant par « da » ou « a ».

Aldo

Voir Alda.

Prénom courant en Italie.

Caractère type : il est robuste et a le sens des affaires. Il est plutôt lent dans sa façon de vivre mais il possède une grande puissance de travail.

Patronyme : Aldo se combine mal avec un nom commençant par « o » ou « d ».

Aldegonde

Fêtée le 30 janvier.

Etymologie : vient du germain « adal » qui signifie noble et de « gund » qui veut dire guerre.

Historique : sainte Aldegonde, repoussant le mari que lui imposaient ses parents, se fit moniale et fonda le monastère de Maubeuge dont elle est la sainte patronne. Elle mourut dans cette ville en 684. Sa sœur Waudru était abbesse de Mons.

La *part de chance* d'Aldegonde est à 172° sur le zodiaque, c'est-à-dire le 22° de la Vierge.
Le *chiffre* d'Aldegonde est le 4.
La *couleur* d'Aldegonde est le bleu.

Caractère type : elle est faite pour aider, pour servir. La compétence est une de ses qualités premières. Parfois, elle est ambitieuse mais toujours altruiste. Elle force l'estime.

Patronyme : ce prénom en vogue au siècle dernier se combine mal avec un nom commençant par « on ».

Alèthe

Fêtée le 4 avril.

Historique : sainte Alèthe est la mère de saint Bernard qu'elle mit au monde en 1090 à Fontaine-les-Dijon.

On connaît un saint Alèthe, patron de Cahors où il vécut pieusement.

La *part de chance* d'Alèthe est à 89° sur le zodiaque, c'est-à-dire le 29° des Gémeaux.
Le *chiffre* d'Alèthe est le 6.
La *couleur* d'Alèthe est le rouge.

Caractère type : c'est un prénom androgyne. Femme, elle est volontiers fantasque et voudrait toujours se dépasser. Mais si Alèthe est homme, il s'adapte à toutes les circonstances, ce qui peut être une preuve d'instabilité.

Patronyme : Alèthe se combine mal avec un nom commençant par « é » ou « t ».

Alex

Voir Alexandre ou Alexis, dont il est un diminutif employé souvent comme prénom.

La *part de chance* d'Alex est à 106° sur le zodiaque, c'est-à-dire le 16° des Poissons.
Le *chiffre* d'Alex est le 6.
La *couleur* d'Alex est le bleu.

Caractère type : ce prénom sonne comme un défi ou un appel. Alex a un côté donjuanesque. Il aime dépenser et se dépenser pour de bonnes fortunes.

Patronyme : Alex se combine mal avec un nom commençant par « x », « c » ou « k ».

Alexandra

Fêtée le 20 mars.

Etymologie : vient du grec « alexein » qui signifie protéger et d'« andros » qui veut dire homme, guerrier.

Historique : sainte Alexandra fut martyrisée sous l'empereur Maximin au IIIe siècle. Une autre sainte Alexandra, qui vécut pieusement à Alexandrie au IVe siècle est fêtée le 2 octobre.

Personnages célèbres : deux reines dcs Juifs. Une reine d'Angleterre, femme d'Edouard VII. Deux impératrices de Russie, dont la dernière fut tuée par les bolchevistes.

La *part de chance* d'Alexandra est à 2° sur le zodiaque, c'est-à-dire le 2° du Bélier.
Le *chiffre* d'Alexandra est le 8.
La *couleur* d'Alexandra est le bleu.

Caractère type : c'est une séductrice. Elle est énergique et droite dans la vie de tous les jours. Elle est une mère parfaite.

Patronyme : Alexandra se combine mal avec un nom commençant par « ra » ou « a ».

Alexandre

Fêté le 3 mai.

Etymologie : vient du grec « alexein » qui signifie repousser pour protéger et « aner, andros », qui veut dire homme, guerrier.

Historique : saint Alexandre Ier, pape de 105 à 115 se confond avec la légende. On lui substitue souvent un martyr du temps de Marc-Aurèle. L'hagiographie y perd son latin. Il semble cependant que ce soit à Alexandre Ier qu'on doit de verser quelques gouttes d'eau dans le vin pour célébrer la messe. Mais cette pratique liturgique trouve-t-elle là ses origines ? Rien n'est moins sûr.

Plus de quarante-cinq saints et bienheureux, dont trente martyrs, ont porté le nom d'Alexandre. Citons entre autres saint Alexandre de Lyon qui fut martyrisé dans cette ville avec son ami Epipode en 177 et est fêté localement le 22 avril ; saint Alexandre, patriarche d'Alexandrie, qui combattit l'hérésie d'Arius au concile de Nicée, mourut en 328 et est fêté localement le 26 février ; saint Alexandre, évêque de Jérusalem, disciple d'Origène, mort en prison en 250 et fêté localement le 18 mars ; saint Alexandre Sauli, évêque d'Aléria, qui mourut en 1592 et est fêté localement en Corse le 11 octobre, etc.

Personnages célèbres : huit papes dont le scandaleux Alexandre VI (Borgia) : son fils César et sa fille Lucrèce ne sont pas moins « célèbres » que lui. L'antiquité connut bon nombre de rois et de prétendants au trône de Macédoine, d'Epire, de Syrie, et par dessus tout, Alexandre III dit le Grand pour ses hauts faits, dont le précepteur n'était autre qu'Aristote et qui conquit un empire s'étendant jusqu'aux Indes où il laissa sa trace.

Citons encore l'empereur romain Alexandre Sévère, un empereur byzantin, trois rois d'Ecosse, un roi de Grèce, Alexandre Ier qui mourut de la morsure d'un singe, un prince de Bulgarie, trois empereurs de Russie, etc., sans oublier le héros et saint orthodoxe Alexandre Nevski qui battit les chevaliers teutoniques et dont l'épopée fut portée à l'écran d'une façon admirable par Serge Eisenstein.

Parmi les « héros de notre temps », citons encore les

Alexandre Dumas et Alexandre Pouchkine. Remarquons encore que le classique vers de douze pieds, l'alexandrin, vient du « Roman d'Alexandre » écrit au XIIe siècle et qu'Alexandrie, la Cité des Savants, fut fondée par Alexandre le Grand.

La *part de chance* d'Alexandre est à 356° sur le zodiaque, c'est-à-dire le 26° des Poissons.
Le *chiffre* d'Alexandre est le 3.
La *couleur* d'Alexandre est le bleu.

Caractère type : il est porté vers l'inconnu, vers un univers qui le dépasse et qui n'est autre que son univers intérieur. Il est toujours en quête d'un idéal et est avide de gloire.

Patronyme : Alexandre se combine mal avec un nom commençant par « r », « an » ou « de ».

Alexandrine

Voir Alexandra.

La *part de chance* d'Alexandrine est à 56° sur le zodiaque, c'est-à-dire le 26° du Taureau.
Le *chiffre* d'Alexandrine est le 6.
La *couleur* d'Alexandrine est le bleu.

Caractère type : féminine, charnelle comme une « femme de Rubens », elle possède une robustesse intérieure à toute épreuve. Elle a quelque chose de « paysan » dans l'âme, et par ricochet psychosomatique, dans le corps.

Patronyme : Alexandrine se combine mal avec un nom commençant par « n » ou « i ».

Alexis

Fêté le 17 février.

Etymologie : vient du grec « alexein » qui signifie repousser pour protéger.

Historique : saint Alexis Falconieri a remplacé dans le nouveau calendrier liturgique romain le plus ou moins légendaire saint Alexis, qui vécut à Rome au Ve siècle et dont la vie pieuse est célébrée par un très ancien texte français du XIe siècle : « La Vie de Saint Alexis ». Son histoire émouvante semble trop édifiante pour être vraie. L'hagiographie contemporaine ne l'a pas retenue sinon dans l'Eglise orthodoxe. L'Eglise romaine préfère fêter saint Alexis Falconieri, un des sept fondateurs de l'Ordre des Servites de Marie, qui mourut à plus de cent ans en 1310. Malgré son âge canonique, ce saint n'a rien de légendaire. D'autres saints et bienheureux ont porté le nom d'Alexis.

Personnages célèbres : cinq empereurs d'Orient. Un tsar, qui épousa en secondes noces la belle Nathalie Narichkine, dont il eut un fils : Pierre le Grand. Plus près de nous, citons le biologiste écrivain Alexis Carrel.

La *part de chance* d'Alexis est à 46° sur le zodiaque, c'est-à-dire le 16° du Taureau.
Le *chiffre* d'Alexis est le 7.
La *couleur* d'Alexis est le bleu.

Caractère type : il est volontiers jouisseur, ce qui le prédispose à certains ennuis de santé : il a un sang « trop riche ». Il ne prend jamais une décision sans l'avoir mûrement réfléchie : c'est un individu « concret ».

Patronyme : Alexis se combine mal avec un nom commençant par « i ».

Aleyde

Fêtée le 16 juin.

Etymologie : vient du germain « adal » qui signifie noble.

Historique : sainte Aleyde, née au XIIIe siècle, près de Bruxelles, dut vivre retirée dans son couvent cistercien, car elle avait contracté la lèpre. Elle mourut vers 1250.

La *part de chance* d'Aleyde est à 55° sur le zodiaque, c'est-à-dire le 25° du Taureau.

Le *chiffre* d'Aleyde est le 7.
La *couleur* d'Aleyde est le violet.

Caractère type : elle aime plaire et fait tout ce qu'il faut pour cela, tout en étant directe et simple. Elle a des vertus solides, « paysannes ».

Patronyme : Aleyde se combine mal avec un nom commençant par une voyelle surtout « i » ou « é ».

Alfred

Fêté le 15 septembre.

Etymologie : vient soit du germain « al » qui signifie tout et « frido » qui veut dire paix, soit du germain « alf » qui veut dire elfe et « rath » qui signifie conseil.

Historique : saint Alfred, évêque d'Hildesheim, en fit construire la cathédrale. Il mourut vers 869. Cependant, c'est un autre Alfred qui retient surtout l'attention des hagiographes, bien qu'il ne soit pas canonisé : Alfred le Grand, roi anglo-saxon, qui réussit non seulement à chasser les Danois de la future Angleterre mais en convertit le chef dont il fut le parrain. Homme de très grande culture, il traduisit (ou fit traduire) les œuvres de saint Augustin, notamment. Dans son Testament, on peut lire cette maxime remarquable : « Les Anglais doivent être aussi libres que leurs pensées ». Il n'en fallait pas plus pour qu'on le comparât à Charlemagne. Bien que n'étant pas un saint, il est fêté localement le 28 octobre.

Personnages célèbres : Alfred de Vigny, Alfred de Musset, Alfred Jarry pour les littérateurs quoi qu'en ait pensé ce dernier. Alfred Sisley, le peintre et le cinéaste Alfred Hitchcock.

La *part de chance* d'Alfred est à 320° sur le zodiaque, c'est-à-dire le 20° du Verseau.
Le *chiffre* d'Alfred est le 1.
La *couleur* d'Alfred est le violet.

Caractère type : cérébral, il est souvent paradoxal. Il est sensible et introverti mais d'un esprit indépendant. Il a horreur des contraintes. C'est un individualiste acharné.

Patronyme : Alfred se combine mal avec les noms commençant par « t » ou un « d ».

Alfreda

Voir Alfred.

La *part de chance* d'Alfreda est à 321° sur le zodiaque, c'est-à-dire le 21° du Verseau.
Le *chiffre* d'Alfreda est le 2.
La *couleur* d'Alfreda est le violet.

Caractère type : malgré son aspect angélique, c'est une non-conformiste, pleine d'incohérences, romantique, mue par un idéal élevé.

Patronyme : Alfreda se combine mal avec un nom commençant par « a » ou « de ».

Alice

Voir Alix.

Personnages célèbres : l'héroïne de Lewis Caroll : « Alice au Pays des Merveilles ». L'actrice Alice Sapritch.

La *part de chance* d'Alice est à 66° sur le zodiaque, c'est-à-dire le 6° des Gémeaux.
Le *chiffre* d'Alice est le 3.
La *couleur* d'Alice est le jaune.

Caractère type : susceptible, fantasque, vite déséquilibrée par une émotion trop vive, elle est généralement très intelligente.

Patronyme : Alice se combine mal avec les noms commençant par « s ».

Alida

Voir Alda ou Adeline.

La *part de chance* d'Alida est à 46° sur le zodiaque, c'est-à-dire le 16° du Taureau.
Le *chiffre* d'Alida est le 9.
La *couleur* d'Alida est le rouge.

Caractère type : elle porte fièrement sa féminité. Elle a un instinct très sûr : terrien. De ce fait, elle est souvent d'aspect physique épanoui.

Patronyme : Alida se combine mal avec les noms commençant par « da » ou « a ».

Aline

Fêtée le 19 juin.

Etymologie : vient du germain « adal » comme Adèle. Aline dérive d'Adeline.

Historique : sainte Aline est morte en 640, vierge et martyre.

La *part de chance* d'Aline est à 96° sur le zodiaque, c'est-à-dire le 6° du Cancer.
Le *chiffre* d'Aline est le 5.
La *couleur* d'Aline est le jaune.

Caractère type : elle a une affectivité fragile. Elle est volontiers rêveuse. Elle a un tempérament « poétique », comme la sonorité de son prénom.

Patronyme : Aline se combine mal avec un nom commençant par « ne » ou « n ».

Alix

Fêtée le 9 janvier.

Etymologie : vient du germain « adal » qui veut dire noble.

Historique : née à Remiremont en 1576, la bienheureuse Alix Le Clerc, n'écoutant que sa piété, suivit les conseils de saint Pierre Fourier et fonda la Congrégation de Notre-Dame destinée à l'éducation des filles pauvres. Elle mourut à Nancy en 1622. Elle fut béatifiée en 1947.

Personnage célèbre : Alix de Champagne (ou Adèle), reine de France, mère de Philippe-Auguste.

La *part de chance* d'Alix est à 101° sur le zodiaque, c'est-à-dire le 11° du Cancer.
Le *chiffre* d'Alix est le 1.
La *couleur* d'Alix est le bleu.

Caractère type : elle n'est pas au mieux avec la réalité et préfère rêver. Elle est romanesque mais ne manque pas de ténacité. Elle a d'excellents contacts avec les jeunes.

Patronyme : Alix se combine mal avec un nom commençant par « i », « k » et à fortiori par « x ».

Aloïs

Voir Lois et Louis.

La *part de chance* d'Aloïs est à 311° sur le zodiaque, c'est-à-dire le 11° du Verseau.
Le *chiffre* d'Aloïs est le 2.
La *couleur* d'Aloïs est l'orangé.

Caractère type : elle a toujours un idéal élevé et est volontiers non-conformiste.

Patronyme : Aloïs se combine mal avec un nom commençant par « i » ou « s ».

Aloysius

Voir Louis.

Personnage célèbre : le poète Aloysius Bertrand.

La *part de chance* d'Aloysius est à 7° sur le zodiaque, c'est-à-dire le 7° du Bélier.
Le *chiffre* d'Aloysius est le 4.
La *couleur* d'Aloysius est l'orangé.

Caractère type : extrêmement dynamique, il est volontaire et courageux.

Patronyme : Aloysius se combine mal avec un nom commençant par un « s ».

Alphonse

Fêté le 1er août.

Etymologie : vient du germain « adal », noble, et « funs », prompt, rapide.

Historique : saint Alphonse de Liguori était un homme en tout point remarquable : docteur en droit à seize ans, il abandonna le barreau à cause d'une erreur commise lors d'une plaidoirie ; il quitta alors une robe pour une autre et catéchisa les pauvres napolitains. Il fonda la congrégation des Rédemptoristes pour continuer sa tâche, étant appelé par le pape Clément XIII à de plus hautes fonctions. Il écrivit beaucoup, notamment une « Théologie morale » qui fait date. Il souffrit durement dans sa chair au cours de sa vieillesse. Il mourut en 1787 et fut canonisé en 1839.

D'autres saints et bienheureux ont porté le nom d'Alphonse. Citons saint Alphonse Rodriguez, portier du couvent des jésuites de Majorque, qui écrivit un journal fort édifiant. Il est fêté localement le 30 octobre.

Personnages célèbres : treize rois d'Aragon, de Navarre, de Castille et d'Espagne enfin. Six rois du Portugal. Deux comtes de Toulouse. Deux rois de Sicile et parmi les littérateurs Alphonse de Lamartine, Alphonse Daudet et Alphonse Allais.

La *part de chance* d'Alphonse est à 184° sur le zodiaque, c'est-à-dire le 4° de la Balance.

Le *chiffre* d'Alphonse est le 9.
La *couleur* d'Alphonse est le violet.

Caractère type : il est amateur de belles choses, son goût est sûr ; il est habile, intelligent et volontiers moralisateur. Il a beaucoup d'amour-propre.

Patronyme : Alphonse se combine mal avec un nom commençant par « on » ou « s ».

Alphonsine

Voir Alphonse.

La *part de chance* d'Alphonsine est à 244° sur le zodiaque, c'est-à-dire le 4° du Sagittaire.
Le *chiffre* d'Alphonsine est le 6.
La *couleur* d'Alphonsine est le violet.

Caractère type : c'est un prénom un peu archaïque, qui présente une sonorité très « matriarcale », Alphonsine a de la personnalité et du caractère et tient facilement tête aux hommes, même dans leur profession.

Patronyme : Alphonsine se combine mal avec les noms commençant par « i » et « n ».

Amand

Fêté le 6 février.

Etymologie : vient du latin « amandus » qui veut dire aimable.

Historique : moine, puis ermite, saint Amand devint l'apôtre du Nord de la France et de la Belgique, pour devenir évêque de Tongres puis de Maëstricht. Il mourut en 679 à l'abbaye d'Elnone qui allait devenir Saint-Amand-les-Eaux.

Une dizaine d'autres saints et bienheureux ont porté le nom d'Amand. Citons entre autres saint Amand, évêque de Bordeaux, fêté localement le 18 juin.

La *part de chance* d'Amand est à 96° sur le zodiaque, c'est-à-dire le 6° des Poissons.
Le *chiffre* d'Amand est le 6.
La *couleur* d'Amand est l'orangé.

Caractère type : il vit dans un univers intérieur qui le porte à chercher sans cesse un idéal. On s'en serait douté : il s'oriente facilement vers l'Eglise.

Patronyme : Amand s'harmonise très mal avec un nom banal. Sa consonance s'enchaîne difficilement avec un nom commençant par « an ».

Amandine

Fêtée le 9 juillet.

Etymologie : voir Amand.

Historique : la bienheureuse Amandine, de son vrai nom Pauline Jeuris, naquit en 1872. Sœur franciscaine, elle se fit missionnaire en Chine où les Boxers l'assassinèrent en 1900. Son sourire était légendaire autant que sa piété.

La *part de chance* d'Amandine est à 161° sur le zodiaque, c'est-à-dire le 11° de la Vierge.
Le *chiffre* d'Amandine est le 7.
La *couleur* d'Amandine est l'orangé.

Caractère type : elle est particulièrement dévouée à son prochain : elle aime « servir ». Elle force l'estime des gens qui la connaissent bien.

Patronyme : Amandine se combine mal avec un nom commençant par « n » ou « i ».

Ambroise

Fêté le 7 décembre.

Etymologie : vient du grec « a-brotos » qui signifie immortel.

L'ambroisie était le nectar des dieux dans la mythologie.

Historique : saint Ambroise est un des plus grands docteurs de l'Eglise. Né à Trèves vers 340, il était le fils du préfet des Gaules. Il occupa plusieurs postes importants dans l'administration romaine et, lors d'un incident mémorable où il se distingua, on le proclama évêque avant même qu'il fût baptisé. On arrangea vite les choses et le nouvel évêque s'attela à la tâche en s'initiant à la théologie et à tout ce qui a trait à l'Eglise. Il y réussit si bien qu'il devint un théologien et un liturgiste renommé. Il laissa beaucoup d'écrits, combattit l'arianisme et convertit un autre grand docteur de l'Eglise : saint Augustin. Il mourut dans son évêché, à Milan, en 397.
D'autres saints et bienheureux ont porté le nom d'Ambroise.

Personnages célèbres : le chirurgien des Valois, Ambroise Paré. Le compositeur Ambroise Thomas.

La *part de chance* d'Ambroise est à 268° sur le zodiaque, c'est-à-dire le 28° du Sagittaire.
Le *chiffre* d'Ambroise est le 1.
La *couleur* d'Ambroise est le violet.

Caractère type : c'est souvent un athlète accompli mais il est très émotif. Il aime les voyages. Il aspire souvent à « autre chose » et aime être aimé. Il est souvent optimiste et peut compter sur la chance.

Patronyme : Ambroise se combine mal avec un nom commençant par « a » ou « s ».

Amédée

Fêté le 30 mars.

Etymologie : vient du latin « ama » et « deus » qui signifient aimé de Dieu.

Historique : le bienheureux Amédée était duc de Savoie sous le nom d'Amédée IX. Né à Thonon en 1435, il épousa Yolande de France, sœur de Louis XI. Souffrant d'épilepsie, il abandonna le pouvoir à sa femme, livrant du même coup la Savoie à Louis XI. Piètre gouvernant, il consacra sa vie malheureuse aux pauvres, fonda des monastères, protégea le clergé. Il mourut en Italie en 1472. Il est enterré dans l'église Saint-Eusèbe de Verceil. Il fut béatifié en 1477.

D'autres saints et bienheureux ont porté le nom d'Amédée. Citons entre autres un évêque de Lausanne, fêté le 28 janvier.

Personnages célèbres: neuf comtes de Savoie et un roi d'Espagne. Wolfgang-Amadeus Mozart et Amedeo Modigliani.

La *part de chance* d'Amédée est à 55° sur le zodiaque, c'est-à-dire le 25° du Taureau.
Le *chiffre* d'Amédée est le 1.
La *couleur* d'Amédée est le jaune.

Caractère type: il a du sens pratique et est donc doué pour les affaires. Il aime la vie. Il est solide et souvent sanguin.

Patronyme: Amédée se combine mal avec un nom commençant par «é» ou «de».

Amélie

Voir Emilie.

Personnages célèbres: une duchesse de Saxe-Weimar. Une princesse d'Orléans qui devint reine du Portugal. Mais n'oublions pas l'héroïne de la fameuse pièce de Feydeau: «Occupe-toi d'Amélie».

La *part de chance* d'Amélie est à 91° sur le zodiaque: c'est-à-dire le 1° du Cancer.
Le *chiffre* d'Amélie est le 9.
La *couleur* d'Amélie est le violet.

Caractère type: comme la sonorité du prénom, elle est douce. Elle est portée à la rêverie, très intuitive, gentille, charmante. Elle a l'art de convaincre.

Patronyme: Amélie se combine mal avec un nom commençant par «li» ou «i». La particule lui convient très bien.

Anaïs

Voir Anne.

Personnage célèbre: l'écrivain Anaïs Nin.

La *part de chance* d'Anaïs est à 2° sur le zodiaque, c'est-à-dire le 2° du Bélier.
Le *chiffre* d'Anaïs est le 8.
La *couleur* d'Anaïs est le bleu.

Caractère type: elle est énergique, droite et peut être capable de gestes héroïques. C'est une très bonne mère. Elle choisit souvent un métier d'homme.

Patronyme: Anaïs se combine mal avec un nom commençant par une consonne sifflante ou « a ».

Anastase

Fêté le 22 janvier.

Etymologie: vient du grec « anastasis » qui signifie résurrection.

Historique: saint Anastase est le fils d'un mage persan. Il embrassa la foi chrétienne et fut martyrisé par ses compatriotes à Césarée vers 628.

D'autres saints et bienheureux ont porté le nom d'Anastase. Citons entre autres le pape Anastase Ier dont le pontificat (399 à 401) fut consacré à combattre l'hérésie donatiste. Il est fêté localement le 19 décembre.

Personnage célèbre: Anastase Mikoyan.

La *part de chance* d'Anastase est à 338° sur le zodiaque, c'est-à-dire à 8° des Poissons.
Le *chiffre* d'Anastase est le 8.
La *couleur* d'Anastase est le vert.

Caractère type: il a en lui quelque chose de mystérieux. Il perd souvent le contact avec la réalité. Il est sensible et séduisant. Il est prêt à toutes les aventures.

Patronyme : Anastase, prénom peu commun, se combine mal avec les noms commençant par « a » ou « s ».

Anastasie

Fêtée le 25 décembre.

Etymologie : voir Anastase.

Historique : sainte Anastasie, fille d'un sénateur romain, fut martyrisée sous Dioclétien, pour avoir embrassé la foi chrétienne et refusé de sacrifier aux dieux. Elle fut donc elle-même sacrifiée (elle eut d'abord les seins coupés) à Sirmium (Yougoslavie) au IVe siècle.

D'autres saintes ont porté le nom d'Anastasie. Citons la plus fameuse, dont la légende s'est emparée : Justinien en fut épris à la grande fureur de Théodora ; sainte Anastasie se retira dans un ermitage au désert de Scété. Cette patricienne, belle et riche, se déguisa en moine et mourut dans sa réclusion vers 567. C'est du moins ce que disent ses Vies toutes plus ou moins légendaires. Elle est fêtée localement le 10 mars.

Personnages célèbres : Anastasia, sœur de Constantin. Anastasia, princesse moscovite et la prétendue grande-duchesse de Russie, échappée au massacre d'Ekaterinbourg, la « princesse » Anastasia qui défraya la chronique au milieu du XXe siècle. Notons enfin qu'on donna le nom d'Anastasie à la censure en Occident au cours des deux guerres mondiales.

La *part de chance* d'Anastasie est à 347° sur le zodiaque, c'est-à-dire le 17° des Poissons.
Le *chiffre* d'Anastasie est le 8.
La *couleur* d'Anastasie est le vert.

Caractère type : le regard fascinant, elle possède un charme irrésistible. Elle est intuitive tout en étant intelligente. Elle fait souvent une bonne comédienne.

Patronyme : Anastasie se combine mal avec les noms commençant par un « si » ou un « i ».

Anatole

Fêté le 2 juillet.

Etymologie : vient du grec « anatolê » qui signifie aurore.

Historique : saint Anatole de Laodicée (Syrie) fut proclamé évêque presque malgré lui. C'était un très habile mathématicien, mais ses travaux en cette matière n'ont pas été retrouvés. On lui doit des œuvres plus théologiques, sur la Pâque notamment. Il vécut au IIIe siècle.

D'autres saints et bienheureux ont porté le nom d'Anatole. Citons entre autres un saint Anatole qui mourut martyr à Tubulano. Il est fêté localement le 25 décembre. Citons encore un ermite à Salins dans le Jura, fêté localement le 3 février. Il est d'ailleurs le saint patron de cette ville.

Personnages célèbres : Anatole France.

La *part de chance* d'Anatole est à 197° sur le zodiaque, c'est-à-dire le 17° de la Balance.
Le *chiffre* d'Anatole est le 5.
La *couleur* d'Anatole est le jaune.

Caractère type : c'est un charmeur plein de finesse. Il cherche à séduire. Il n'agit pas à la légère : il se retient plutôt. Il aime être aimé. Il est donc très vulnérable.

Patronyme : Anatole, prénom passé de mode depuis le XIXe siècle, se combine mal avec « o » ou « l ».

André

Fêté le 30 novembre.

Etymologie : ce prénom vient du grec « aner » qui fait au génitif « andros ». Il signifie « viril », « courageux ».

Historique : apôtre et martyr du Ier siècle, saint André fut d'abord le disciple de saint Jean-Baptiste. C'est ce dernier qui désigna le Christ à André par ces mots : « Voici l'Agneau de Dieu ». André fut conquis par Jésus et lui amena plus tard son frère Simon, pêcheur comme lui dans le lac de Tibériade, ce Simon qui allait devenir Pierre. Selon la tradition, saint André porta la bonne parole dans une partie de la Grèce. Pour les chrétiens de ce pays, il est appelé « Protoclet », ce qui signifie « appelé le premier ». Patras en Achaïe, dans le nord du Péloponèse revendique le triste privilège d'avoir été le lieu de son supplice : il fut crucifié sur une croix en X, la croix dite depuis la croix de Saint-André. Au VIIIe siècle, l'une de ses reliques aurait été transférée de Patras en Ecosse, là où fut construite St. Andrews. Son crâne fut conservé à Saint-Pierre de Rome jusqu'à ce que Paul VI, par souci d'oecuménisme, le rende à l'Eglise orthodoxe. Saint André est le patron des pêcheurs mais aussi celui de l'Ecosse et de la Russie.

Plus de quarante saints et bienheureux portent le nom d'André et sont fêtés dans des lieux différents. Citons saint André Avellin, canonisé en 1712, fêté le 8 novembre ; saint André Bobola, jésuite polonais, canonisé en 1938, fêté le 21 mai ; saint André Corsini, carme, canonisé en 1629, fêté le 4 février et saint André Dotti ; saint André Fournet, saint André Kagwa, etc.

Personnages célèbres : André I, II et III, rois de Hongrie ; le peintre florentin Andrea del Sarto ; le sculpteur et architecte Andrea Pisano (Le Pisan) ; le compositeur André Messager ; les écrivains André Breton, André Malraux, André Suares, André Maurois, André Gide, etc. La vogue de ce prénom est très grande.

La *part de chance* d'André se situe à 260° sur le zodiaque c'est-à-dire à 20° du Sagittaire.
Le *chiffre* d'André est le 6.
La *couleur* d'André est le rouge.

Caractère type : il est équilibré, intelligent, solide ; il est optimiste et croit souvent à sa bonne étoile, ce qui lui réussit habituellement bien. Cette tendance positive lui procure souvent un physique robuste.

Patronyme : André se combine mal avec un nom commençant par « an », « ré », « é ».

Andrée

Voir André.

Mythologie: Andrée est masculin. C'est le fils du fleuve Pénée. Il donna son nom à une région de la Béotie, l'Andréide. En botanique, l'andrée est une espèce assez rare de mousse.

La *part de chance* d'Andrée est à 265° sur le zodiaque, c'est-à-dire le 25° du Sagittaire.
Le *chiffre* d'Andrée est le 2.
La *couleur* d'Andrée est l'orangé.

Caractère type: elle est souvent orgueilleuse: elle «doit» avoir raison dans toutes les circonstances de la vie. Elle ne se sent pas inférieure à l'homme qu'elle domine bien souvent. Elle attire les faibles.

Patronyme: Andrée se combine mal avec un nom commençant par «ré» ou «é».

Angèle

Fêtée le 4 janvier.

Etymologie: du latin «angelus» qui veut dire ange.

Historique: la bienheureuse Angèle de Foligno, née dans cette ville vers 1248, mena d'abord une vie frivole, puis lassée et ayant perdu une grande partie de sa famille, son mari et ses enfants, elle entra dans le tiers-ordre de saint François, où elle devint bientôt un exemple de piété mystique. Elle mourut en 1309 après avoir connu des extases et des visions notamment sur la sainte Trinité.

D'autres saintes et bienheureuses ont porté le nom d'Angèle. Citons surtout sainte Angèle Mérici, elle aussi franciscaine, qui fonda le premier couvent des Ursulines. Elle fut canonisée en 1807 et est fêtée localement le 31 mai.

La *part de chance* d'Angèle est à 94° sur le zodiaque, c'est-à-dire le 4° du Cancer.

Le *chiffre* d'Angèle est le 8.
La *couleur* d'Angèle est le violet.

Caractère type : elle est rêveuse et romanesque, parfois paresseuse, mais elle peut aussi être tenace et avoir le sens des responsabilités.

Patronyme : Angèle se combine mal avec un nom commençant par « l » ou « é ».

Angéline

Fêtée le 15 juillet.

Etymologie : voir Angèle, dont Angéline est un diminutif.

Historique : la bienheureuse Angéline de Corbra naquit près d'Orvietto en 1377. Mariée par contrainte, elle se retrouva heureusement veuve à 17 ans, entra dans le tiers-ordre de saint François et ne ménagea pas sa peine : elle fut à l'origine de la fondation de plus de cent monastères franciscains. Elle mourut en 1435.

La *part de chance* d'Angéline est à 154° sur le zodiaque, c'est-à-dire le 4° de la Vierge.
Le *chiffre* d'Angéline est le 4.
La *couleur* d'Angéline est le violet.

Caractère type : elle a les nerfs fragiles : elle passe souvent de l'exaltation à la dépression. C'est une « servante » accomplie : elle se dévoue pour les bonnes causes. En outre, sa compétence dans son métier ou son apostolat force l'estime.

Patronyme : Angéline se combine mal avec un nom commençant par « i » ou « n ».

Angélique

Fêtée le 17 juillet.

Etymologie : voir Angèle. « Angelicus » en latin signifie plus précisément « relatif aux anges ».

Historique : la bienheureuse Angélique Rousset, carmélite sous le nom de Sœur Marie du Saint-Esprit, mourut sous la Terreur le 17 juillet 1794. Les « Dialogues des Carmélites » de Gertrud von Lefort, adaptés par Bernanos ont popularisé cet épisode peu glorieux de la Révolution française.

Personnages célèbres : Marie-Angélique Arnauld, sœur du grand Arnauld ; elle fut abbesse de Port-Royal, tout comme sa nièce, mère Angélique de Saint-Jean-Arnauld, qui entra à Port-Royal à six ans. Pour être complet, citons aussi la frivole héroïne de romans et de films de cape et d'épée, Angélique, marquise des Anges, mais nous sommes loin des Carmélites et de Port-Royal...

La *part de chance* d'Angélique est à 210° sur le zodiaque, c'est-à-dire le 30° de la Balance.
Le *chiffre* d'Angélique est le 2.
La *couleur* d'Angélique est le violet.

Caractère type : énigmatique, mystérieuse, envoûtante, « magnétique », elle possède une personnalité indiscutable. Elle a le jugement sûr. Parfois, elle fait penser à une « mante religieuse ».

Patronyme : Angélique se combine mal avec les noms commençant par une consonne dure.

Anicet

Fêté le 17 avril.

Etymologie : vient du latin « anicetum » qui veut dire anis, ou du grec « aniketos » qui signifie invincible.

Historique : on ne sait pratiquement rien de saint Anicet qui fut pape de 155 à 166 et fut sans doute martyrisé sous Marc Aurèle. Son nom a été enlevé du calendrier romain actuel.

Personnage célèbre : Anicet, affranchi de Néron, qui inventa sans doute le vaisseau destiné à noyer Agrippine.

La *part de chance* d'Anicet est à 126° sur le zodiaque, c'est-

à-dire le 6° du Lion.
Le *chiffre* d'Anicet est le 7.
La *couleur* d'Anicet est le jaune.

Caractère type : aristocratique et égocentrique, il est aussi colérique, mais c'est un travailleur opiniâtre.

Patronyme : Anicet se combine mal avec un nom commençant par « s » ou un « é ».

Anita

Voir Anne.

La *part de chance* d'Anita est à 102° sur le zodiaque, c'est-à-dire le 12° du Cancer.
Le *chiffre* d'Anita est le 9.
La *couleur* d'Anita est le bleu.

Caractère type : elle est fragile, du moins le laisse-t-elle paraître. Elle est à côté du réel et volontiers paresseuse.

Patronyme : Anita se combine mal avec un nom commençant par « a » ou « t », ou bien par « ta ».

Anna

Voir Anne.

Personnages célèbres : Anna de Noaïlles ; Anna Karénine.

La *part de chance* d'Anna est à 102° sur le zodiaque, c'est-à-dire le 12° du cancer.
Le *chiffre* d'Anna est le 2.
La *couleur* d'Anna est le bleu.

Caractère type : elle manque de volonté. Elle est souvent lymphatique. Elle est fortement influencée par son enfance. Elle est imaginative et douée pour la poésie.

Patronyme : Anna se combine mal avec un nom commençant par « a » et à fortiori par « na ».

Annabelle

Voir Anne.

Personnages célèbres: l'héroïne d'Edgard Poe: Annabel Lee; la comédienne Annabella.

La *part de chance* d'Annabelle est à 174° sur le zodiaque, c'est-à-dire le 24° de la Vierge.
Le *chiffre* d'Annabelle est le 2.
La *couleur* d'Annabelle est le bleu.

Caractère type: elle aime la solitude dont elle a souvent besoin. Par contre, elle se caractérise par un grand altruisme.

Patronyme: Annabelle se combine mal avec un nom commençant par « l ».

Anne

Fêtée le 26 juillet en même temps que saint Joachim. Nous verrons pourquoi.

Etymologie: vient de l'hébreu « hannah » qui signifie grâce et gracieuse.

Historique: sainte Anne était la mère de la Vierge Marie. Les évangiles apocryphes sont plus prolixes à son sujet que les vrais Evangiles. Que nous disent-ils ? Que son âge lui interdisant d'avoir un enfant de son mari Joachim, elle fut avertie par un ange qu'elle en aurait quand même un: ce fut Marie, enfant miraculeuse, source elle-même de miracles. La « légende dorée » en dit long sur cette touchante histoire d'Anne et de Joachim. Anne est en tous cas la patronne de la Bretagne, des femmes en couches, des mamans et des veuves.

Personnages célèbres: trois princesses et impératrices byzantines. Des princesses et des reines de France, dont Anne d'Autriche, Anne de Bretagne et la princesse palatine: Anne de Gonzague. Deux reines d'Angleterre toutes deux femmes d'Henri VIII, mais qui connurent un destin bien différent:

Anne Boleyn fut exécutée et Anne de Clèves vécut et mourut paisiblement (sans doute le Barbe-Bleue anglais la trouvait-il trop laide pour la faire mourir de façon extraordinaire...). Une reine de Hongrie et de Bohème et une reine de Pologne, Anne Jagellon toutes les deux. Citons encore la romancière « gothique » Ann Radcliffe.

La *part de chance* d'Anne est à 106° sur le zodiaque, c'est-à-dire le 16° du Cancer.
Le *chiffre* d'Anne est le 7.
La *couleur* d'Anne est le bleu.

Caractère type : elle est douce et rêveuse, mais équilibrée si elle n'est pas trop fixée à son enfance. Mariée, elle est une mère admirable.

Patronyme : Anne se combine mal avec un nom commençant par « n », une voyelle, mais s'accorde très bien d'un nom de deux syllabes sonores, ou plus.

Anne-Marie

Fêtée le 10 juin.

Etymologie : voir Anne et Marie. Notons que Anne-Marie combine le nom de sainte Anne et de la Vierge Marie, sa fille.

Historique : Anne-Marie Taïgi, née à Sienne en 1769, mourut dans sa ville natale en 1837, après avoir vécu une vie de mère de famille inimitable. Sa piété et ses visions l'ont faite bienheureuse en 1920.

D'autres bienheureuses et saintes ont porté le nom d'Anne-Marie. Citons entre autres la fondatrice de la Congrégation de Saint-Joseph de Cluny. Anne-Marie Javouhey (1779-1851) qui se consacra notamment à l'évangélisation du peuple africain et dirigea la congrégation pendant 45 ans. Elle est fêtée localement le 15 juillet.

La *part de chance* d'Anne-Marie est à 2° sur le zodiaque, c'est-à-dire le 2° du Bélier.
Le *chiffre* d'Anne-Marie est le 8.
La *couleur* d'Anne-Marie est le bleu.

Caractère type : elle est endurante, droite et énergique. Mariée, c'est une mère admirable. Elle ne rechigne pas devant un métier d'homme. Elle se dévoue volontiers.

Patronyme : Anne-Marie se combine mal avec un nom commençant par « i » et à fortiori par « ri », ou par une voyelle.

Annette

Voir Anne.

Historique : la bienheureuse Annette Pelras, carmélite à Compiègne, sous le nom de Sœur Marie-Henriette de la Providence, fut guillotinée sous la Terreur, le 17 juillet 1794. Le « Dialogue des Carmélites » l'a rendue célèbre. (Voir Angélique Roussel).

La *part de chance* d'Annette est à 191° sur le zodiaque, c'est-à-dire à 11° de la Balance.
Le *chiffre* d'Annette est le 7.
La *couleur* d'Annette est le bleu.

Caractère type : elle est souvent gracieuse, très féminine, sous le signe de Vénus. Elle est faite pour la danse, elle est souvent mince sans être maigre. Son charme facilite ses réussites tant sur le plan sentimental que professionnel.

Patronyme : Annette se combine mal avec un nom commençant par « t » ou « é ».

Annick

Voir Anne.

La *part de chance* d'Annick est à 101° sur le zodiaque, c'est-à-dire le 11° du Cancer.
Le *chiffre* d'Annick est le 7.
La *couleur* d'Annick est le bleu.

Caractère type : elle est souvent frêle et passive et en joue, non que sa fragilité soit feinte. C'est une femme-enfant, rêveuse et fixée à son enfance. Il lui arrive de mentir... pour rendre la réalité plus belle.

Patronyme : Annick se combine mal avec un nom commençant par une consonne dure ou par « i ».

Annie

Voir Anne.

Personnages célèbres : Annia Lucillia, impératrice romaine (147-183). La chanteuse Annie Cordy.

La *part de chance* d'Annie est à 116° sur le zodiaque, c'est-à-dire le 27° du Cancer.
Le *chiffre* d'Annie est le 7.
La *couleur* d'Annie est le bleu.

Caractère type : elle est fortement fixée à son enfance ce qui la rend souvent... enfantine et rêveuse. Mais, mariée et mère, elle fait alors preuve de fermeté.

Patronyme : Annie se combine mal avec un nom commençant par « i » et à fortiori par « ni ».

Anouchka

Voir Anne.

La *part de chance* d'Anouchka est à 176° sur le zodiaque, c'est-à-dire le 26° de la Vierge.
Le *chiffre* d'Anouchka est le 2.
La *couleur* d'Anouchka est le bleu.

Caractère type : elle est extrêmement altruiste et fait une épouse et une mère admirable. On peut lui reprocher son manque de passion dans la vie.

Patronyme : Anouchka se combine mal avec un nom commençant par une consonne dure ou « a ».

Anouck (ou Anouk)

Voir Anne.

La *part de chance* d'Anouck est à 167° sur le zodiaque, c'est-à-dire le 17° de la Vierge.
Le *chiffre* d'Anouck est le 2.
La *couleur* d'Anouck est le bleu.

Caractère type : elle aspire à la sécurité, elle est souvent trop raisonnable. Elle trouve son équilibre en s'ouvrant au monde.

Patronyme : Anouck se combine mal avec un nom commençant par une consonne dure ou une voyelle.

Anselme

Fêté le 21 avril.

Etymologie : vient du germain « ans » qui signifie divinité et « helm » qui veut dire heaume, casque.

Historique : saint Anselme naquit à Aoste en 1033 et devint moine bénédictin à l'abbaye du Bec Hellouin (Eure) où il se choisit comme maître le moine Lanfranc, qui fut nommé archevêque de Cantorbéry par Guillaume le Conquérant. Saint Anselme lui succéda malgré une grande réticence qui le conduisit même à supplier le pape Urbain II de le laisser à l'abbaye du Bec où il poursuivait de savantes études. Mais Urbain II le confirma dans son épiscopat et il dut donc remplir sa charge. Il mourut à Cantorbéry en 1109, laissant quantité d'ouvrages remarquables qui le firent proclamer Docteur de l'Eglise, en 1720.

D'autres saints et bienheureux ont porté le nom d'Anselme. Citons entre autres, un évêque de Lucques (1036-1086), qui voulut réformer l'Eglise.

Personnages célèbres : un prélat saxon, ambassadeur à Constantinople au XIIe siècle. Un théologien surnommé Anselme le Scolastique aussi au XIIe siècle. Le Père Anselme, qui écrivit au XVIIe siècle sur la Maison de France.

La *part de chance* d'Anselme est à 71° sur le zodiaque, c'est-à-dire le 11° des Gémeaux.
Le *chiffre* d'Anselme est le 7.
La *couleur* d'Anselme est le bleu.

Caractère type : il est adroit, intelligent et logique. Il a beaucoup de charme et le conserve longtemps. C'est un grand nerveux mais il sait s'adapter à toutes les circonstances.

Patronyme : Anselme se combine mal avec un nom commençant par « m ».

Anthelme

Fêté le 26 juin.

Etymologie : voir Anselme.

Historique : septième prieur de la Grande Chartreuse, saint Anthelme naquit près de Chambéry en Savoie, en 1107. Nommé évêque de Belley, malgré ses réticences, par le pape Alexandre III, il revint mourir parmi les Chartreux en 1178.

La *part de chance* d'Anthelme est à 179° sur le zodiaque, c'est-à-dire le 29° de la Vierge.
Le *chiffre* d'Anthelme est le 6.
La *couleur* d'Anthelme est le vert.

Caractère type : il n'est pas très bien portant mais ses maux sont généralement sans gravité. Il est précis jusqu'à la minutie. Il aime la lecture et la Connaissance en général.

Patronyme : Anthelme se combine mal avec un nom commençant par « m ».

Anthony

Voir Antoine.

Personnages célèbres : héros d'un roman d'Alexandre

Dumas père. Les acteurs Anthony Perkins et Anthony Quinn.

La *part de chance* d'Anthony est à 229° sur le zodiaque, c'est-à-dire le 19° du Capricorne.
Le *chiffre* d'Anthony est le 7.
La *couleur* d'Anthony est le jaune.

Caractère type : il est timide mais on le croit hautain ; il est souvent mal à l'aise ; il supporte difficilement d'être délaissé. Cependant, il sait être maître de lui et trouve la sécurité dans la richesse terrestre. Il est volontiers orgueilleux.

Patronyme : Anthony se combine mal avec un nom commençant par « i » et à fortiori par « ni ».

Antoine

Fêté le 17 janvier.

Etymologie : vient du grec « anthos » qui signifie fleur ou du latin « antonius » qui veut dire inestimable.

Historique : saint Antoine le Grand naquit en 250, à Qeman en Haute Egypte, d'une famille aisée. Orphelin à 18 ans, ce fils de riches, suivant les paroles du Christ, distribua tous ses biens aux pauvres de son village et se retira au désert. Après avoir écouté attentivement les conseils d'un vieil ermite, il s'enfonça plus loin encore dans le désert et trouva refuge dans un tombeau en ruine où, pendant plus de vingt ans, il fut la proie, raconte son biographe saint Athanase, de tentations incessantes et terrifiantes dont le « spectacle extraordinaire » inspira non seulement des peintres comme Jérome Bosch et Bruegel, mais même un écrivain comme Flaubert. Quoi qu'il en soit, sa vie ascétique attira de nombreux disciples qui le contraignirent à sortir de son silence. Il fonda des monastères érémitiques sans règles précises. Après un nouvel isolement dans le désert, il se rendit à Alexandrie pour lutter aux côtés de saint Athanase contre l'arianisme. Il mourut en 356. La biographie de saint Antoine le Grand doit à peine à la légende puisqu'elle fut écrite par son contemporain, saint Athanase. Quant à son cochon, c'est une autre histoire qui daterait du XIIe siècle. Elle en fait en tous cas le patron des animaux domestiques, des porchers, des bouchers et bien sûr des solitaires. Sa tombe, creusée en un lieu secret à la demande du saint, fut découverte vers 560. Les reliques connurent un étrange destin : emportées à Constantinople lors de l'invasion arabe, elles furent ensuite emmenées à la Motte-Saint-Didier, devenue Saint-Antoine dans le Dauphiné. Cet endroit fut le lieu de nombreux pèlerinages au Moyen Age, surtout pour les malades souffrant d'une affection inflammatoire que l'on appela « feu Saint-Antoine » et que l'on attribuait à la malice du diable, c'est-à-dire au tentateur de saint Antoine le Grand. Des moines hospitaliers s'occupèrent de tous ces malades. Cet ordre reçut le nom d'Antonins.

Plus de cinquante saints et bienheureux ont porté le nom d'Antoine. Citons entre autres le plus célèbre : saint Antoine de Padoue, qui eut une vie agitée malgré sa santé fragile. De son vrai nom Fernando, il naquit à Lisbonne vers 1195 et devint franciscain après quelques avatars. Parti pour évangéliser les Maures, il se retrouva à Assise où l'on reconnut ses grands talents de prédicateur. Il les exerça en France puis de nouveau en Italie. Il combattit le catharisme dans le sud de la France. En Italie, il fut nommé provincial des Franciscains. Il mourut à Padoue en 1231. Il avait 36 ans. Sa vie fut certes bien remplie. L'année qui suivit sa mort, le pape Grégoire IX le canonisa. En 1946, Pie XII le « fit » Docteur de l'Eglise. Saint Antoine de Padoue est le saint patron du Portugal et des faïenciers ; il est aussi invoqué — Dieu sait pourquoi — pour retrouver les objets perdus... Il est fêté le 13 juin.

Parmi les autres saints, citons encore saint Antoine-Marie Claret qui fut archevêque de Santiago-de-Cuba au XIXe siècle et qui fut traité de suppôt des colonialistes par les autonomistes et de révolutionnaire par les colons espagnols pour sa lutte contre l'esclavagisme. Il dut donc rentrer en Espagne où il devint le confesseur de la reine. Il mourut en 1870 chez les Cisterciens de Fontfroide. A Cuba, il avait fondé la congrégation des Clarétins (Fils du Cœur-Immaculé de Marie). Il est fêté le 24 octobre. Autre saint, Antoine-Marie Zaccaria, né à Crémone en 1502, mort à Milan en 1539, médecin qui préféra soigner les âmes que les corps et fonda l'ordre des Barnabites. Il est fêté le 5 juillet.

Personnages célèbres : Marc Antoine, qui fut pendant onze ans l'amant de Cléopâtre et se donna la mort à Alexandrie, après avoir perdu la bataille d'Actium. Le roi de Navarre, Antoine de Bourbon, père du futur Henri IV, Antoine de Bourgogne, dit le Grand Bâtard, fils naturel de Philippe le Bon. Antoine Bourdelle, le sculpteur. Antonio Gaudi, l'architecte, Antoine Van Dijk, le peintre. Les musiciens Antonio Vivaldi et Anton Webern et une foule de littérateurs parmi lesquels Antoine de Saint-Exupéry, Antoine Rivarol et Antoine Blondin, pour la bonne bouche. Enfin, citons le Père Antoine, mineur borain, mystique et guérisseur à ses moments perdus qui fonda une secte dont il existe un temple à Paris. Les Antoinistes prétendent guérir toutes les maladies par l'imposition des mains, accompagnée bien entendu de prières.

La *part de chance* d'Antoine est à 226° sur le zodiaque, c'est-à-dire le 15° du Scorpion.
Le *chiffre* d'Antoine est le 6.
La *couleur* d'Antoine est le jaune.

Caractère type : il est d'une énergie et d'une endurance exceptionnelles ; intérieurement stable, il jouit souvent d'une santé remarquable. Son intelligence est vive. Il est volontiers secret et parfois sectaire. Il est attiré par la métaphysique. Il accepte difficilement d'être contredit et jamais d'être battu.

Patronyme : Antoine se combine mal avec un nom commençant par une syllabe à dentale sonore mais s'accorde bien par contre avec les noms commençant par une voyelle.

Antoinette

Fêtée le 28 février.

Etymologie : voir Antoine.

Historique : la bienheureuse Antoinette, née à Florence en 1407, eut un enfant et fut deux fois veuve. Cette expérience lui suffit et elle se fit religieuse chez les Clarisses. Elle mourut au monastère Corpus Christus d'Aquila, dont elle était devenue la prieure sévère. Depuis ce 28 février 1472, ses reliques sont conservées à Aquila.

Personnages célèbres : Antoinette d'Autriche, qui devint Marie-Antoinette, reine de France au destin bien connu, Antoinette d'Orléans qui se fit religieuse feuillantine, fonda la congrégation des Filles du Calvaire mais n'en fut pas béatifiée pour autant.

La *part de chance* d'Antoinette est à 311° sur le zodiaque, c'est-à-dire le 11° du Verseau.
Le *chiffre* d'Antoinette est le 6.
La *couleur* d'Antoinette est le rouge.

Caractère type : elle a souvent un visage d'ange mais peut cacher son jeu de femme parfois fatale. Elle est très intuitive. Elle souffre de sa nervosité qu'un rien agace. Elle a un idéal très élevé, malgré son caractère plein de contradictions.

Patronyme : Antoinette se combine mal avec un nom commençant par « t » ou « d ».

Antonin

Fêté le 10 mai.

Etymologie : voir Antoine dont il est un diminutif (Antoninus).

Historique : saint Antonin se fit dominicain à seize ans et eut pour compagnon Fra Angelico. De nombreuses charges dans l'Eglise — charges qu'il occupa brillamment —, le firent surnommer « Antonin des Conseils » et devenir archevêque de Florence. Travailleur infatigable, prêtre exemplaire, il se tua à la tâche et mourut en 1459 dans son épiscopat, laissant entre autres ouvrages une « Somme » sur la morale. Le pape Adrien VI le canonisa dès 1522.

Personnages célèbres : on donne le nom d'Antonin à une dynastie impériale qui régna à Rome de 96 à 192. Un des plus célèbres empereurs de cette « gens » fut Antonin dit le Pieux, dont la piété n'était pas chrétienne, mais « mythologique » ; c'était en tout cas un homme bon et éclairé ; à son actif notamment, notons qu'il ne persécuta pas les Chrétiens. N'oublions pas le poète « maudit » Antonin Artaud.

La *part de chance* d'Antonin est à 271° sur le zodiaque, c'est-à-dire le 1° du Capricorne.
Le *chiffre* d'Antonin est le 6.
La *couleur* d'Antonin est le jaune.

Caractère type : il est très maître de lui mais que de tempêtes cache ce calme ! C'est un grand travailleur. Il est plein de projets qu'il conduit à leur terme. Il est plus attaché au passé qu'à l'avenir. Il est souvent très méfiant.

Patronyme : Antonin se combine mal avec un nom commençant par « in » ou « n ».

Apollinaire

Fêté le 23 juillet.

Etymologie : vient du latin « apollinaris » qui veut dire voué au dieu Apollon.

Historique : saint Apollinaire fut sans doute le premier évêque de Ravenne, où une basilique lui est consacrée, mais on ne sait pas grand chose de lui, sinon par les légendes qui en font notamment un compagnon de saint Pierre. Il serait mort martyrisé vers 200.

D'autres saints et bienheureux ont porté le nom d'Apollinaire. Citons entre autres, un évêque de Valence qui devint le patron de sa ville ; il y mourut vers 520 ; il était le frère de saint Avit. Un autre saint Apollinaire, né Franco, vit le jour à Aguilar de Campo en Espagne. Il devint franciscain et partit pour l'Extrême-Orient. Il fut brûlé vif avec les Chrétiens d'Omoura (Japon) en 1622. Il est fêté le 12 septembre.

Personnages célèbres : Apollinaire l'Ancien et Apollinaire le Jeune, deux grammairiens et rhéteurs grecs chrétiens du IVe siècle. Citons encore Sidoine Apollinaire et surtout Guillaume Apollinaire, pseudonyme de Wilhelm Apollinaris de Kostrowitsky.

La *part de chance* d'Apollinaire est à 127° sur le zodiaque,

c'est-à-dire le 7° du Lion.
Le *chiffre* d'Apollinaire est le 4.
La *couleur* d'Apollinaire est le bleu.

Caractère type : il travaille énormément et doit se méfier de l'infarctus : c'est souvent un homme d'affaires surmené ! C'est surtout un égocentriste, mais capable parfois de générosité, d'idéalisme, de sentiments très élevés. Son intelligence est très déliée, souple, vibrante. Il possède à un point souvent remarquable un ascendant sur tous ceux qu'il côtoie.

Patronyme : Apollinaire se combine mal avec un nom commençant par « r » ou « é ».

Apolline

Fêtée le 9 février.

Etymologie : voir Apollinaire.

Historique : sainte Apolline fut une martyre qui périt dans les flammes vers 249, à Alexandrie, après qu'on lui eut brisé toutes les dents. De toute évidence, on ne pouvait trouver meilleure sainte patronne pour les dentistes !

La *part de chance* d'Apolline est à 276° sur le zodiaque, c'est-à-dire le 6° du Capricorne.
Le *chiffre* d'Apolline est le 3.
La *couleur* d'Apolline est le bleu.

Caractère type : elle doute parfois de son charme qui peut être très grand. Elle est souvent orgueilleuse et veut qu'on l'aime telle qu'elle est. C'est une travailleuse et on peut compter sur elle. Elle est peut-être un peu trop sérieuse.

Patronyme : Apolline se combine mal avec les noms commençant par « i », « in » ou « n ».

Arabelle

Voir Annabelle.

La *part de chance* d'Arabelle est à 274° sur le zodiaque, c'est-à-dire le 24° du Capricorne.
Le *chiffre* d'Arabelle est le 2.
La *couleur* d'Arabelle est le rouge.

Caractère type : elle ne triche jamais et ne comprend pas qu'on puisse tricher. Elle est souvent plus charmante que belle. Elle ne manque pas d'humour et c'est souvent ce qui la sauve dans des situations difficiles.

Patronyme : Arabelle se combine mal avec un nom commençant par « l ».

Arcadius

Fêté le 12 janvier.

Etymologie : vient du latin « arcadius » qui signifie provenant d'Arcadie, contrée de l'ancienne Péloponnèse.

Historique : saint Arcadius ou Arcade fut horriblement torturé sous Dioclétien et serait mort vers 305 en criant sa foi.

La *part de chance* d'Arcadius est à 282° sur le zodiaque, c'est-à-dire le 12° du Capricorne.
Le *chiffre* d'Arcadius est le 4.
La *couleur* d'Arcadius est le rouge.

Caractère type : il est ambitieux et parfois arriviste. Il peut être avare mais c'est par souci de sécurité. Il aime aller au cœur des choses : c'est un scientifique né.

Patronyme : Arcadius se combine mal avec un nom commençant par « us », « u » ou « s ».

Arcady

Voir Arcadius.

La *part de chance* d'Arcady est à 236° sur le zodiaque, c'est-à-dire le 26° du Scorpion.

Le *chiffre* d'Arcady est le 7.
La *couleur* d'Arcady est le rouge.

Caractère type : le danger ne l'effraie pas mais le stimule ; c'est un lutteur acharné et il n'accepte pas les défaites, sur quelque plan que ce soit.

Patronyme : Arcady se combine mal avec un nom commençant par « di » ou « i ».

Archibald

Fêté le 30 avril.

Etymologie : vient du germain « aircan » qui signifie naturel et de « bald » qui veut dire audacieux.

Historique : saint Archibald ou Archambaud fut évêque de Londres au VIIe siècle.

La *part de chance* d'Archibald est à 276° sur le zodiaque, c'est-à-dire le 6° du Capricorne.
Le *chiffre* d'Archibald est le 4.
La *couleur* d'Archibald est le jaune.

Caractère type : sa résistance nerveuse est remarquable ; il est taillé pour les travaux difficiles, qui demandent du temps et de l'endurance. Son défaut est d'en vouloir toujours plus et il ne s'agit pas seulement de travail mais de sentiments aussi, par exemple.

Patronyme : Archibald, prénom plus anglo-saxon que français (diminutif : Archie) se combine mal avec un nom commençant par « a », « l » ou « d ».

Ariane

Fêtée le 17 septembre.

Etymologie : vient du grec « ariadné », dérivé de « adein » qui signifie chanter. Le mot « aria » vient de là.

Mythologie : Ariane était « la fille de Minos et de Pasiphaé ». Elle était aussi la sœur de Phèdre. Elle s'éprit de Thésée et lui donna un fil afin qu'il puisse sortir du labyrinthe où il était allé combattre le Minotaure, ce qu'il fit et le tua. Inconstant comme beaucoup de héros, il abandonna Ariane dans l'île de Naxos après l'avoir enlevée. Dyonisos passant par là, la trouva belle et l'épousa...

Historique : sainte Ariane fut une jeune esclave d'Asie mineure, du IIIe siècle probablement. Chrétienne, elle allait être mise à mort lorsque la foule prit son parti et la sauva. Notons que l'arianisme n'a rien à voir avec l'une ou l'autre de ces Ariane mais avec Arius, un hérésiarque qui jouit à l'époque des premiers chrétiens d'Alexandrie, après le IIIe siècle, d'un singulier pouvoir sur les âmes. L'Eglise mit un certain temps à vaincre cette hérésie qui contestait le Verbe, notamment.

Personnage célèbre : Ariane, dernière femme de Barbe-Bleue, celle qui découvrit le sinistre « pot-aux-roses » selon Maeterlinck et Paul Dukas.

La *part de chance* d'Ariane est à 267° sur le zodiaque, c'est-à-dire le 27° du Sagittaire.
Le *chiffre* d'Ariane est le 3.
La *couleur* d'Ariane est le bleu.

Caractère type : elle a du charme mais aussi du caractère et se bat sur les mêmes terrains que l'homme, dont elle choisit sans crainte les professions les plus difficiles. Elle a un côté Pygmalion en amour : elle adore façonner l'homme qu'elle aime... et elle aime surtout les faibles.

Patronyme : Ariane se combine mal avec un nom commençant par un « a » ou un « n ».

Aristide

Fêté le 31 août.

Etymologie : vient du grec « aristos » et « eidès » qui signifient fils du très bon, du meilleur.

Historique : saint Aristide était un philosophe grec du IIe siècle, professeur à Athènes. Il se convertit au christianisme et fit une « Apologie de la religion chrétienne » qui le conduisit, dit-on, au martyre. Mais il semble plutôt que cet opuscule aida à mieux traiter les Chrétiens dans les pays païens.

Personnages célèbres : le chansonnier Aristide Bruand. L'homme politique Aristide Briant. Le sculpteur Aristide Maillol.

La *part de chance* d'Aristide est à 210° sur le zodiaque, c'est-à-dire le 30° de la Balance.
Le *chiffre* d'Aristide est le 4.
La *couleur* d'Aristide est le jaune.

Caractère type : il est bâti comme un chêne et ignore superbement la maladie. Parfois, il montre des tendances suicidaires. Ses ennuis ne sont pas physiques, mais plutôt psychiques. Son intelligence est portée à chercher derrière les apparences.

Patronyme : Aristide, prénom désuet se combine mal avec un nom commençant par « i » ou « d ».

Arlette

Voir Charlotte. Arlette vient de Charlette, féminin ancien de Charles.

La *part de chance* d'Arlette est à 321° sur le zodiaque, c'est-à-dire le 21° du Verseau.
Le *chiffre* d'Arlette est le 9.
La *couleur* d'Arlette est le rouge.

Caractère type : elle est parfois excentrique, en tout cas non-conformiste. Souvent survoltée elle doit éviter le surmenage qui risque d'influencer sa santé.

Patronyme : Arlette se combine mal avec un nom commençant par « t » ou « é ».

Armand

Fêté le 23 décembre.

Etymologie: vient du germain « hart » qui veut dire fort et « man » qui signifie homme.

Historique: saint Armand fut évêque de Brixen (Bressanone en Italie du Nord). Il était franciscain et d'origine hollandaise, fort probablement. Il mourut en 1165.

D'autres saints et bienheureux ont porté le nom d'Armand. Citons entre autres saint Armand de Pontbriand, mort guillotiné en 1792. Il est fêté le 2 septembre.

Personnages célèbres: Armand de Richelieu (le grand). Armand Salacrou.

La *part de chance* d'Armand est à 296° sur le zodiaque, c'est-à-dire le 26° du Capricorne.
Le *chiffre* d'Armand est le 6.
La *couleur* d'Armand est le jaune.

Caractère type: il supporte mal d'être mis de côté, plus encore d'être abandonné. Souvent impassible, très maître de lui, il arrive qu'il explose à la grande surprise de ses proches. Il aime le travail. Il peut s'atteler à une œuvre de longue haleine.

Patronyme: Armand se combine mal avec un nom commençant par « an » ou pire par « man ». Il s'accorde bien avec un nom commençant par une syllabe sourde suivie d'une syllabe sonore.

Armande

Voir Armand.

Personnage célèbre: Armande Béjart, la femme de Molière.

La *part de chance* d'Armande est à 301° sur le zodiaque, c'est-à-dire le 1° du Verseau.
Le *chiffre* d'Armande est le 2.
La *couleur* d'Armande est le jaune.

Caractère type : elle est un peu tête de linotte, mais avec de la ténacité, elle réussit ce qu'elle entreprend. Elle aime travailler avec autrui : elle est faite pour participer à une équipe. Notons qu'elle peut avoir plusieurs visages qui déconcertent. Enfin elle est curieuse, de tout...

Patronyme : Armande se combine mal avec un nom commençant par « en » ou « d ».

Armel

Fêté le 16 août.

Etymologie : vient du celtique « arz » qui signifie ours et de « mael » qui veut dire prince.

Historique : né au Pays de Galles, saint Armel fonda deux abbayes en Bretagne : celle de Plouarzel et celle de Ploërmel en pleine forêt de Brocéliande. Il y mourut en 570.

La *part de chance* d'Armel est à 276° sur le zodiaque, c'est-à-dire le 6° du Capricorne.
Le *chiffre* d'Armel est le 4.
La *couleur* d'Armel est l'orangé.

Caractère type : il a le goût de la connaissance : sa pensée ne manque pas d'originalité et certainement pas de finesse. Il aime l'indépendance. Il est généralement très bon et sensible.

Patronyme : Armel se combine mal avec un nom commençant par « é » ou « l ».

Armelle

Voir Armel.

La *part de chance* d'Armelle est à 341° sur le zodiaque, c'est-à-dire le 11° des Poissons.
Le *chiffre* d'Armelle est le 3.
La *couleur* d'Armelle est l'orangé.

Caractère type : elle a souvent une voix envoûtante. Elle est généralement languide, de santé fragile mais ce n'est qu'apparence ! Elle est très intuitive. Elle est douce et rêveuse, mais attention au coup de griffe !

Patronyme : Armelle se combine mal avec les noms commençant par un « m » ou par un « l ».

Arnaud

Fêté le 10 février.

Etymologie : vient du germain « arn » qui signifie aigle et de « walden » qui veut dire gouverner.

Historique : le bienheureux Arnaud naquit en 1185 et fut élu, à vingt ans environ, père abbé du monastère de Sainte-Justine de Padoue. Il mourut en 1255 des persécutions d'un tyranneau du coin qui l'emprisonna.

Personnages célèbres : Arnaud de Brescia, un élève d'Abélard, qui prétendait déposséder l'Eglise de ses biens temporels, réussit dans son entreprise et chassa le pape Eugène III, mais l'aventure finit mal : livré au pape Adrien IV, il fut brûlé vif. On n'en fit pas un saint, évidemment.

Arnaud fut le nom de nombreux troubadours. Arnaud de Villeneuve, lui, fut un célèbre médecin et alchimiste du XIIIe siècle. Arnauld, Arnaut ou Arnault, l'orthographe est imprécise, est le nom d'une famille qui donna ses plus grands noms à Port-Royal et au jansénisme.

La *part de chance* d'Arnaud est à 262° sur le zodiaque, c'est-à-dire le 22° du Sagittaire.
Le *chiffre* d'Arnaud est le 5.
La *couleur* d'Arnaud est le violet.

Caractère type : son optimisme est un gage de chance dans la vie. Il aime toujours aller plus loin. Insatisfait, il voudrait toujours être estimé, aimé, admiré davantage.

Patronyme : Arnaud se combine mal avec un nom commençant par « au » ou « o ». Il s'accorde par contre très bien avec une particule.

Arnold

Fêté le 14 août.

Etymologie : voir Arnaud.

Historique : saint Arnold, de chevalier devint moine, père abbé et enfin évêque de Soissons. Au cours d'une mission dans les Flandres, où il était né, il fonda un monastère à Oudenbourg. Il y mourut en 1087. Il est le saint patron des brasseurs.

D'autres saints et bienheureux ont porté le nom d'Arnold. Citons entre autres saint Arnold ou Arnoul de Metz, mort dans sa bonne ville en 640. Un autre saint Arnold, fêté le 6 février, ami de saint Bernard, mourut en 1156, à Bonneval.

Personnages célèbres : de nombreux théologiens ont porté le nom d'Arnold, tels Arnold de Corbie, Arnold de Rotterdam, etc. Arnold de Lalaing fut un historien des Flandres, il était abbé de Bruges. Arnold de Wincklleried est un personnage légendaire de l'Histoire de la Confédération helvétique : les premiers Confédérés se heurtant à une phalange autrichienne hérissée de piques, Arnold en saisit un faisceau dans les bras en criant : « Ayez soin de ma famille ; je vais vous ouvrir un passage. » Bien sûr, il en mourut, mais les Confédérés gagnèrent la bataille...

La *part de chance* d'Arnold est à 355° sur le zodiaque, c'est-à-dire le 25° des Poissons.
Le *chiffre* d'Arnold est le 1.
La *couleur* d'Arnold est le violet.

Caractère type : il s'oriente souvent vers l'Eglise, attiré surtout par la tradition et un certain conformisme. Il fait généralement preuve de charité sincère et de dévouement.

Patronyme : Arnold se c76 bine mal avec un nom commençant par « o » « l » ou « d ».

Arnould

Fêté le 18 juillet.

Etymologie : voir Arnaud.

Historique : saint Arnould, par son fils Ansegisel, fut l'un des aïeux de Charlemagne. Il devint évêque de Metz, sans être ordonné. Il quitta d'ailleurs son siège pour la solitude et la charité.

La *part de chance* d'Arnould est à 1° sur le zodiaque, c'est-à-dire le 1° du Bélier.
Le *chiffre* d'Arnould est le 4.
La *couleur* d'Arnould est le violet.

Caractère type : il est volontaire, courageux et parfois violent, voire dangereux. Il se veut et est d'ailleurs viril.

Patronyme : Arnould se combine mal avec un nom commençant par « ou », « l » ou « d ».

Arsène

Fêté le 19 juillet.

Etymologie : vient du grec « arsénios » qui veut dire viril, mâle.

Historique : saint Arsène était un fonctionnaire romain peu attiré par les honneurs puisqu'il se retira dans le désert de Scété où il mourut, vers 445 semble-t-il, à un âge canonique. Ses reliques de parfait anachorète sont vénérées au monastère de Troë.

Personnages célèbres : le physicien Arsène d'Arsonval et surtout le héros de Maurice Leblanc : Arsène Lupin.

La *part de chance* d'Arsène est à 201° sur le zodiaque, c'est-à-dire le 21° de la Balance.
Le *chiffre* d'Arsène est le 7.
La *couleur* d'Arsène est le jaune.

Caractère type : naturellement distingué, fin, plein d'une grâce un peu féminine, il est généralement très émotif. Il ne supporte pas d'être mal aimé. Il est fait pour être un artiste d'un grand raffinement.

Patronyme : Arsène se combine mal avec un nom commençant par « é » ou « n ».

Arthur

Fêté le 15 novembre.

Etymologie : vient du celtique « arz » qui signifie ours.

Historique : le bienheureux Arthur fut un des martyrs chrétiens immolés par Henri VIII en 1539, dans le Somerset, à Glastonsbury, parce qu'il s'était opposé avec d'autres à ce nouveau schisme inventé par le roi : la séparation de l'Eglise d'Angleterre et de la papauté romaine.

Personnages célèbres : le plus fameux est le quasi légendaire roi Arthur qui conduisit les Celtes contre les Anglo-Saxons. Autour de lui, naquirent les fameux poèmes épiques du cycle d'Arthur et de la Table ronde. Citons encore des comtes et des ducs de Bretagne et enfin le philosophe Arthur Schopenhauer, le poète Arthur Rimbaud et le romancier Arthur Koestler.

La *part de chance* d'Arthur est à 95° sur le zodiaque, c'est-à-dire le 5° du Cancer.
Le *chiffre* d'Arthur est le 5.
La *couleur* d'Arthur est le violet.

Caractère type : il ne manque pas d'imagination et prend volontiers ses rêves pour des réalités. Il a une très bonne mémoire. Il jette l'argent par les fenêtres. Il est plein de poésie. D'ailleurs, il est toujours dans la lune.

Patronyme : Arthur se combine assez mal avec les noms commençant par « u » et « r ».

Astrid

Fêtée le 27 novembre.

Etymologie : vient non pas du grec « astron » qui veut dire astre mais du vieux germain « ans » qui signifie « divinité » et « trud » qui veut dire fidélité.

Historique : Astrid était la mère de saint Olaf.

Personnage célèbre : Astrid, reine des Belges, morte accidentellement en Suisse. Elle était aimée de ses concitoyens pour sa bonté autant que pour sa beauté.

La *part de chance* d'Astrid est à 195° sur le zodiaque, c'est-à-dire le 15° de la Balance.
Le *chiffre* d'Astrid est le 8.
La *couleur* d'Astrid est le bleu.

Caractère type : fine, gracieuse, elle a tout le charme de Vénus et sa beauté. Elle est faite pour la danse. Elle est souvent, pour l'homme qu'elle aime, une aide attentive et intelligente. Elle est toujours une bonne épouse.

Patronyme : Astrid se combine mal avec un nom commençant par « i » ou « d ».

Athanase

Fêté le 2 mai.

Etymologie : vient du grec « athanatos » qui signifie immortel.

Historique : saint Athanase, né à Alexandrie vers 290, passa son existence comme évêque de cette ville à lutter contre l'arianisme. Plusieurs fois dépossédé de son siège épiscopal, il continua sans démordre à se battre pour l'orthodoxie chrétienne. Il mourut à Alexandrie en 373, laissant derrière lui une œuvre considérable.

D'autres saints et bienheureux ont porté le nom d'Athanase. Citons, entre autres, un ermite du Mont-Athos, qui y mourut vers l'an 1000.

La *part de chance* d'Athanase est à 46° sur le zodiaque, c'est-à-dire le 16° du Taureau.
Le *chiffre* d'Athanase est le 6.
La *couleur* d'Athanase est le violet.

Caractère type : Ce prénom sonne comme une charge. Athanase n'est jamais en repos, il fait preuve d'un dynamisme impressionnant. C'est un « fonceur » et il n'hésite pas à prendre des risques pour arriver à ses fins. Il est d'ailleurs très courageux.

Patronyme : Athanase, prénom difficile à porter, se combine mal avec un nom commençant par « a » ou « s ».

Aubin

Fêté le 1er mars.

Etymologie : vient du latin « albus » qui signifie blanc.

Historique : saint Aubin, né aux environs de Vannes vers 469, devint en 529 évêque d'Angers, après avoir été abbé du couvent de Tréhillac. Il combattit férocement le péché, particulièrement l'inceste. Il mourut à Angers en 550. Il est le saint patron de cette ville.

La *part de chance* d'Aubin est à 69° sur le zodiaque, c'est-à-dire le 9° des Gémeaux.
Le *chiffre* d'Aubin est le 2.
La *couleur* d'Aubin est le bleu.

Caractère type : il manie aisément le verbe et la plume. Intelligent, il est parfois éblouissant, subjuguant ses auditeurs ou ses lecteurs. Son défaut est de se disperser, de mener plusieurs combats de front.

Patronyme : Aubin se combine mal avec un nom commençant par « in » ou « b ».

Aude

Fêtée le 18 novembre.

Etymologie : vient du germain « ald » qui veut dire ancien.

Historique : tout ce qu'on sait de sainte Aude, c'est qu'elle fut une des compagnes de sainte Geneviève et qu'on peut encore vénérer ses reliques. Cela se passait au VIe siècle.

La *part de chance* d'Aude est à 16° sur le zodiaque, c'est-à-dire le 16° du Bélier.
Le *chiffre* d'Aude est le 4.
La *couleur* d'Aude est le bleu.

Caractère type: c'est un prénom de sonorité profonde, sourde et nette. Il évoque la féminité puissante et potentielle. Aude est énergique et droite dans ses moindres sentiments. Elle fait une très bonne mère ce qui ne l'empêche pas de choisir souvent un métier d'homme.

Patronyme: Aude se combine mal avec un nom commençant par «o» et formé uniquement de syllabes sourdes, ou par «d».

Audrey

Fêtée le 23 juin.

Etymologie: vient du celtique «alt» qui signifie haut et «roen» qui veut dire royal, ou du germain «adal» qui signifie noble et «hrod» qui veut dire gloire.

Historique: sainte Audrey (diminutif d'Aethelhryth) ou encore sainte Ethelrède, née à Exning dans le Suffolk, était une princesse qui fit un mariage blanc avec le prince Tonbert, de commun accord. Mais devenue veuve, on la remaria avec un jeune prince de Northumbrie qui refusa cette commune chasteté. Audrey s'enfuit et se réfugia dans un couvent de l'île d'Ely, couvent qu'elle avait d'ailleurs fondé sur les conseils de saint Wilfried. Elle y mourut en 670.

Personnage célèbre: la comédienne Audrey Hepburn.

La *part de chance* d'Audrey est à 226° sur le zodiaque, c'est-à-dire le 16° du Scorpion.
Le *chiffre* d'Audrey est le 2.
La *couleur* d'Audrey est le rouge.

Caractère type: elle a de la femme fatale l'œil fascinant et la voix de gorge. Elle est dotée d'une personnalité hors du commun. Elle est très courageuse et volontiers secrète. Elle cherche les difficultés pour se prouver qu'elle peut les vaincre.

Patronyme : Audrey se combine mal avec un nom commençant par « é » ou pire par « ré ».

Auguste

Fêté le 29 février.

Etymologie : vient du latin « augustus » qui signifie consacré par les augures, vénérable. Devenu en latin un nom propre, comme nous le verrons plus loin.

Historique : le bienheureux Auguste Chapdelaine naquit à la Rochelle en 1814, fut ordonné prêtre et partit comme missionnaire en Chine. Il y convertit des autochtones dans la province de Kouang-Si et, avec eux, subit le martyre et mourut en 1856.

D'autres saints et bienheureux ont porté le nom d'Auguste. Citons entre autres saint Auguste, fêté le 25 septembre, qui fut abbé à Bourges et mourut vers 650.

Personnages célèbres : le sénat romain décerna à Octave (déjà devenu Octavien lors de son adoption par César), le surnom d'Auguste, titre religieux attribué jusque-là aux dieux et aux objets sacrés. Le nom d'Auguste fut dès lors porté par tous les empereurs sacrés, ce qui signifiait qu'ils étaient l'égal des dieux. Des électeurs de Saxe et des rois de Pologne portèrent le nom d'Auguste. Citons parmi les hommes célèbres ayant eu ce prénom : le philosophe Auguste Comte, le sculpteur Auguste Rodin, le peintre Auguste Renoir et l'écrivain Auguste Strindberg.

La *part de chance* d'Auguste est à 1° sur le zodiaque, c'est-à-dire le 1° du Bélier.
Le *chiffre* d'Auguste est le 4.
La *couleur* d'Auguste est le vert.

Caractère type : il veut sans cesse aller de l'avant, se dépasser, courir au-devant des risques. Il est souvent « casse-cou » et doit parfois en supporter les conséquences. Il est courageux, vaillant, intrépide et a le sens de l'autorité. C'est généralement un novateur. Il est aussi très généreux.

Patronyme : Auguste, prénom désuet, se combine mal avec un nom commençant par « u » ou « t ».

Augustin

Fêté le 28 août.

Etymologie : voir Auguste, dont il est un diminutif, « augustinus ».

Historique : saint Augustin naquit en terre africaine, à Tagaste, aujourd'hui Souk-Ahras en Algérie, d'une mère chrétienne (sainte Monique) et d'un père incroyant. Citoyen romain, il étudia à Carthage où il fut un sujet brillant mais débauché. Il eut un fils naturel, Adéodat, (don de Dieu). La lecture de la Bible et l'obsession du péché, du Mal, le conduisirent à adhérer au manichéisme. Il créa une chaire de rhétorique à Carthage, puis à Rome et enfin à Milan. De nombreuses lectures et l'influence de saint Ambroise le détachèrent de la doctrine de Manès et il se convertit. Dès lors, après avoir été baptisé avec son fils, il combattit le manichéisme et retourna à Carthage où il donna tous ses biens aux pauvres. Ordonné prêtre à Hippone, il en devint bientôt l'évêque. Il mena une vie austère, faisant naître de nombreuses vocations. Son enseignement ne fut pas seulement prêché mais écrit ; c'est l'augustinisme, qui en fit un docteur de l'Eglise. Il faut lire ses admirables confessions, plaidoyer déchirant d'un pécheur s'en remettant à la bonté divine. Il mourut à Hippone en 430, lors du siège conduit par les Vandales.

D'autres saints et bienheureux ont porté le nom d'Augustin. Citons entre autres saint Augustin de Cantorbéry, premier évêque de cette ville, pour y avoir baptisé dix mille Anglais d'un même élan. Il était bénédictin. Sa vie est obscurcie par la légende. Il mourut à Cantorbéry vers 605. Il est fêté le 27 mai.

Personnages célèbres : Pierre-Augustin de Beaumarchais et l'historien Augustin Thierry.

La *part de chance* d'Augustin est à 56° sur le zodiaque, c'est-à-dire le 26° du Taureau.
Le *chiffre* d'Augustin est le 4.
La *couleur* d'Augustin est le vert.

Caractère type: il aime les plaisirs de la vie. C'est un jouisseur. Il est pourtant secret et ne se livre pas facilement. Il est généralement bien organisé.

Patronyme: Augustin se combine mal avec un nom commençant par «in» ou pire par «tun» ou «tin».

Augustine

Voir Augustin.

La *part de chance* d'Augustine est à 61° sur le zodiaque, c'est-à-dire le 1° des Gémeaux.
Le *chiffre* d'Augustine est le 9.
La *couleur* d'Augustine est le vert.

Caractère type: elle est sujette à de brusques changements d'humeur. Elle a toujours l'impression qu'il lui manque quelque chose. Elle est parfois amorale alors qu'elle se voudrait franchement immorale.

Patronyme: Augustine, prénom assez désuet, se combine mal avec un nom commençant par «i» ou «n».

Aure

Fêtée le 4 octobre.

Etymologie: vient du latin «aurum» qui veut dire or.

Historique: sainte Aure fut nommée en 660 première abbesse du monastère que fonda saint Eloi à Paris. Elle y mourut, fort probablement de la peste, en 666.

La *part de chance* d'Aure est à 212° sur le zodiaque, c'est-à-dire le 2° du Scorpion.

Le *chiffre* d'Aure est le 9.
La *couleur* d'Aure est l'orangé.

Caractère type: le prénom est à sonorité très sourde, cachée, rauque, mystérieuse. Aure a du caractère et sait imposer sa volonté. Elle est volontiers secrète. C'est une espionne née.

Patronyme: Aure se combine mal avec un nom commençant par «o», «r» et à fortiori «or».

Aurèle

Voir Aurélie et Aurélien.

Personnage célèbre: l'empereur Marc-Aurèle, célèbre par ses qualités d'âme.

La *part de chance* d'Aurèle est à 247° sur le zodiaque, c'est-à-dire le 7° du Sagittaire.
Le *chiffre* d'Aurèle est le 8.
La *couleur* d'Aurèle est l'orangé.

Caractère type: la finale «èle» s'appuyant sur la sourde sonorité «aur» évoque une envolée. Bien qu'androgyne, ce prénom est généralement attribué aux hommes. Aurèle aspire toujours à se dépasser et à dépasser l'endroit où il est. C'est un grand voyageur devant l'Eternel. Il a aussi beaucoup de chance et c'est bien entendu un optimiste.

Patronyme: Aurèle se combine mal avec un nom commençant par «é» ou «l».

Aurélia

Voir Aurélie.

Personnage célèbre: une des «filles du feu» du poète Gérard de Nerval.

La *part de chance* d'Aurélia est à 253° sur le zodiaque, c'est-à-dire le 13° du Sagittaire.

Le *chiffre* d'Aurélia est le 4.
La *couleur* d'Aurélia est l'orangé.

Caractère type : elle a souvent plus de charme que de beauté véritable. Elle est très remuante. Elle est parfois orgueilleuse et cède difficilement : elle veut toujours avoir raison. Elle ne se sent en aucun cas l'inférieure de l'homme. Elle se bat pour les droits des femmes et est volontiers féministe.

Patronyme : Aurélia se combine mal avec un nom commençant par « a » ou par « i ».

Aurélie

Fêtée le 15 octobre.

Etymologie : vient du latin « aurum » qui veut dire or, ou peut-être du grec « aura » qui signifie souffle léger.

Historique : les reliques de sainte Aurélie furent déposées à Bregenz par saint Colomban, mais on ne sait pas grand-chose sur cette sainte qui fut sans doute martyrisée à Rome et qu'on vénère en tout cas à Strasbourg.

La *part de chance* d'Aurélie est à 257° sur le zodiaque, c'est-à-dire le 17° du Sagittaire.
Le *chiffre* d'Aurélie est le 8.
La *couleur* d'Aurélie est l'orangé.

Caractère type : elle est curieuse de tout. Elle impose ses rêves à ses interlocuteurs pour peu que ceux-ci s'y laissent prendre. Elle est redoutée par les hommes qui lui reprochent son côté dominateur.

Patronyme : Aurélie se combine mal avec un nom commençant par un « i » et à fortiori par un « li ».

Aurélien

Fêté le 16 juin.

Etymologie : voir Aurélie.

Historique : saint Aurélien fonda, avec l'appui de Childebert Ier, deux monastères à Arles dont il était l'évêque. Les temps étaient durs et saint Aurélien dut exiger que ses moines apprennent à lire ! Il mourut en 551.

Personnage célèbre : l'empereur romain Aurélien qui redressa l'Empire.

La *part de chance* d'Aurélien est à 307° sur le zodiaque, c'est-à-dire le 7° du Verseau.
Le *chiffre* d'Aurélien est le 4.
La *couleur* d'Aurélien est l'orangé.

Caractère type : indépendant, il a horreur des chemins battus. Sa pensée est pleine d'originalité. Il est curieux par nature. Il a le goût des contacts humains.

Patronyme : Aurélien se combine mal avec un nom commençant par « in » ou « i ».

Aurore

Voir Aure.

Mythologie : Aurore est une divinité romaine (Eos, en grec) qui ouvre de ses doigts de rose les portes de l'orient au soleil. Sur son char de vermeil, que tirent des chevaux de pourpre, elle s'avance, vêtue d'une robe de safran, couronnée de fleurs et jaillit de l'océan pour faire apparaître les premières lueurs du jour. Souvent amoureuse (d'Orion, de Tithon, de Céphale, d'Astrée, etc.), elle devait cette « fringale » à Vénus, qui la punissait ainsi d'avoir été aimée de Mars. La rosée n'est autre que les larmes d'Aurore qui pleure la mort de son fils Memnon.

Personnage célèbre : George Sand, qui s'appelait en réalité Aurore Dupin.

La *part de chance* d'Aurore est à 122° sur le zodiaque, c'est-à-dire le 2° du Lion.
Le *chiffre* d'Aurore est le 6.
La *couleur* d'Aurore est l'orangé.

Caractère type : souvent très belle, elle fait preuve d'une grande vitalité. Elle est passionnée, idéaliste. Elle est loyale et s'emporte vite pour défendre une idée ou un être qui lui tiennent à cœur. Comment être autrement si l'on porte un prénom symbolisant la montée du soleil et la remontée de l'espoir ?

Patronyme : Aurore se combine mal avec un nom commençant par « r », « o », « a ».

Ava

Fêtée le 29 avril.

Etymologie : vient du latin « avis » qui signifie oiseau, ou plus probablement d'Eve.

Historique : sainte Ava (ou Ave) se retira dans l'abbaye de Denain, à laquelle elle distribua tous ses biens — qui étaient considérables — et cela pour y avoir retrouvé la vue grâce aux reliques de sainte Renfroi, ancienne abbesse de Denain. Il s'agit peut-être d'une légende.

Personnage célèbre : l'actrice Ava Gardner.

La *part de chance* d'Ava est à 8° sur le zodiaque, c'est-à-dire le 8° du Bélier.
Le *chiffre* d'Ava est le 6.
La *couleur* d'Ava est le bleu.

Caractère type : portant un prénom net, clair, puissant, Ava brûle de passion. Elle cherche le grand Amour pour lequel elle se consumera tout entière, mais en attendant elle « brûle » ceux qu'elle rencontre car c'est une allumeuse. Elle choisit souvent un métier d'homme. Elle est généralement très altruiste et portée à défendre les opprimés.

Patronyme : Ava se combine mal avec un nom commençant par « a » et à fortiori « va ». Ce prénom s'accorde mal avec un nom banal.

Avit

Fêté le 5 février.

Etymologie : voir Ava.

Historique : saint Avit, de la famille d'Avitus, empereur d'Occident, fut évêque de Vienne en Dauphiné. Il joua un rôle important dans divers conciles et eut part à la conversion de Clovis. Il combattit l'arianisme de Gondebaud, roi des Burgondes, qu'il fit abjurer grâce à l'épée de Clovis plus que par les pieuses paroles ! Il est considéré comme un des plus illustres théologiens et poètes de son temps. Il a laissé de nombreux écrits dont une lettre à Clovis lors de la conversion du roi des Francs. Il mourut vers 525.

La *part de chance* d'Avit est à 57° sur le zodiaque, c'est-à-dire le 27° du Taureau.
Le *chiffre* d'Avit est le 7.
La *couleur* d'Avit est le rouge.

Caractère type : il a le goût du plaisir et aime la vie pour ses « bonnes choses ». Il est d'un tempérament robuste, il est concret, parfois matérialiste, mais tout ce qui est beau l'émeut profondément.

Patronyme : Avit est un prénom peu commun qui se combine mal avec un nom commençant par « i » et à fortiori par « vi ».

Axel

Voir Alexandre dont il est un diminutif.

Personnage célèbre : Axel de Fersen, « amant » de Marie-Antoinette.

La *part de chance* d'Axel est à 96° sur le zodiaque, c'est-à-dire le 6° du Cancer.
Le *chiffre* d'Axel est le 6.
La *couleur* d'Axel est le jaune.

Caractère type : charmant, poétique, rêveur, délicat, il possède une imagination à toute épreuve, car sa mémoire est excellente. Il a tendance à se disperser. Il est souvent superficiel.

Patronyme : Axel se combine mal avec un nom commençant par « l » ou « é ».

Axelle

Voir Axel.

Personnage célèbre : « Axelle » est le titre d'un roman de Pierre Benoit.

La *part de chance* d'Axelle est à 131° sur le zodiaque, c'est-à-dire le 11° du Lion.
Le *chiffre* d'Axelle est le 5.
La *couleur* d'Axelle est le jaune.

Caractère type : elle est souvent très belle et vive. Elle sait faire preuve de courage. Elle est passionnée, romantique. Elle monte souvent sur ses grands chevaux et défend avec acharnement l'idée ou l'homme auxquels elle tient par dessus tout.

Patronyme : Axelle se combine mal avec un nom commençant par « l » ou « é » et s'accorde mal avec un nom banal.

Aymar

Fêté le 29 mai.

Etymologie : vient du germain « haim » qui veut dire maison et « mar » qui signifie illustre (ou « hard » qui veut dire « dur »).

Historique : le bienheureux Aymar faisait partie d'un groupe d'inquisiteurs qui furent tués par les Albigeois, en 1242, près d'Avignonnet, dans le diocèse de Toulouse. Il y eut donc au moins un inquisiteur béatifié...

La *part de chance* d'Aymar est à 252° sur le zodiaque, c'est-

à-dire le 12° du Sagittaire.
Le *chiffre* d'Aymar est le 4.
La *couleur* d'Aymar est le rouge.

Caractère type : il est volontiers gourmet et gourmand. Il est émotif. Il aime voyager. Il n'est bien que loin du lieu où il se trouvait d'abord. C'est souvent un homme de progrès.

Patronyme : Aymar se combine mal avec un nom commençant par « ar », « r » et à fortiori par « mar ».

Aymeric

Voir Eric.

La *part de chance* d'Aymeric est à 286° sur le zodiaque, c'est-à-dire le 16° du Capricorne.
Le *chiffre* d'Aymeric est le 2.
La *couleur* d'Aymeric est le bleu.

Caractère type : il est apparemment calme et maître de lui mais gare s'il explose, comme est « explosive » la finale de son prénom. Il se sent responsable et est souvent orgueilleux.

Patronyme : Aymeric se combine mal avec un nom commençant par une consonne dure.

Aymone

Voir Edmond.

Personnage célèbre : Anne-Aymone Giscard d'Estaing.

La *part de chance* d'Aymone est à 266° sur le zodiaque, c'est-à-dire le 26° du Sagittaire.
Le *chiffre* d'Aymone est le 1.
La *couleur* d'Aymone est le violet.

Caractère type : elle est élégante, plus charmante que belle. Elle a un côté racé. Elle est vive et ne tient pas en place. Elle est tout sauf paresseuse. Elle est prête à supplanter l'homme dans la vie professionnelle et y réussit souvent fort bien.

Patronyme: Aymone se combine mal avec un nom commençant par « o » ou « n ». La particule lui va bien.

Babette

Voir Elisabeth, dont Babette est un diminutif.

La *part de chance* de Babette est à 95° sur le zodiaque, c'est-à-dire le 5° du Cancer.
Le *chiffre* de Babette est le 1.
La *couleur* de Babette est le rouge.

Caractère type: elle est rêveuse et lunatique. C'est une femme-enfant qui peut trouver son équilibre en se mariant et surtout en devenant maman.

Patronyme: Babette se combine mal avec un nom commençant par « t » ou « b ».

Balbine

Fêtée le 31 mars.

Etymologie: vient du latin « balbus » qui veut dire bègue.

Historique: sainte Balbine, selon saint Alexandre, fut une jeune vierge romaine, qui mourut peut-être martyre après avoir vu son père, un tribun, saint Quirin, décapité pour sa foi. Cette histoire édifiante se passait au IIe siècle. Une petite église très charmante est dédiée à sainte Balbine, sur l'Aventin.

La *part de chance* de Balbine est à 110° sur le zodiaque, c'est-à-dire le 20° du Cancer.
Le *chiffre* de Balbine est le 9.
La *couleur* de Balbine est le bleu.

Caractère type: avec ce prénom aux sonorités de clochettes, elle est douce et rêveuse. Elle est très (trop!) féminine, vibrante comme une enfant. Lorsqu'elle est trop attachée à son père et que celui-ci vient à mourir, elle cherche un homme idéal, généralement âgé, qui lui rappelle l'image paternelle. Elle peut parfois se retirer du monde, déçue et blessée.

Patronyme : Balbine se combine mal avec un nom commençant par « n » ou « i ».

Balthazar

Fêté le jour de l'Epiphanie.

Etymologie : vient du babylonien Bêl-Shar-Oursour.

Historique : nom donné à un des trois rois mages, à celui qui apporta de la myrrhe à l'Enfant-Jésus à Bethléem. Ses reliques se trouvent à Cologne. Est-ce possible ? On peut en douter, la légende est trop belle pour être totalement vraie.

Personnages célèbres : Balthazar, régent de Babylone, qui fut détrôné par Cyrus. Lors d'un festin (de Balthazar), il fit apporter les vases sacrés des Juifs. C'est alors que l'impie vit apparaître une main traçant sur un mur les mots fameux : Mané, Thécel, Pharès. Le prophète Daniel les interpréta au grand dam du monarque : les jours de son règne étaient comptés. Pesé dans la balance de Dieu, il avait été trouvé trop léger ; enfin, son royaume serait partagé.

La *part de chance* de Balthazar est à 200° sur le zodiaque, c'est-à-dire le 20° de la Balance.
Le *chiffre* de Balthazar est le 8.
La *couleur* de Balthazar est le rouge.

Caractère type : nanti d'un prénom aux résonances royales, il est extrêmement sociable et conciliant, il est cependant la proie d'hésitations, de contradictions qui le contraignent à s'accrocher à une idée, à une décision, qui peuvent le rendre non seulement exigeant mais tyrannique.

Patronyme : Balthazar se combine mal avec un nom commençant par « r » ou « a ».

Baptiste

Voir Jean-Baptiste.

Personnage célèbre : le mime Baptiste Debureau rendu célèbre par le film de Marcel Carné et Jacques Prévert : « Les enfants du Paradis ».

La *part de chance* de Baptiste est à 118° sur le zodiaque, c'est-à-dire le 28° du Cancer.
Le *chiffre* de Baptiste est le 2.
La *couleur* de Baptiste est le jaune.

Caractère type : délicat et rêveur, sensible et confiant, il comprend difficilement tout ce qui ne vient pas du cœur.

Patronyme : Baptiste se combine mal avec un nom commençant par un « t » ou un « s ».

Barbara

Voir Barbe.

Personnages célèbres : la chanteuse, auteur compositeur Barbara et, plus loin dans le temps, les actrices Barbara Hutton et Barbara Stanwyck.

La *part de chance* de Barbara est à 47° sur le zodiaque, c'est-à-dire le 17° du Taureau.
Le *chiffre* de Barbara est le 7.
La *couleur* de Barbara est le jaune.

Caractère type : ce prénom contient trois voyelles « a », mais assourdies par un « b » et le roulement sourd du « r ». C'est un prénom assez mystérieux, aux sonorités profondes. Barbara est souvent gaie mais peut avoir un caractère difficile : elle est volontiers boudeuse. Elle aime les biens de ce monde, ce qui convient bien à son naturel épanoui. Il y a de la « fermière » en elle. Son « petit » défaut : elle ne peut se passer des hommes, sans lequels elle se sentirait amoindrie.

Patronyme : Barbara se combine mal avec un nom commençant par un a, un « r » ou pire un « ra ».

Barbe

Fêtée le 4 décembre.

Etymologie : vient du latin « barbari » qui signifie barbares.

Historique : sainte Barbe doit tout à la légende, d'ailleurs très belle : vierge et d'une grande beauté, son père voulut la « protéger » des amoureux trop nombreux à son goût. Apprenant qu'elle était devenue chrétienne, il la supplicia par le feu. En vain. Alors il la fit décapiter et ce feu qu'il avait allumé le consuma immédiatement. Ces choses édifiantes se seraient passées à Nicomédie en 235. Le feu ayant joué un grand rôle dans toute cette histoire, sainte Barbe est devenue la sainte patronne des artilleurs, des pompiers et, dans le Nord de la France et en pays minier, de tous les mineurs qui la fêtent joyeusement et aussi pieusement. Malheureusement, sainte Barbe fait partie des exclus du nouveau calendrier romain. Mais il ferait beau voir qu'on ne fête plus sainte Barbe !

La *part de chance* de Barbe est à 210° sur le zodiaque, c'est-à-dire le 30° de la Balance.
Le *chiffre* de Barbe est le 1.
La *couleur* de Barbe est le jaune.

Caractère type : elle a une forte personnalité. Volontaire et tenace, elle sait imposer sa volonté. Elle est intelligente et juge avec un grand discernement. Elle est souvent secrète. Elle aime relever le gant qu'on lui lance. C'est une femme de tête, « claquante » comme son prénom.

Patronyme : Barbe, mais qui aimerait se prénommer ainsi ? se combine mal avec un nom commençant par « b », « r » ou « a ».

Barberine

Voir Barbe.

La *part de chance* de Barberine est à 175° sur le zodiaque, c'est-à-dire le 25° de la Vierge.
Le *chiffre* de Barberine est le 2.

La *couleur* de Barberine est le jaune.

Caractère type : elle se caractérise par un dévouement à toute épreuve. Elle fait une excellente épouse et une mère admirable.

Patronyme : Barberine se combine mal avec un nom commençant par un « n » ou un « i ».

Barnabé

Fêté le 11 juin.

Etymologie : vient de l'hébreu « bar nabas » qui signifie fils de consolation.

Historique : saint Barnabé reçut ce nom des apôtres. Il était né à Chypre et se prénommait Joseph. Il mena Paul, après sa conversion, aux douze apôtres. Il partit ensuite avec lui évangéliser les gentils. Il aurait été lapidé par des juifs à Salamine en 63.

La *part de chance* de Barnabé est à 261° sur le zodiaque, c'est-à-dire le 21° du Sagittaire.
Le *chiffre* de Barnabé est le 7.
La *couleur* de Barnabé est le vert.

Caractère type : il aime se dépasser et dépasser les frontières : c'est un grand voyageur au-dedans et au-dehors.

Patronyme : Barnabé se combine mal avec un nom commençant par « b » ou « é ».

Barthélémy

Fêté le 24 août.

Etymologie : vient de l'araméen « bar tolomaï » qui signifie fils de Tolomaï ou Tholomée.

Historique : saint Barthélémy est un des douze apôtres. Il semble qu'il se soit d'abord appelé Nathanaël. Il se montra peu convaincu de la divinité du Christ mais, l'ayant vu et entendu, il dit qu'Il était bien le Fils de Dieu, le roi d'Israël. La légende raconte qu'il mourut écorché. On en fit donc le saint patron des bouchers, des tanneurs et même des relieurs.

D'autres saints et bienheureux ont porté le nom de Barthélémy. Citons entre autres un des sept fondateurs de l'ordre des Servites, saint Barthélémy Amidé. Il est fêté avec ses compagnons le 17 février.

Personnages célèbres: Barthélémy Las Casas, qui se fit en des temps difficiles le défenseur des Indiens. Barthélémy Diaz, qui découvrit le Cap de Bonne-Espérance et mourut en 1500 dans un naufrage. L'abbé Barthélémy auteur du « voyage du jeune Anacharsis en Grèce ».

La *part de chance* de Barthélémy est à 341° sur le zodiaque, c'est-à-dire le 11° des Poissons.
Le *chiffre* de Barthélémy est le 1.
La *couleur* de Barthélémy est le bleu.

Caractère type: il est d'un tempérament volontiers altruiste. Il a aussi le sens de l'ordre et de la justice.

Patronyme: Barthélémy se combine mal avec un nom commençant par « i », « m » ou pire par « mi ». Il s'accommode bien de la particule.

Bartholomé

Voir Barthélémy.

La *part de chance* de Bartholomé est à 106° sur le zodiaque, c'est-à-dire le 16° du Cancer.
Le *chiffre* de Bartholomé est le 1.
La *couleur* de Bartholomé est le bleu.

Caractère type: il est souvent dans la lune. Sensible, il sait créer une atmosphère de confiance.

Patronyme: Bartholomé se combine mal avec un nom commençant par « é » ou « m » ou pire « mé ».

Basile

Fêté le 14 juin.

Etymologie : vient du grec « basileus » qui veut dire monarque.

Historique : saint Basile, un des plus grands docteurs de l'Eglise orientale, fut bien entendu surnommé le Grand. Il avait de qui tenir : son père et sa mère, ses deux frères et sa sœur ont été canonisés. Un environnement de saints ne pouvait produire qu'un grand saint. En outre, son meilleur ami n'était autre que saint Grégoire de Naziance. Ainsi armé de sainteté, il devint évêque de Césarée et s'opposa à l'empereur d'Orient Valens qui soutenait l'arianisme. Il essaya vainement de réconcilier l'Occident et l'Orient ecclésiastiques. Il favorisa le développement du monachisme et son recueil de conseils aux moines, « La Règle de saint Basile », est un de ses plus importants ouvrages, qui sont nombreux. Il mourut à Césarée vers 379 âgé d'environ soixante ans.

D'autres saints et bienheureux ont porté le prénom de Basile. Citons entre autres le père de saint Basile le Grand, saint Basile l'Ancien, fêté le 30 mai avec son épouse sainte Eumélie.

Personnages célèbres : deux empereurs d'Orient, Basile Ier et Basile II qui battit les Arabes au Xe siècle. Basile Valentin, célèbre alchimiste et le marchand de canons Basile Zaharoff.

La *part de chance* de Basile est à 348° sur le zodiaque, c'est-à-dire le 18° des Poissons.
Le *chiffre* de Basile est le 3.
La *couleur* de Basile est le jaune.

Caractère type : il sait toucher les masses par une connaissance intuitive de leur inconscient collectif. Il s'oriente souvent vers l'Eglise.

Patronyme : Basile se combine mal avec un nom commençant par « l » ou « i ». Ce prénom est très répandu en Russie : Vassili. Plus que dans les pays de langue française en tout cas.

Bastien

Voir Sébastien, dont Bastien est un diminutif.

La *part de chance* de Bastien est à 148° sur le zodiaque, c'est-à-dire le 28° du Lion.
Le *chiffre* de Bastien est le 7.
La *couleur* de Bastien est l'orangé.

Caractère type: il est fait pour réussir tout ce qu'il entreprend. Il protège la femme qu'il aime et c'est un amoureux ardent.

Patronyme: Bastien se combine mal avec un nom commençant par « in ».

Bastienne

Voir Bastien.

Personnages célèbres: « Bastien et Bastienne »: le premier opéra de Mozart enfant.

La *part de chance* de Bastienne est à 203° sur le zodiaque, c'est-à-dire le 23° de la Balance.
Le *chiffre* de Bastienne est le 8.
La *couleur* de Bastienne est l'orangé.

Caractère type: elle a du charme et tient par dessus tout à être aimée.

Patronyme: Bastienne se combine mal avec un nom commençant par « n ».

Bathilde

Fêtée le 30 janvier.

Etymologie: vient du germain « bald » qui signifie audacieux et « hild » qui veut dire combat.

Historique : sainte Bathilde eut une vie singulièrement agitée. Née en Angleterre, elle fut capturée par des pirates qui la vendirent en Gaule au maire du palais, Clovis II qui la trouva à son goût et l'épousa. Contrainte et forcée, elle en eut trois fils, trois futurs rois mérovingiens. Conseillée par saint Léger et saint Ouen, elle fonda de nombreux monastères dont celui de Saint-Germain-des-Prés. C'est dans celui de Chelles qu'elle se retira pour mourir vers 680.

La *part de chance* de Bathilde est à 100° sur le zodiaque, c'est-à-dire le 10° du Cancer.
Le *chiffre* de Bathilde est le 7.
La *couleur* de Bathilde est le bleu.

Caractère type : elle rêve souvent et préfère travestir la vérité que de la regarder en face. Elle est pourtant une très bonne mère. Si elle exerce un métier, elle a besoin d'être conseillée judicieusement.

Patronyme : Bathilde, prénom moyenâgeux, n'est guère usité. Quoi qu'il en soit, il se combine mal avec un nom commençant par « d ».

Baudouin

Fêté le 21 août.

Etymologie : vient du germain « bald » qui veut dire audacieux et « win » qui signifie ami.

Historique : saint Baudouin fut l'élève de saint Bernard, qui le nomma abbé de San Pastore, non loin de Rieti. Il mourut en 1140.

D'autres saints et bienheureux ont porté le nom de Baudouin. Citons entre autres, un archidiacre de Laon qui périt assassiné au VIIe siècle. Il est fêté le 17 octobre.

Personnages célèbres : plusieurs comtes de Flandre, de Hainaut, des empereurs d'Orient et des rois de Jérusalem. Un des plus connus est le frère de Godefroy de Bouillon, Baudouin de Constantinople. Enfin, citons le roi des Belges, Baudouin Ier.

La *part de chance* de Baudouin est à 142° sur le zodiaque, c'est-à-dire le 22° du Lion.
Le *chiffre* de Baudouin est le 7.
La *couleur* de Baudouin est le bleu.

Caractère type: rien n'éclate dans ce prénom. Les sonorités restent «en-dedans». C'est un prénom introverti, réfléchi. Baudouin ne supporte pas la médiocrité. Il est fait pour les grandes entreprises et réussit souvent. Cependant, il aime un peu trop le luxe et les fastes. C'est un grand amoureux et il aime à protéger la femme qu'il aime.

Patronyme: Baudouin se combine mal avec un nom commençant par «in» et «win».

Béatrice

Fêtée le 29 juillet.

Etymologie: vient du latin «beatus» qui veut dire heureux.

Historique: sainte Béatrice, qui vivait à Rome au IVe siècle, vit jeter ses deux frères Simplicius et Faustinus dans le Tibre où ils se noyèrent, martyrs de la foi. Elle mourut elle-même martyre sur les bords du fleuve, en 304. Les reliques des trois jeunes gens se trouvent dans la basilique de Sainte-Marie-Majeure.

D'autres saintes et bienheureuses ont porté le nom de Béatrice. Citons entre autres sainte Béatrice d'Este, qui se retira, à la mort de son fiancé, dans un couvent de Bénédictines qu'elle fonda à Ferrare. Elle s'y éteignit vers 1270. Elle est fêtée le 18 janvier. Un mot aussi de la bienheureuse Béatrice d'Ornacieux, fêtée le 13 février, qui fonda un monastère à Eymeu, où elle mourut dans la plus grande pauvreté en 1303.

Personnages célèbres: la plus célèbre est certainement la belle Florentine Béatrice Portinari, devenue l'héroïne de Dante dans la «Vita nuova» et la Divine Comédie. Citons encore les princesses Béatrice de Bourgogne et de Savoie.

La *part de chance* de Béatrice est à 283° sur le zodiaque, c'est-à-dire le 13° du Capricorne.

Le *chiffre* de Béatrice est le 9.
La *couleur* de Béatrice est le bleu.

Caractère type : l'oisiveté lui fait peur, aussi est-elle une travailleuse acharnée. C'est une femme solide. Elle ne manque pas d'humour, ce qui lui permet de supporter les ennuis sans trop de difficultés.

Patronyme : Béatrice se combine mal avec un nom commençant par un « i » ou un « s » ou un « si ».

Beatrix

Voir Béatrice.

Personnages célèbres : Béatrix Dussane, la grande comédienne. Béatrix des Pays-Bas.

La *part de chance* de Béatrix est à 268° sur le zodiaque, c'est-à-dire le 28° du Sagittaire.
Le *chiffre* de Béatrix est le 7.
La *couleur* de Béatrix est le bleu.

Caractère type : elle est élégante, racée, plus charmante que belle généralement. Elle est souvent orgueilleuse. Elle est curieuse de tout. Elle veut être l'égale de l'homme dans tous les domaines. C'est pourquoi ils la craignent.

Patronyme : Béatrix se combine mal avcc un nom commençant par une consonne dure ou une consonne sifflante.

Bénédicte

Fêtée le 16 mars.

Etymologie : vient du latin « benedictus » qui signifie béni, qui est protégé par Dieu.

Historique : sainte Bénédicte, religieuse clarisse (voir Claire) succéda à la fondatrice du couvent de Saint-Damien où elle mourut en 1260, après une vie de dévouement et de piété.

La *part de chance* de Bénédicte est à 141° sur le zodiaque, c'est-à-dire le 21° du Lion.
Le *chiffre* de Bénédicte est le 4.
La *couleur* de Bénédicte est le jaune.

Caractère type : elle a un port royal. Elle est solide et résistante. Elle est souvent passionnée, toujours brillante.

Patronyme : Bénédicte se combine mal avec un nom commençant par « t » ou une consonne dure.

Benjamin

Fêté le 31 mars.

Etymologie : vient de l'hébreu « ben yamin » qui signifie fils de la main droite, c'est-à-dire fils de bon augure. Dans l'Ancien Testament, Benjamin était le fils de Rachel et Jacob.

Historique : saint Benjamin, jeune diacre, évangélisant en Perse, refusa d'adorer le feu. Mal lui en prit car il fut empalé en 422 sur les ordres du roi qui ne put dès lors supporter les Chrétiens et les persécuta.

D'autres saints et bienheureux ont porté le prénom de Benjamin.

Personnage célèbre : le compositeur Benjamin Britten.

La *part de chance* de Benjamin est à 168° sur le zodiaque, c'est-à-dire le 18° de la Vierge.
Le *chiffre* de Benjamin est le 5.
La *couleur* de Benjamin est le vert.

Caractère type : il est précis, attentif aux moindres détails, souvent « maniaque ». Il aime lire et la vie à ses côtés n'est pas très gaie. C'est un « comptable-né ».

Patronyme : Benjamin se combine mal avec un nom commençant par « in ».

Benjamine

Voir Benjamin.

La *part de chance* de Benjamine est à 173° sur le zodiaque, c'est-à-dire le 23° de la Vierge.
Le *chiffre de* Benjamine est le 1.
La *couleur* de Benjamine est le vert.

Caractère type : elle est faite pour aider autrui, servir en un mot. Elle est toute de dévouement. Elle force bien entendu l'estime même si elle agace parfois.

Patronyme : Benjamine se combine mal avec un nom commençant par un « n » ou un « i ».

Benoît

Fêté le 11 juillet.

Etymologie : voir Bénédicte.

Historique : saint Benoît de Nursie nous est connu dans le détail par un texte d'un fervent admirateur : saint Grégoire le Grand. L'enthousiasme de ce biographe ne fait quand même pas une vie légendaire de celle de Benoît qu'on a appelé à juste titre : « le patriarche des moines d'Occident ». Né à Nursie vers 480, saint Benoît se retira vite du monde et s'installa fort inconfortablement dans une grotte de Subiaco. Il y resta trois ans et connut de nombreuses tentations. Mais on ne voulut pas le laisser en paix et des disciples vinrent le relancer pour fonder une communauté. Après diverses tentatives pas toujours réussies il fonda douze monastères de douze moines chacun avant de s'établir, non sans y avoir détruit les temples païens, sur le Mont-Cassin. Il fonda alors une grande abbaye et dota ses moines d'une règle si célèbre qu'elle influença tout le monachisme occidental. Ses moines ne sont autres que les Bénédictins. Il mourut au Mont-Cassin vers 547. L'abbaye fut détruite par les Lombards. Des moines français fouillèrent les ruines à la recherche des reliques de saint Benoît et les ramenèrent à Fleury-sur-Loire qui, dès lors, s'appela

Saint-Benoît-sur-Loire. Chose que les bénédictins italiens ont toujours contestée.

D'autres saints et bienheureux ont porté le prénom de Benoît. Citons entre autres, saint Benoît d'Aniane, qui restaura la règle bénédictine dans son monastère d'Aniane et dans tous les monastères de l'Empire carolingien. Il mourut vers 821. Il est fêté le 11 février. Saint Benoît Biscop, fêté le 12 janvier, qui, après un va-et-vient entre Rome et l'Angleterre, fonda le monachisme anglais, à la mode bénédictine, bien entendu. Un pape nommé Benoît fut aussi canonisé : saint Benoît II fêté le 7 mai. Enfin, il faut citer encore saint Benoît-Joseph Labre qui vécut dans un dépouillement extrême, espèce de moine vagabond en un siècle de fastes et de scepticisme à l'égard de Dieu. Il trouva longtemps refuge dans les ruines du Colisée. Il mourut, pieusement et « pouilleusement » à Rome en 1783. Il est fêté le 16 avril.

Personnages célèbres : quinze papes et deux antipapes dont un avignonnais, Benoît XIII qui refusa contre vents et marées d'abdiquer. L'auteur du Roman de Troie, Benoît de Sainte-Maure, protégé d'Aliénor d'Aquitaine. Le franciscain Benoît de Pologne qui rendit visite au Khan de Mongolie au XIIIe siècle.

La *part de chance* de Benoît est à 177° sur le zodiaque, c'est-à-dire le 27° de la Vierge.
Le *chiffre* de Benoît est le 2.
La *couleur* de Benoît est l'orangé.

Caractère type : exigeant et volontiers méfiant, il reste souvent célibataire. Il est pudique et aime le silence.

Patronyme : Benoît se combine mal avec un nom commençant par « a » ou par toute autre voyelle.

Benoîte

Voir Benoît.

La *part de chance* de Benoîte est à 182° sur le zodiaque, c'est-à-dire le 2° de la Balance.
Le *chiffre* de Benoîte est le 7.

La *couleur* de Benoîte est l'orangé.

Caractère type : elle est gracieuse et point sotte du tout. Elle met de l'élégance dans tout ce qu'elle entreprend.

Patronyme : Benoîte se combine mal avec un nom commençant par « t » ou « a ».

Bérenger

Fêté le 26 mai.

Etymologie : vient du germain « ber » qui signifie ours et « gari » qui veut dire lance.

Historique : saint Bérenger est presque un inconnu. Tout ce qu'on sait de lui c'est qu'il fut moine bénédictin à l'abbaye de Saint-Papoul et qu'il y mourut vers 1093, non sans avoir fait des miracles.

Personnages célèbres : deux rois d'Italie. Le théologien Bérenger de Tours, qui fut un temps hérétique, puis se rétracta. Bérenger de Palazol qui fut un troubadour du XIIe siècle.

La *part de chance* de Bérenger est à 110° sur le zodiaque, c'est-à-dire le 20° du Cancer.
Le *chiffre* de Bérenger est le 8.
La *couleur* de Bérenger est le violet.

Caractère type : il est sensible et délicat, épris de poésie. C'est un conteur-né. Chez lui, l'imagination est reine.

Patronyme : Bérenger se combine mal avec un nom commençant par « g » ou « é ».

Bérengère

Voir Bérenger.

Personnages célèbres : Bérengère de Barcelone, reine de Castille. Une autre Bérengère fut également reine de Castille. Bérengère, princesse de Navarre, épouse de Richard Cœur de Lion.

La *part de chance* de Bérengère est à 115° sur le zodiaque, c'est-à-dire le 25° du Cancer.
Le *chiffre* de Bérengère est le 7.
La *couleur* de Bérengère est le violet.

Caractère type : elle vit dans un rêve presque constant et n'a guère de contact avec la réalité. Elle est pourtant tenace. La maternité la transforme souvent et en fait une femme plus « responsable ».

Patronyme : Bérengère se combine mal avec un nom commençant par « r » ou « é ».

Bérénice

Voir Véronique.

Etymologie : vient du grec « Bereniké » qui fut le nom de plusieurs villes grecques, dont l'actuelle Benghazi, en Lybie, ville très connue de la campagne de Rommel.

Personnages célèbres : plusieurs princesses égyptiennes de la famille des Ptolémées ont porté ce prénom, ainsi que deux princesses juives. Bérénice II, princesse égyptienne, fit don de sa magnifique chevelure à Aphrodite et un astronome prétendit qu'elle avait été changée en constellation. Mais la plus célèbre Bérénice est la princesse juive qui séduisit Titus. Racine en fit le personnage principal d'une admirable tragédie.

La *part de chance* de Bérénice est à 297° sur le zodiaque, c'est-à-dire le 27° du Capricorne.
Le *chiffre* de Bérénice est le 7.
La *couleur* de Bérénice est le vert.

Caractère type : c'est une séductrice souvent plus par son charme que par sa beauté. Elle est sincère et par là-même croit toujours ce qu'on lui dit. Elle ne triche jamais. Elle a un sens de l'humour qui la cuirasse contre les ennuis.

Patronyme : Bérénice se combine mal avec un nom commençant par « i » ou une consonne sifflante.

Bernadette

Fêtée le 16 avril.

Etymologie : voir Bernard.

Historique : sainte Bernadette, née à Lourdes en 1844, dans une famille très pauvre, vit la Vierge lui apparaître dix-huit fois à la grotte de Massabielle. La seizième fois, la « Dame » lui dit : « Je suis l'Immaculée Conception ». Elle se confia. L'Eglise et les autorités firent une enquête serrée. C'est en vain qu'on essaya de la faire se rétracter. Objet de curiosité, elle se réfugia dans un couvent de Nevers où elle prit le voile. Pour tuer l'orgueil qui pouvait être en elle, la mère supérieure la relégua aux tâches les plus ingrates. Elle mourut en 1879 en prononçant le nom de Marie. Elle fut canonisée en 1933. Depuis, Lourdes est devenue terre de bénédictions, de miracles... et de petits commerces touristiques.

La *part de chance* de Bernadette est à 352° sur le zodiaque, c'est-à-dire le 22° des Poissons.
Le *chiffre* de Bernadette est le 8.
La *couleur* de Bernadette est le bleu.

Caractère type : elle est simple et ne cherche pas à tenir tête, à moins qu'elle ne veuille défendre une vérité. Elle est très intuitive. Son charme principal est la gentillesse. Les sonorités du prénom sont simples mais nettes.

Patronyme : Bernadette se combine mal avec un nom commençant par « t » ou « é ».

Bernard

Fêté le 20 août.

Etymologie : vient du germain « ber » qui signifie ours et

« hard » qui veut dire fort.

Historique : saint Bernard naquit en 1090 au château de Fontaine, dont son père était le seigneur. Sa mère devint la bienheureuse Alette. Après la mort de celle-ci, il entra au monastère de Cîteaux, où il vécut de façon si austère et si mortifiante qu'il dépérit. Il fut bientôt chargé de fonder l'abbaye de Clairvaux. Il obéit et son œuvre fut particulièrement remarquable : plus de sept cents moines et une floraison de monastères. Son influence grandit de jour en jour. Il prit part à des discussions, il arbitra des différends, non seulement entre moines mais entre théologiens. Il aida le pape Innocent II à coiffer la tiare. Il devint dès lors un conseiller très écouté des papes et des grands de ce monde. Il lutta de toutes ses forces contre les ennemis de l'Eglise et prêcha la deuxième Croisade. Mais il resta cependant un mystique vouant une dévotion particulière à la Vierge Marie. Il écrivit des ouvrages nombreux dont le plus beau et le plus lyrique est un recueil de sermons sur le Cantique des Cantiques. Il mourut à Clairvaux en 1153 parmi les Cisterciens pour lesquels il fit tant.

D'autres saints et bienheureux ont porté le nom de Bernard. Citons entre autres saint Bernard de Menthon, qui préféra s'enfuir la veille de son mariage et se faire chanoine à la cathédrale d'Aoste. C'est lui qui fonda les hospices du Grand et du Petit-Saint-Bernard pour venir en aide aux voyageurs égarés, particulièrement aux pélerins qui passaient les Alpes. Il mourut en 1081 à Novare. Pie XI, ancien alpiniste comme l'actuel Jean-Paul II, en fit le saint patron des skieurs et des alpinistes. Il est fêté le 28 mai.

Personnages célèbres : le roi d'Italie, Bernard, petit-fils de Charlemagne. Bernard, régent de la principauté de Saxe-Meiningen. Bernard de Chartres, philosophe français du XIIe siècle. Bernard de Ventadour, troubadour du XIIe siècle, protégé d'Aliénor d'Aquitaine. Bernard de Soissons, un des architectes de la cathédrale de Reims. Bernard Palissy, créateur de la céramique. Bernard, prince consort des Pays-Bas.

La *part de chance* de Bernard est à 102° sur le zodiaque, c'est-à-dire le 12° du Cancer.
Le *chiffre* de Bernard est le 8.
La *couleur* de Bernard est le violet.

Caractère type : il se dégage difficilement de son affectivité.

Il possède une excellente mémoire. Il travaille plus qu'on ne le croit. Il est curieux de tout. Il ressent bien les choses.

Patronyme : Bernard se combine mal avec un nom commençant par « r » ou « a ».

Bernardin

Fêté le 20 mai.

Etymologie : voir Bernard.

Historique : saint Bernardin naquit dans la république de Sienne en 1380. Après s'être dévoué au cours d'une épidémie de peste, il se fit Franciscain et acquit bientôt une extraordinaire renommée de prédicateur. Sa dévotion au saint nom de Jésus le rendit suspect à l'Inquisition. Mais tout s'arrangea grâce à une bulle papale. Son éloquence en a fait le saint patron des journalistes et on l'invoque aussi contre l'enrouement. Il mourut à Aquila en 1444, non sans avoir rénové l'ordre franciscain.

Personnage célèbre : Bernardin de Saint-Pierre.

La *part de chance* de Bernardin est à 162° sur le zodiaque, c'est-à-dire le 12° de la Vierge.
Le *chiffre* de Bernardin est le 4.
La *couleur* de Bernardin est le violet.

Caractère type : il est extrêmement raisonnable et raisonneur, précis jusqu'à la maniaquerie, souvent railleur et sceptique tout en étant superstitieux.

Patronyme : Bernardin se combine mal avec un nom commençant par « in ». Il est fait pour la particule.

Berthe

Fêtée le 11 mai.

Etymologie : vient du germain « behrt » qui signifie brillant.

Historique : sainte Berthe fit un mariage blanc avec saint Gombert et en profita pour fonder un monastère près de Reims, à Avenay. Les neveux de cette sainte famille se considérant privés stupidement de l'héritage consacré au couvent, assassinèrent leur tante. Cette histoire édifiante se passa au VIIe siècle.

D'autres saintes et bienheureuses ont porté le nom de Berthe. Citons entre autres sainte Berthe, fondatrice avec ses deux filles, de l'abbaye de Blangy-en-Artois. Elle se fit littéralement sceller dans une cellule avec une seule fenêtre d'où elle pouvait voir l'autel de l'église. Elle y mourut en 725. Elle est fêtée le 4 juillet.

La *part de chance* de Berthe est à 260° sur le zodiaque, c'est-à-dire le 20° du Sagittaire.
Le *chiffre* de Berthe est le 4.
La *couleur* de Berthe est l'orangé.

Caractère type : elle est volontiers raisonneuse, elle aime avoir le dernier mot. Elle devient moins entêtée avec l'âge, ce qui n'est pas toujours le cas d'autres vieillards...

Patronyme : Berthe se combine mal avec un nom commençant par « t » ou « r ».

Bertrand

Fêté le 16 octobre.

Etymologie : vient du germain « behrt » qui signifie brillant et de « hramm » qui veut dire corbeau.

Historique : saint Bertrand de Comminges devint évêque de cette ville de Haute-Garonne vers 1073. Ravagée par les Francs quelques siècles plus tôt, elle ne s'était pas relevée de ses ruines. Saint Bertrand s'en chargea si bien qu'on l'appela dès lors Saint-Bertrand-de-Comminges. Il mourut dans cette ville, qu'il avait rénovée, en 1123.

D'autres saints et bienheureux ont porté le prénom de Bertrand. Citons entre autres saint Bertrand du Mans, évêque de cette ville et fondateur de l'abbaye de Couture. Mort vers 623, il est fêté le 30 juin. Le bienheureux Bertrand, disciple de saint Dominique, fonda de nombreux monastères. Il mourut en prêchant vers 1230, dans l'abbaye cistercienne du Bouchet, non loin d'Orange. Il est fêté le 6 septembre.

Personnages célèbres : le troubadour périgourdin du XIIe siècle, Bertrand de Born, auteur de poèmes guerriers très violents, peintre de la société féodale. Bertrand de Bar-sur-Aube, poète du XIIIe siècle. Le chevalier Bertrand du Guesclin. Le philosophe Bertrand Russell.

La *part de chance* de Bertrand est à 142° sur le zodiaque, c'est-à-dire le 22° du Lion.
Le *chiffre* de Bertrand est le 1.
La *couleur* de Bertrand est l'orangé.

Caractère type : rien ne peut l'arrêter sur la voie ambitieuse qu'il suit. Il est fait pour les vastes entreprises et tant mieux s'il a du génie, ce qui est parfois le cas. Gare s'il échoue : il est alors anéanti. Il n'aime pas la médiocrité et ne connaît pas le doute.

Patronyme : Bertrand se combine mal avec un nom commençant par « an ».

Bettina

Voir Elisabeth.

La *part de chance* de Bettina est à 148° sur le zodiaque, c'est-à-dire le 28° du Lion.
Le *chiffre* de Bettina est le 8.
La *couleur* de Bettina est le jaune.

Caractère type : elle porte un prénom aux sonorités courtes, rapides, nettes. Si Bettina est belle, ce qui est souvent le cas, elle joue de sa beauté « magnétique » moins pour séduire que pour convaincre. Elle est cependant loyale. C'est une femme sur laquelle on peut compter.

Patronyme : Bettina se combine mal avec un nom commençant par « a » et à fortiori par « na ».

Betty

Voir Elisabeth.

Personnages célèbres: Les actrices Betty Grable et Betty Hutton.

La *part de chance* de Betty est à 94° sur le zodiaque, c'est-à-dire le 4° du Cancer.
Le *chiffre* de Betty est le 9.
La *couleur* de Betty est le jaune.

Caractère type: c'est une grande rêveuse qui ment parfois pour embellir la réalité qui lui échappe. La maternité la transforme souvent et lui donne le sens des responsabilités.

Patronyme: Betty se combine mal avec un nom commençant par « i » ou « t ».

Bienvenue

Fêtée le 30 octobre.

Etymologie: le mot l'indique en français comme en italien « benvenuta ».

Historique: la bienheureuse Bienvenue, née à Cividale, dans le Frioul, mena une vie de mortifications à peine croyables, si pénibles que son confesseur dut la calmer... Elle se fit dominicaine et continua sa vie austère et un peu étrange jusqu'à sa mort en 1292, à 38 ans.

La *part de chance* de Bienvenue est à 139° sur le zodiaque, c'est-à-dire le 19° du Lion.
Le *chiffre* de Bienvenue est le 7.
La *couleur* de Bienvenue est l'orangé.

Caractère type: elle est souvent naïve mais elle ne manque pas d'intelligence. C'est une perfectionniste.

Patronyme: Bienvenue, prénom peu courant, se combine mal avec un nom commençant par « u », « n », ou pire par « nu ». C'est un prénom dangereux ; car, pourrait-on s'appeler Bienvenue et présenter un aspect acariâtre ou grognon ?

Billy

Voir Guillaume et William dont Billy est un diminutif.

Personnage célèbre : le prédicateur Billy Graham.

La *part de chance* de Billy est à 82° sur le zodiaque, c'est-à-dire le 22° des Gémeaux.
Le *chiffre* de Billy est le 6.
La *couleur* de Billy est le bleu.

Caractère type : il s'adapte facilement à toutes les circonstances d'une vie qu'il prend rarement au tragique.

Patronyme : Billy se combine mal avec un nom commençant par un « i », un « l » et à fortiori un « li ».

Blaise

Fêté le 3 février.

Etymologie : vient du latin « blaesus » qui veut dire bègue.

Historique : saint Blaise, évêque de Sébaste en Arménie au IVe siècle, ne nous est connu que par des Vies légendaires. Retiré dans une grotte, au plus profond de la forêt, il vivait entouré d'animaux sauvages qu'il guérissait. Capturé par les envoyés de l'empereur Licinius qui persécutait les chrétiens, il fut d'abord jeté en prison où il continua ses miracles. Il aurait ainsi guéri un enfant qu'une arête de poisson étouffait. Il aurait été ensuite écorché vif avec des peignes de fer avant d'être décapité, vers 316. Pour toutes ces raisons, on en a fait le patron des animaux et des cardeurs de laine. On l'invoque aussi contre les maux de gorge. Est-il le saint patron des laryngologistes ?

Personnages célèbres : Blaise Pascal et Blaise Cendrars.

La *part de chance* de Blaise est à 348° sur le zodiaque, c'est-à-dire le 18° des Poissons.
Le *chiffre* de Blaise est le 3.
La *couleur* de Blaise est le jaune.

Caractère type : il n'agit guère avec logique, c'est un intuitif.

Il est volontiers mystique.

Patronyme : Blaise se combine mal avec un nom commençant par « s » ou « é ».

Blanche

Etymologie : blanche comme son nom l'indique.

Personnages célèbres : Blanche de Castille, reine de France, mère de saint Louis. Blanche de Bourgogne, reine de France, femme de Charles IV dit le Bel. Blanche de Bourbon, reine de Castille ; elle épousa Pierre le Cruel qui l'emprisonna pour ne pas déplaire à sa maîtresse. Blanche de Navarre, reine de Castille ; elle épousa Henri IV de Castille qui fit annuler le mariage pour non-consommation.

La *part de chance* de Blanche est à 116° sur le zodiaque, c'est-à-dire le 26° du Cancer.
Le *chiffre* de Blanche est le 9.
La *couleur* de Blanche est le jaune.

Caractère type : elle a un sens poétique inné. Elle a besoin d'être bien entourée. Elle a la fibre maternelle.

Patronyme : Blanche se combine mal avec un nom commençant par « ch » ou « j ».

Blandine

Fêtée le 2 juin.

Etymologie : vient du latin « blandus » qui signifie caressant.

Historique : sainte Blandine était une jeune esclave chrétienne, martyrisée à Lyon en 177. Elle fut suppliciée en même temps que 48 autres chrétiens, dont un vieillard, saint Pothin, évêque de Lyon. Le martyre de sainte Blandine nous est connu dans le moindre détail grâce aux lettres envoyées par l'Eglise de Lyon à l'Eglise d'Asie mineure. Sainte Blandine eut une fin épouvantable et très édifiante. Torturée jusqu'à ce que ses bourreaux abandonnent, fatigués, elle fut conduite dans l'amphithéâtre parmi les fauves qui l'ignorèrent. Enfin, après un séjour en prison, on l'exposa sur un gril, puis on la recouvrit d'un filet et on la livra aux assauts d'un taureau furieux. Finalement, elle mourut, non sans avoir constamment répété : « Chez les chrétiens, il ne se fait rien de mal ».

La *part de chance* de Blandine est à 152° sur le zodiaque, c'est-à-dire le 2° de la Vierge.
Le *chiffre* de Blandine est le 7.
La *couleur* de Blandine est le bleu.

Caractère type : elle a souvent un visage de Madone. Elle est toute de dévouement et faite pour servir.

Patronyme : Blandine se combine mal avec un nom commençant par « n » ou « i ».

Bonaventure

Fêté le 15 juillet.

Etymologie : vient de l'italien « bonaventura », prénom donné pour souhaiter bonne chance dans la vie.

Historique : saint Bonaventure naquit en Toscane vers 1221 et fut à 36 ans nommé ministre général des Franciscains. Il fut l'ami de saint Thomas d'Aquin. Le jour où le nonce du Pape lui apporta son chapeau de cardinal, il lavait sa vaisselle au grand air et demanda qu'on accroche le chapeau respectable à une branche d'arbre. Ses nombreux ouvrages, dont une « Vie de saint François d'Assise », lui ont valu le nom de « Docteur séraphique ». Il mourut à Lyon en 1274. Il a été proclamé Docteur de l'Eglise en 1588 après avoir été canonisé en 1482.

Personnage célèbre : le conteur du XVIe siècle, Bonaventure Des Périers.

La *part de chance* de Bonaventure est à 75° sur le zodiaque, c'est-à-dire le 15° des Gémeaux.
Le *chiffre* de Bonaventure est le 2.

La *couleur* de Bonaventure est le jaune.

Caractère type : puisqu'il évoque la bonne aventure et la chance, il a un côté funambule. Il déteste le confort intellectuel. Il se remet sans cesse en question.

Patronyme : Bonaventure, prénom peu commun, se combine mal avec un nom commençant par « r » ou « u ».

Boniface

Fêté le 5 juin.

Etymologie : vient du latin « bonifacius » qui signifie celui qui a bon visage.

Historique : saint Boniface naquit vers 675 à Kirton, dans le royaume de Wessex. Il s'appelait Wynfrith et ne prit son nom de saint que plus tard, lorsqu'il se fit missionnaire avec l'accord du pape Grégoire II. Il évangélisa une bonne partie de l'Allemagne où il fonda de nombreux monastères que vinrent surtout peupler les moines anglais. Il fut nommé archevêque de Mayence et réforma l'Eglise franque. C'est lui qui sacra Pépin le Bref, mettant fin aux royaumes mérovingiens. Des païens frisons le massacrèrent avec ses cinquante-deux compagnons, à Dokkum, vers 755. Saint Boniface est un des saints patrons de l'Angleterre.

Personnages célèbres : neuf papes, dont Boniface VIII qui excommunia Philippe le Bel, ce qui lui valut des représailles sévères. Un comte romain, mort en 432. Trois marquis de Toscane. Boniface de Castellane, qui écrivit des pamphlets rimés contre Charles d'Anjou au XIIIe siècle.

La *part de chance* de Boniface est à 238° sur le zodiaque, c'est-à-dire le 28° du Scorpion.
Le *chiffre* de Boniface est le 1.
La *couleur* de Boniface est le bleu.

Caractère type : il est énergique, endurant, absolu et jouit souvent d'une santé de fer.

Patronyme : Boniface, prénom peu commun, se combine

mal avec un nom commençant par une consonne sifflante ou « a ».

Boris

Fêté le 24 juillet.

Etymologie : vient du russe « borets » qui veut dire combattant.

Historique : saint Boris était le fils de saint Vladimir, tout comme Sviatopolk qui l'assassina en 1015. Saint Boris est le saint patron de Moscou.

Personnages célèbres : un khân, un tsar et un roi de Bulgarie ; ce dernier fut assassiné par les nazis. Le tsar de toutes les Russies, Boris Godounov, qui inspira à Moussorgsky un chef-d'œuvre, un opéra, d'après la tragédie de Pouchkine.

La *part de chance* de Boris est à 222° sur le zodiaque, c'est-à-dire le 12° du Scorpion.
Le *chiffre* de Boris est le 9.
La *couleur* de Boris est le violet.

Caractère type : il a une intelligence pénétrante. Il s'intéresse à la métaphysique. C'est un amoureux passionné.

Patronyme : Boris, prénom très répandu dans les pays slaves, l'cst moins dans les pays de langue française. Quoi qu'il en soit, il se combine mal avec un nom commençant par « s », « i » ou « r ».

Brice

Fêté le 13 novembre.

Etymologie : vient du latin « brictius » dérivé du celtique « bri » qui signifie considération.

Historique : saint Brice fut le disciple de saint Martin dont il disait pis que pendre, mais le maître était indulgent. Saint

Brice succéda d'ailleurs à saint Martin comme évêque de Tours. Et ce fut un bon évêque. Il mourut en 444.

Personnage célèbre : l'écrivain et philosophe Brice Parrain.

La *part de chance* de Brice est à 237° sur le zodiaque, c'est-à-dire le 27° du Scorpion.
Le *chiffre* de Brice est le 1.
La *couleur* de Brice est le rouge.

Caractère type : énergique, d'un caractère absolu, il peut être cruel et jaloux.

Patronyme : Brice, prénom peu commun, se combine mal avec un nom commençant par un « s » ou un « i ».

Brigitte

Fêtée le 23 juillet.

Etymologie : vient du celtique « bri » qui signifie considération ou de « brig » qui veut dire élevée.

Historique : sainte Brigitte naquit en 1303 à Ulvalsa en Suède. Mariée à Ulf Gudmarsson, elle en eut huit enfants, ce qui ne l'empêcha pas d'embrasser la vie religieuse ainsi que son époux, qui semble bien en être mort. Sainte Brigitte dicta alors des Révélations quant à la Passion du Christ, à l'enfer, au jugement dernier, etc. Elle fonda ensuite l'ordre du Saint-Sauveur et fit un pèlerinage à Jérusalem, au retour duquel elle mourut à Rome, en 1373. Son corps fut ramené en Suède, pays dont elle est la sainte patronne. Une autre sainte Brigitte, qui vivait au Ve siècle, fut abbesse de Kildare en Irlande dont elle est la sainte patronne.

Personnages célèbres : les actrices Brigitte Fossey et Brigitte Bardot. La musicologue Brigitte Massin.

La *part de chance* de Brigitte est à 310° sur le zodiaque, c'est-à-dire le 10° du Verseau.
Le *chiffre* de Brigitte est le 9.
La *couleur* de Brigitte est le rouge.

Caractère type : elle se veut l'égale de l'homme : c'est une femme libre et courageuse. Elle a souvent un idéal très élevé.

Patronyme : Brigitte se combine mal avec un nom commençant par « t » ou « i ». Elle s'accorde bien avec un nom commençant par une syllabe sonore.

Bruno

Fêté le 6 octobre.

Etymologie : vient du germain « brun » qui veut dire bouclier ou du latin « brunus » qui signifie brun.

Historique : saint Bruno naquit à Cologne vers 1030. Il enseigna les sciences, les lettres et la théologie à Reims où il eut pour élève le futur Urbain II. Puis, sans doute las de parler et des mauvaises querelles qu'il s'était attirées, il se retira dans un ermitage où il fonda un monastère à la règle rigoureuse : la Chartreuse. Après une dernière incursion dans la vie publique, appelé par Urbain II, il mourut bientôt dans la Chartreuse de San Stefano in Bosco en 1101.

D'autres saints et bienheureux ont porté le prénom de Bruno. Citons entre autres saint Bruno d'Asti, évêque de Segni, qui mourut en 1125 et un archevêque de Cologne, qui mourut en 965. Il est fêté le 11 octobre.

Personnages célèbres : quatre archevêques de Cologne. Bruno, duc de Saxe. Le comédien Bruno Cremer. Le chef d'orchestre Bruno Walter. Le psychologue Bruno Bettelheim.

La *part de chance* de Bruno est à 328° sur le zodiaque, c'est-à-dire le 28° du Verseau.
Le *chiffre* de Bruno est le 7.
La *couleur* de Bruno est le bleu.

Caractère type : il est très indépendant, il a horreur des contraintes. Il a le sens de l'amitié. Il est souvent incohérent.

Patronyme : Bruno se combine mal avec un nom commençant par « o » ou pire par « no ».

Camille

Fêté(e) le 14 juillet.

Etymologie : vient du latin « camillus » qui désignait un jeune homme servant les sacrifices aux dieux.

Historique : saint Camille de Lellis, né à Bucchianico dans les Abruzzes, en 1550, mena une vie aventureuse du moins dans sa jeunesse. Mercenaire, joueur, il fallut qu'une blessure à la jambe le mette au contact de la misère des hôpitaux. Il devint infirmier à Rome. Ecœuré par tout ce qu'il vit, il se convertit et fonda l'Institut des Clercs réguliers ministres des infirmes, les Camilliens. Cet Institut qui préfigure la Croix-Rouge, qui était d'ailleurs le signe de ses compagnons, devint un ordre religieux en 1591. Saint Camille de Lellis avait été ordonné prêtre entre-temps. Il mourut à Rome en 1614, précurseur d'Henri Dunant. Il fut canonisé en 1746. Il est le saint patron des infirmiers et des infirmières.

D'autres saints, d'autres saintes, d'autres bienheureux et bienheureuses ont porté le nom de Camille qui peut être donné à une fille ou à un garçon.

Personnages célèbres : Camille, reine des Volsques, si légère à la course, que Virgile dans son Enéide dit d'elle « qu'elle eût couru sur les épis sans en courber la tête ». Camille, sœur des trois Horaces, célèbre par ses imprécations contre Rome dans la tragédie de Corneille. Camille, célèbre général romain, qui fut surnommé le second fondateur de Rome, pour avoir sauvé la ville d'une invasion de Gaulois. Camille Desmoulins. Camille Saint-Saëns. Camille Pissaro.

La *part de chance* de Camille est à 136° sur le zodiaque, c'est-à-dire le 16° du Lion.
Le *chiffre* de Camille est le 1.
La *couleur* de Camille est le jaune.

Caractère type : d'un tempérament souvent colérique, il est très énergique et fait pour la réussite. Il peut se montrer très généreux et ses sentiments sont parfois pleins de noblesse.

Si Camille est une femme, elle est endurante et courageuse. Elle s'emballe pour des êtres et des idées qu'elle défend avec flammes. Sa pensée est claire et forte.

Patronyme : Camille se combine mal avec un nom commençant par « i » mais s'accorde parfaitement avec un nom commençant par une syllabe consonantique sourde.

Carine

Fêtée le 7 novembre.

Etymologie : vient du latin « carus » qui veut dire cher au cœur.

Historique : sainte Carine, selon le martyrologe, fut martyrisée sous l'empereur Julien l'Apostat, vers 362, en compagnie de son mari Mélasippe et de leur fils Antoine. C'est tout ce que l'on sait de ces tristes événements qui se passèrent dans l'actuelle Ankara.

La *part de chance* de Carine est à 286° sur le zodiaque, c'est-à-dire le 16° du Capricorne.
Le *chiffre* de Carine est le 5.
La *couleur* de Carine est le rouge.

Caractère type : c'est une femme sur qui on peut compter. On peut lui reprocher d'être un peu trop sérieuse et de ne se réjouir que rarement.

Patronyme : Carine se combine mal avec un nom commençant par « n » ou « i ».

Carl

Voir Charles.

Personnage célèbre : Carl-Maria von Weber.

La *part de chance* de Carl est à 251° sur le zodiaque, c'est-à-dire le 11° du Sagittaire.
Le *chiffre* de Carl est le 7.
La *couleur* de Carl est le rouge.

Caractère type : c'est un optimiste-né qui a souvent de la chance. Il aime se dépasser et dépasser les frontières...

Patronyme : Carl se combine mal avec un nom commençant par « l » ou « r ».

Carlos

Voir Charles.

Personnages célèbres : des rois et des infants d'Espagne. Un roi du Portugal. Don Carlos, le drame immortel de Schiller.

La *part de chance* de Carlos est à 261° sur le zodiaque, c'est-à-dire le 21° du Sagittaire.
Le *chiffre* de Carlos est le 5.
La *couleur* de Carlos est le rouge.

Caractère type : il est parfait s'il sait concilier en lui l'instinct et l'esprit, la liberté et l'ordre.

Patronyme : Carlos se combine mal avec un nom commençant par « s » ou « o ».

Carmen

Fêtée le 16 juillet.

Etymologie et historique : Carmen est le nom espagnol donné à la montagne palestinienne qui protège la baie de Saint-Jean-D'Acre et où fut fondé l'ordre des Carmes. Notre-Dame du Mont Carmel est l'objet d'une dévotion particulière en Espagne.

Personnages célèbres : Carmen Sylva, pseudonyme littéraire de la reine Elisabeth de Roumanie. L'actrice Carmen Sevilla. Et n'oublions pas l'héroïne de Prosper Mérimée ni l'opéra célèbre que Bizet en a tiré.

La *part de chance* de Carmen est à 316° du zodiaque, c'est-à-dire le 16° du Verseau.
Le *chiffre* de Carmen est le 9.

La *couleur* de Carmen est le jaune.

Caractère type: elle se veut l'égale de l'homme: c'est une femme libre et courageuse, mais elle se disperse souvent. Elle marque toutes choses du sceau de son originalité.

Patronyme: Carmen se combine mal avec un nom commençant par « n » ou un nom d'une seule syllabe.

Carole

Voir Charlotte.

Personnage célèbre: l'actrice Carole Lombard.

La *part de chance* de Carole est à 326° sur le zodiaque, c'est-à-dire le 26° du Verseau.
Le *chiffre* de Carole est le 9.
La *couleur* de Carole est le rouge.

Caractère type: elle entend mener sa vie à sa guise. Elle est prête à affirmer son indépendance par tous les moyens. Elle se veut libre et cette liberté, elle la revendique avec courage.

Patronyme: Carole se combine mal avec un nom commençant par « le ».

Caroline

Voir Charlotte.

Personnages célèbres: Caroline de Monaco. Caroline Bonaparte. Caroline Mathilde, reine de Danemark au XVIIIe siècle, qui laissa gouverner son amant et mourut enfermée dans un navire anglais. Caroline de Brunswick, reine d'Angleterre malgré les intrigues de son époux royal.

La *part de chance* de Caroline est à 26° sur le zodiaque, c'est-à-dire le 26° du Bélier.
Le *chiffre* de Caroline est le 1.
La *couleur* de Caroline est le bleu.

Caractère type : elle fait de son mieux pour ceux qu'elle aime et même pour ses ennemis, parce qu'elle ne déteste pas les beaux gestes. C'est souvent une très bonne mère.

Patronyme : Caroline se combine mal avec un nom commençant par « ne ».

Casimir

Fêté le 4 mars.

Etymologie : vient du polonais « kas » qui signifie assemblée.

Historique : saint Casimir, né à Cracovie en 1458, était le fils du roi de Pologne Casimir III. Très jeune, il se signala par sa vie austère et pieuse. Il refusa, pour obéir au vœu de continence qu'il avait fait devant Dieu, d'épouser la fille de l'empereur d'Allemagne Frédéric III. Il mourut de phtisie peu de temps après à Grodno en 1484. Canonisé en 1521, il devint le saint patron de la Pologne.

Personnages célèbres : cinq rois de Pologne. Le poète Casimir Delavigne. L'homme politique Casimir Périer.

La *part de chance* de Casimir est à 221° sur le zodiaque, c'est-à-dire le 11° du Scorpion.
Le *chiffre* de Casimir est le 9.
La *couleur* de Casimir est le bleu.

Caractère type : s'il se laisse entraîner par ses mauvais instincts, il peut être jaloux, cruel pour les faibles. Si, par contre, il obéit à ses bons penchants, il se dévoue corps et âme pour les pauvres et les affligés. Il cherche une épouse qui lui permettrait de rejoindre Dieu. Son attente et ses recherches sont souvent déçues !

Patronyme : Casimir, prénom peu commun, se combine mal avec un nom commençant par « r » ou pire par « ri ».

Catherine

Fêtée le 29 avril.

Etymologie : vient du grec « katharos » qui veut dire pur.

Historique : sainte Catherine de Sienne naquit dans cette ville en 1547. Elle était le vingt-quatrième enfant de sa famille. Très tôt, elle fit vœu de chasteté et fit preuve d'une grande piété. Quoi d'étonnant dès lors qu'elle prit le voile chez les Dominicaines. Son dévouement et son esprit de réconciliation dépassèrent les limites de sa congrégation et elle s'adressa directement au pape Grégoire pour qu'il rentrât d'Avignon à Rome. Elle prêcha aussi une nouvelle Croisade contre les infidèles. Mais elle fit mieux : elle s'éleva contre la vie corrompue de la plupart du clergé. Elle réussit du moins dans une de ses folles entreprises : Grégoire XI revint à Rome. Elle se dépensa alors pour défendre la cause de son successeur Urbain VI contre lequel les cardinaux français avaient proclamé un autre pape : Clément VII. Ce fut le schisme d'Occident. Entre-temps, Catherine de Sienne, qui était stigmatisée, dicta dans un transport mystique des ouvrages qui en ont fait la première femme Docteur de l'Eglise. Elle mourut à la tâche, angoissée par le déchirement de l'Eglise, en 1380, entourée de ses compagnes et compagnons.

D'autres saintes et bienheureuses ont porté le nom de Catherine. Citons entre autres une martyre d'Alexandrie dont la vie est des plus légendaires. Elle est fêtée le 25 novembre. Plus certaine est la biographie de sainte Catherine de Suède, fille de sainte Brigitte. Elle imposa la continence à son mari et après la mort de celui-ci accompagna sa sainte mère dans ses pèlerinages et ramena son corps en Suède. Elle est fêtée le 24 mars. Citons aussi sainte Catherine Labouré, fêtée le 30 décembre, entrée chez les filles de la Charité et qui vit apparaître la Vierge, le 27 novembre 1830. Marie lui demanda qu'on frappât une médaille miraculeuse en son nom. Sainte Catherine Labouré fut canonisée par Pie XII en 1947.

Personnages célèbres : deux impératrices d'Orient. Quatre reines d'Angleterre dont les deux dernières, Catherine Howard et Catherine Parr, furent les cinquième et sixième femmes d'Henry VIII. La fameuse reine de France, Catherine de Médicis, qui veilla si bien ou si mal sur les Valois. Deux impératrices de Russie, dont Catherine II la Grande. Les actrices Catherine Deneuve et Katherine Hepburn. La romancière Katherine Mansfield. La chanteuse Catherine Sauvage.

La *part de chance* de Catherine est à 331° sur le zodiaque, c'est-à-dire le 1° des Poissons.
Le *chiffre* de Catherine est le 2.
La *couleur* de Catherine est le rouge.

Caractère type: elle n'est souvent qu'apparemment fragile, mais elle n'aime pas l'agitation, quoiqu'elle soit douée pour la danse. Elle est très intuitive, elle « sent » ce qui échappe aux autres. Naturelle, tout en étant un peu mystérieuse, elle énerve parfois par son goût pour la féerie. Elle a le don de convaincre et sait en user quand il faut. C'est un prénom très féminin, aux résonances douces, réveillant chez l'homme certains rêves d'enfance. C'est un prénom « Anima » *.

Patronyme: Catherine se combine mal avec un nom commençant par une nasale. Elle s'accorde bien par contre avec un nom bref.

Cécile

Fêtée le 22 novembre.

Etymologie: vient du latin « caecus » qui veut dire aveugle.

Historique: sainte Cécile fut une martyre, sans doute au IIIe siècle. C'est tout ce qu'on peut dire d'elle avec certitude. Son culte date du Ve siècle où une biographie légendaire fut écrite sur une vierge romaine du nom de Cécile qui, lors des fastes de son mariage, chantait dans son cœur les louanges de Dieu et faisait vœu de chasteté dans le mariage, tout cela au son d'instruments de musique. Cela suffit pour en faire la sainte patronne des musiciens. Il existe en tout cas une mai-

* Voir les Marabout Service 29, *Les triomphes de la psychanalyse* et 341, *L'interprétation des rêves* de P. Daco.

son à Rome qu'une certaine Caecilia offrit aux Chrétiens pour en faire une église. Sainte Cécile est-elle la bonne ? Qui le saura jamais ? De toute façon, il n'est pas question d'enlever leur sainte aux fanfares, aux harmonies et autres orphéons...

D'autres saintes et bienheureuses ont porté le nom de Cécile, telle l'abbesse de Remiremont au VIIe siècle.

Personnages célèbres : Cécile, fille de Gustave Vasa ; elle fut autant célèbre par sa beauté que par son inconduite. Cécile-Renée, archiduchesse d'Autriche et reine de Pologne. Les comédiennes Cécile Sorel, et Cécile Aubry qui est aussi scénariste.

La *part de chance* de Cécile est à 90° sur le zodiaque, c'est-à-dire le 30° des Gémeaux.
Le *chiffre* de Cécile est le 1.
La *couleur de* Cécile est le bleu.

Caractère type : elle accepte difficilement de vieillir car elle ne supporte guère la réalité. Elle essaye d'ailleurs de l'embellir en mentant aux autres et à elle-même.

Patronyme : Cécile se combine mal avec un nom commençant par « l ».

Célestin

Fêté le 27 juillet.

Etymologie : vient du latin « caelestis » qui signifie venant du ciel.

Historique : saint Célestin Ier fut pape de 422 à 432. Il combattit toute sa vie diverses hérésies comme le pélagianisme et le nestorianisme. Il mourut à Rome en 432.

D'autres saints et bienheureux ont porté le nom de Célestin. Citons entre autres le pape Célestin V, ermite devenu presque contre son gré pape à 80 ans. Considérant qu'il n'était pas fait pour cette tâche écrasante, il se retira quelques mois plus tard, non sans avoir distribué des privilèges à qui mieux mieux. Il reprit sa vie d'ermite et fonda l'ordre des Célestins.

Il mourut heureux, loin du monde et du bruit, en 1296. Il est fêté le 19 mai.

Personnages célèbres : cinq papes dont, nous l'avons vu, deux saints, le premier et le dernier.

La *part de chance* de Célestin est à 160° sur le zodiaque, c'est-à-dire le 10° de la Vierge.
Le *chiffre* de Célestin est le 6.
La *couleur* de Célestin est le jaune.

Caractère type : méfiant et exigeant, il reste souvent célibataire. Il est minutieux. C'est un travailleur acharné, capable de réaliser de grandes choses.

Patronyme : Célestin, prénom peu répandu, se combine mal avec un nom commençant par « in ».

Célia

Voir Cécile, dont Célia est le diminutif anglo-saxon.

La *part de chance* de Célia est à 66° sur le zodiaque, c'est-à-dire le 6° des Gémeaux.
Le *chiffre* de Célia est le 3.
La *couleur* de Célia est le bleu.

Caractère type : elle est souvent capricieuse et d'humeur rarement égale. Parfois, elle se voudrait immorale.

Patronyme : Célia se combine mal avec un nom commençant par « a ».

Céline

Fêtée le 21 octobre.

Etymologie : vient du latin « celare » qui veut dire celer.

Historique : sainte Céline fut la mère de saint Remi. Elle mourut à Laon vers 458.

La *part de chance* de Céline est à 120° sur le zodiaque, c'est-à-dire le 30° du Cancer.
Le *chiffre* de Céline est le 3.
La *couleur* de Céline est le bleu.

Caractère type : fière, parfois orgueilleuse, elle se met souvent en colère par manque de patience.

Patronyme : Céline se combine mal avec un nom commençant par « n ».

Césaire

Fêté le 27 août.

Etymologie : vient du latin « Caesar », dérivé de « caeso », faire une césarienne.

Historique : saint Césaire d'Arles naquit vers 470 à Châlon-sur-Saône. D'abord moine à Lérins, il devint évêque d'Arles en 533. Il combattit l'arianisme, ce qui le rendit suspect aux souverains en place, adeptes de cette hérésie. Il écrivit beaucoup, mais sans grand génie, tout préoccupé de se faire comprendre de ses fidèles. Il mourut dans son diocèse en 542.

D'autres saints et bienheureux ont porté le nom de Césaire. Citons entre autres saint Césaire de Naziance, frère de saint Grégoire et fêté le 25 février.

La *part de chance* de Césaire est à 181° sur le zodiaque, c'est-à-dire le 1° de la Balance.
Le *chiffre* de Césaire est le 6.
La *couleur* de Césaire est le vert.

Caractère type : il a un tempérament d'artiste très développé. Il est très sensible au jugement d'autrui.

Patronyme : Césaire se combine mal avec un nom commençant par « r » ou « é ».

César

Voir Césaire.

Historique : tout le monde connaît Jules César, qui se prétendait descendant de Vénus par Enée. Il possédait un sens politique extraordinaire. Son éloquence embrasait les foules et les troupes qu'il commandait. Ses campagnes sont nombreuses et il fut la plupart du temps vainqueur. Après avoir éliminé ses rivaux, Pompée notamment, il accéda au pouvoir suprême, porté par le peuple. Il eut la sagesse de « régner » dans un cadre républicain. Comblé de tous les honneurs, il fut assassiné aux Ides de Mars, par un groupe de républicains passéistes mais sincères conduits par Cassius et Brutus, le fils adoptif de César, d'où la célèbre parole du grand homme lorsqu'on le poignarda : « Tu quoque, fili mi ! » « Toi aussi, mon fils ! ». Les potaches connaissent bien Jules César par ses Commentaires sur la guerre des Gaules. Les empereurs romains prirent ensuite le titre de César.

Personnages célèbres : César Borgia, fils indigne d'un pape indigne. César de Vendôme, fils de Henri IV et de sa maîtresse en titre Gabrielle d'Estrées. Le compositeur franco-belge César Franck. Le héros d'un célèbre roman de Balzac : César Birotteau et, pour la bonne bouche, le César de Marcel Pagnol.

La *part de chance* de César est à 166° sur le zodiaque, c'est-à-dire le 16° de la Vierge.
Le *chiffre* de César est le 1.
La *couleur* de César est le vert.

Caractère type : il est à la fois fragile et résistant sur le plan de la santé. Il a une mémoire infaillible et la citation facile. Il est souvent très minutieux et n'entreprend rien au hasard. Quand il s'occupe de quelque chose, il est efficace et on peut lui faire confiance pour le mener à bien.

Patronyme : César, prénom difficile à porter ailleurs qu'à Marseille, se combine mal avec les noms commençant par « r » ou par « a ».

Césarine

Fêtée le 12 janvier.

Etymologie : voir Césaire.

Historique : sainte Césarine, sœur de saint Césaire d'Arles, dirigea un couvent, selon la règle que son frère avait concoctée. Elle mourut dans son couvent vers 529.

La *part de chance* de Césarine est à 221° sur le zodiaque, c'est-à-dire le 11° du Scorpion.
Le *chiffre* de Césarine est le 2.
La *couleur* de Césarine est le vert.

Caractère type : c'est une femme de caractère et de surcroît intelligente. Elle devine l'autre surtout s'il ment.

Patronyme : Césarine, prénom difficile à porter à cause de « césarienne », se combine mal avec un nom commençant par « n » ou par « i ».

Chantal

Fêtée le 12 décembre.

Etymologie : vient de l'occitan « cantal » qui signifie pierre.

Historique : Chantal n'est pas à proprement parler le nom d'une sainte. Il vient de sainte Jeanne-Françoise Frémyot de Chantal, née à Dijon en 1572, veuve du baron de Chantal, et grand-mère de Madame de Sévigné. Ecoutant les conseils de saint François de Sales, elle fonda une nouvelle congrégation, faite de religieuses, mi-moniales, mi-sœurs de charité : les Visitandines. Mère supérieure de son couvent d'Annecy, elle fonda ensuite de nombreuses maisons tant en France qu'en Suisse et en Italie. Elle mourut à Moulins en 1641.

Personnages célèbres : la précieuse idiote Marie-Chantal, inventée par les snobs pour se moquer des snobs. La cinéaste belge Chantal Ackerman.

La *part de chance* de Chantal est à 150° sur le zodiaque, c'est-à-dire le 30° du Lion.

Le *chiffre* de Chantal est le 5.
La *couleur* de Chantal est le jaune.

Caractère type : elle est souvent belle, pleine de vitalité et passionnée, idéaliste, s'enthousiasmant pour toutes les causes et les défendant avec agressivité.

Patronyme : Chantal se combine mal avec un nom commençant par « l ».

Charles

Fêté le 4 novembre.

Etymologie : vient du germain « karl » qui veut dire viril.

Historique : saint Charles Borromée, né à Arona en 1538, au château de Borromée, docteur en droit à 16 ans, cardinal à 22, grâce à son oncle Pie IV, se vit confier par celui-ci le diocèse de Milan. C'était un organisateur-né. Il s'inspira du Concile de Trente pour réformer la discipline ecclésiastique et le catéchisme. Son zèle, son austérité, son dévouement pendant la peste qui ravagea l'Italie en 1576, eurent raison de ses forces. Il mourut à 46 ans dans son diocèse en 1584.

D'autres saints et bienheureux ont porté le nom de Charles. Citons entre autres le bienheureux Charles le Bon, comte de Flandre qui respecta la Trève de Dieu jusqu'à en mourir. Il est fêté le 2 mars. Saint Charles Garnier, un jésuite qui voulut évangéliser les Iroquois qui le massacrèrent. Il est fêté le 18 octobre. Saint Charles Lwanga, page d'un roi homosexuel, dont il ne voulut pas assouvir la passion, et qui mourut martyr avec vingt-deux autres Ougandais, catholiques et protestants qui l'imitèrent. Il fut brûlé vif en 1886. Il est fêté le 3 juin.

Personnages célèbres : ils sont légion. Charles Martel. Charlemagne parfois considéré comme un saint ! Le patron des écoliers. Sept empereurs d'Occident. Neuf rois de France. Des rois d'Espagne, d'Angleterre, de Suède, de Sicile, de Naples. Des ducs de Savoie, de Bade. Charles le Téméraire. Le prince-poète Charles d'Orléans. Charles Dickens. Charles Baudelaire. Charles de Foucauld. Charles Gounod. Charles

Nodier. Charles Perrault et bien d'autres.

La *part de chance* de Charles est à 204° sur le zodiaque, c'est-à-dire le 24° de la Balance.
Le *chiffre* de Charles est le 3.
La *couleur* de Charles est le rouge.

Caractère type : il a une sorte de distinction naturelle. Il est très émotif. Il se donne beaucoup de mal pour être aimé, voire admiré. Souvent, il est incapable de refuser ce qu'on lui demande. C'est parfois un esthète. Il est très sociable. Il est équitable en toutes choses et fait souvent un excellent juge.

Patronyme : Charles se combine mal avec un nom commençant par « la » ou « le ».

Charlotte

Fêtée le 17 juillet.

Etymologie : voir Charles.

Historique : la bienheureuse Charlotte était la doyenne des Carmélites de Compiègne qui furent guillotinées sous la Terreur, en 1794.

Personnages célèbres : Charlotte Corday, qui assassina Marat dans sa baignoire. Charlotte de Bavière, la princesse palatine, mère du Régent. Charlotte Augusta, première femme du futur Léopold Ier, roi des Belges. Charlotte, fille de Léopold III et grande-duchesse du Luxembourg.

La *part de chance* de Charlotte est à 54° sur le zodiaque, c'est-à-dire le 24° du Taureau.
Le *chiffre* de Charlotte est le 3.
La *couleur* de Charlotte est le rouge.

Caractère type : elle est attachée aux traditions. Il y a chez elle un côté bon-enfant, presque paysan, qui dénote de la solidité et de la robustesse.

Patronyme : Charlotte se combine mal avec un nom commençant par « t » ou « o » ou pire une syllabe comme « to ».

Christelle

Voir Christine.

La *part de chance* de Christelle est à 288° sur le zodiaque, c'est-à-dire le 18° du Capricorne.
Le *chiffre* de Christelle est le 3.
La *couleur* de Christelle est le vert.

Caractère type : elle peut être très séduisante. Elle est active et travailleuse : elle a horreur de l'oisiveté. On lui reproche parfois d'être trop sérieuse.

Patronyme : Christelle se combine mal avec un nom commençant par « le » ou « l ».

Christian

Fêté le 12 novembre.

Etymologie : vient du latin « christianus » qui signifie disciple du Christ.

Historique : saint Christian était le chef-cuisinier polonais d'un groupe de moines camalcules envoyés par le roi Boleslas pour évangéliser la Pologne. Des brigands les massacrèrent tous. Condamnés à être enchaînés jusqu'à leur mort au tombeau de leurs victimes, leurs chaînes tombèrent : les saints avaient pardonné. Ils finirent tous dans un couvent.

Personnages célèbres : des rois de Danemark et de Norvège. Hans-Christian Andersen. Johann Christian Bach, fils de Jean-Sébastien.

La *part de chance* de Christian est à 19° sur le zodiaque, c'est-à-dire le 19° du Bélier.
Le *chiffre* de Christian est le 2.
La *couleur* de Christian est le vert.

Caractère type : dynamique, volontaire et courageux, il ne s'avoue jamais vaincu. Il agit « virilement », se lançant parfois dans des entreprises héroïques vaines. C'est un « macho » et il est fait pour guerroyer et « vaincre » l'élue de son cœur.

Patronyme : Christian se combine mal avec un nom commençant par « an ».

Christiane

Voir Christian et Christine.

Historique : sainte Christiane ou sainte Chrétienne évangélisa les Géorgiens au IVᵉ siècle et en guérit plus d'un. Elle est fêtée localement le 15 décembre.

La *part de chance* de Christiane est à 24° sur le zodiaque, c'est-à-dire le 24° du Bélier.
Le *chiffre* de Christiane est le 7.
La *couleur* de Christiane est le vert.

Caractère type : elle se comporte dans la vie avec droiture et rigueur. Elle fait beaucoup pour ceux qu'elle aime. Elle ira jusqu'à pardonner à ses ennemis. Elle en fait souvent plus qu'elle ne peut. Quand elle fait un métier d'homme, elle est capable de surpasser celui-ci. C'est aussi une passionnée. Son amour est profond et durable dès qu'elle a trouvé le « Grand Amour ». Il arrive qu'elle le cherche longtemps !

Patronyme : Christiane se combine mal avec un nom commençant par un « n » ou par un « na ».

Christine

Fêtée le 28 juillet.

Etymologie : voir Christian.

Historique : sainte Christine de Bolséna n'est connue que par des légendes plus terrifiantes les unes que les autres. Pourtant, on aurait retrouvé sa tombe. A 14 ans, elle aurait été suppliciée par son propre père, furieux de la voir chrétienne. Cette affreuse histoire se serait déroulée en des temps imprécis mais le culte date du IVᵉ siècle.

D'autres saintes et bienheureuses ont porté le nom de

Christine. Citons entre autres sainte Christine l'Admirable, fêtée le 24 juillet, une religieuse prodigue en prodiges au cours de vingt années qu'elle passa, prétendit-elle, au purgatoire. Elle en revint bien vivante le jour même de son enterrement et ne mourut vraiment que plusieurs années plus tard en 1224, à Saint-Trond...

Personnages célèbres : la poétesse du Moyen Age Christine de Pisan. Christine de France, fille de Henri IV et de Marie de Médicis. Christine de Suède, célèbre autant par sa vaste culture que par ses scandales. La romancière Christine de Rivoyre.

La *part de chance* de Christine est à 283° sur le zodiaque, c'est-à-dire le 14° du Capricorne.
Le *chiffre* de Christine est le 6.
La *couleur de Christine* est le vert.

Caractère type : elle a horreur de l'oisiveté, ce qui la rend active en dépit du bon sens. Elle ne sait pas se détendre. Parfois, on pourrait lui reprocher d'être trop sérieuse mais l'humour, quand elle en a, la sauve de situations désagréables. Elle se lie facilement, surtout avec des gens qui ont « le cœur sur la main ». Généralement, elle passe sa vie à surmonter les frustrations qu'elle éprouvera toujours.

Patronyme : Christine se combine mal avec un nom commençant par « n », « i » ou « t ».

Christophe

Fêté le 25 juillet.

Etymologie : vient du grec « christophoros » qui signifie celui qui porte le Christ.

Historique : saint Christophe a-t-il existé ? Il a disparu en tout cas du calendrier romain actuel. Il s'agit bien entendu du saint Christophe, le passeur, qui porta un jour un enfant dont le poids l'écrasa : c'était l'enfant-Dieu, le Christ. La légende est très belle mais n'a aucun fondement historique. Est-ce le martyr qui mourut en Lycie pour ne pas avoir renié sa foi ?

Mystère. Saint Christophe reste cependant le saint patron des automobilistes et les écologistes se réjouiront de savoir qu'ils n'ont qu'un saint patron de pacotille.

D'autres saints et bienheureux ont porté le nom de Christophe. Citons entre autres saint Christophe de Cordoue.

Personnages célèbres : un empereur byzantin. Trois rois de Danemark. Christophe Colomb. Le compositeur Christoph Glück.

La *part de chance* de Christophe est à 21° sur le zodiaque, c'est-à-dire le 21° du Bélier.
Le *chiffre* de Christophe est le 4.
La *couleur* de Christophe est le bleu.

Caractère type : il aime le risque et vit à un rythme insupportable aux autres. C'est un casse-cou. Courageux, certes, il lui arrive d'entreprendre des actions peut-être héroïques mais vaines. Il est capable de tout pour ses amis et pour celle qu'il a (momentanément) élue. Il a le sens et le goût de l'autorité : il est fait pour le métier des armes.

Patronyme : Christophe se combine mal avec un nom commençant par « f » « v » ou « to ».

Claire

Fêtée le 11 août.

Etymologie : vient du latin « clara » qui signifie claire.

Historique : née à Assise, en 1193, au pays de saint François, elle le rencontra et fut conquise, spirituellement s'entend. Elle coupa sa belle chevelure blonde et saint François la revêtit de bure brune avant de la faire admettre dans un couvent de Bénédictines. Elle en sortit pour fonder, avec l'approbation du saint qui parlait aux oiseaux, l'ordre séraphique des Pauvres Dames, autrement dit les Clarisses. Pauvre, austère, d'une grande dureté, telle était la règle que sainte Claire imposa à ses sœurs. Elle mourut à Assise en 1253. Le pape Innocent IV assista à ses funérailles et deux ans plus tard elle était canonisée. Rares sont les saintes qui le furent si rapidement.

D'autres saintes ou bienheureuses ont porté le nom de Claire.

Personnages célèbres: Clara Schumann, Clara d'Anduze, poétesse provençale du XIIIe siècle. L'héroïne de l'apocryphe de Mérimée: Clara Gazul. La virtuose Clara Haskil.

La *part de chance* de Claire est à 266° sur le zodiaque, c'est-à-dire le 26° du Sagittaire.
Le *chiffre* de Claire est le 3.
La *couleur* de Claire est le vert.

Caractère type: elle a de la personnalité et du caractère avec un côté racé. Elle se sent mal à l'aise dans un monde mené par les hommes, dont elle entend être l'égale. Elle ne cède jamais: elle doit avoir raison à tout prix. Elle ne s'attendrit pas facilement. Elle a un penchant pour les faibles, qu'au fond d'elle-même elle méprise, mais elle est un peu « Pygmalion » malgré son mépris. Elle sait aider les artistes à se faire connaître.

Patronyme: Claire se combine mal avec les noms commençant par « r » ou par « é ».

Claude

Fêté le 6 juin.

Etymologie: vient du latin « claudus » qui signifie boîteux.

Historique: saint Claude vécut au VIIe siècle. La légende raconte qu'ayant été élu évêque de Besançon, il s'enfuit jugeant que la charge était trop lourde pour ses frêles épaules. Rattrapé, il dut bien accepter le sacre. Mais cinq ans plus tard, il démissionna et se cacha dans un monastère dont les moines ne trouvèrent rien de mieux que de le nommer père abbé. C'est autour de ce monastère qu'est née la ville de Saint-Claude, dans le Jura. Il mourut vers 695.

D'autres saints et bienheureux ont porté le nom de Claude. Citons entre autres le bienheureux Claude de la Colombière, fêté le 15 février, né dans le Dauphiné, à Saint-Symphorien d'Ozon, en 1642. Nommé supérieur du collège de Paray-le-Monial — il était Jésuite —, il découvrit au couvent des Visitandines une religieuse, sainte Marguerite-Marie Alacoque, qui prétendait voir apparaître le Sacré-Cœur de Jésus. Il fut convaincu et consigna ses réflexions et les visions de la sainte. Puis, il partit à Londres où il devint prédicateur à la cour de Charles II. Il eut à souffrir de nombreuses persécutions et revint mourir en France, à Paray-le-Monial, en 1682, complètement épuisé.

Personnages célèbres : deux empereurs romains : Claude Ier qui eut le malheur d'être l'époux de Messaline puis d'Agrippine ; Claude II, qui se distingua contre les Barbares d'Occident comme d'Orient. Le maître verrier des papes, Claude dit le Divin. La douce et pieuse Claude de France, épouse de François Ier. Claudio Monteverdi. Claude Gelée, dit le Lorrain. Claude Monet. Claude Debussy. Claude Bernard. L'écrivain Claude Farrère. L'acteur Claude Brasseur, fils de Pierre Brasseur.

La *part de chance* de Claude est à 66° sur le zodiaque, c'est-à-dire le 6° des Gémeaux.
Le *chiffre* de Claude est le 1.
La *couleur* de Claude est l'orangé.

Caractère type : c'est un prénom androgyne mais de pôle nettement féminin. Claude — homme — est imprévisible dans tous les domaines. Il s'adapte avec aisance à toutes les circonstances. Il aime déconcerter. Il ne veut pas se fondre dans le troupeau, dès lors on lui reproche son égoïsme, qui n'est bien souvent qu'une défense. Derrière son cynisme en amour et en amitié, se cache une réelle tendresse.

Si Claude est une femme, elle est souvent capricieuse. Son jugement est un peu rapide. C'est une excellente comédienne.

Patronyme : Claude, prénom féminin ou masculin, se combine mal avec un nom commençant par « d » ou par « t ».

Claudette

Voir Claude.

La *part de chance* de Claudette est à 151° sur le zodiaque,

c'est-à-dire le 1° de la Vierge.
Le *chiffre* de Claudette est le 1.
La *couleur* de Claudette est l'orangé.

Caractère type : c'est en se dévouant pour des idées ou pour des gens qu'elle parvient à dépasser ses angoisses. Ces angoisses peuvent naître lorsque son univers est trop bien « rangé ». La sécurité ne la comble pas. Qu'elle trouve quelqu'un qui a besoin d'elle et elle s'épanouit. C'est une épouse souvent trop accomplie, qui ne sait plus rire ni pleurer.

Patronyme : Claudette se combine mal avec un nom commençant par « t » ou « é ».

Claudine

Voir Claude.

Personnage célèbre : la série des « Claudine » de Colette.

La *part de chance* de Claudine est à 126° sur le zodiaque, c'est-à-dire le 6° du Lion.
Le *chiffre* de Claudine est le 6.
La *couleur* de Claudine est l'orangé.

Caractère type : elle est souvent belle, d'une beauté altière. Elle est plus énergique que son « homme ». Elle défend ses idées avec agressivité. Brillante, elle a tendance à jouer de ses qualités : elle veut souvent avoir le beau rôle. Elle est aussi très coléreuse car elle manque de patience. Elle a un côté éternelle étudiante. Elle a souvent besoin de flatteries, de compliments.

Patronyme : Claudine se combine mal avec un nom commençant par un « n » ou par un « i ».

Clélia

Fêtée le 13 juillet.

Etymologie : vient du latin « lenita » qui signifie douce.

Historique : la bienheureuse Clélia naquit près de Bologne en 1847. Elle se voua à l'éducation de ses nombreux enfants, éducation chrétienne qui aboutit à la formation d'une congrégation de religieuses. La bienheureuse Clélia ne mit que vingt-trois ans pour réaliser son œuvre : elle mourut en 1870.

D'autres saintes et bienheureuses ont porté le nom de Clélia.

Personnage célèbre : « Clélie » de Madame de Scudéry.

La *part de chance* de Clélia est à 96° sur le zodiaque, c'est-à-dire le 6° du Cancer.
Le *chiffre* de Clélia est le 1.
La *couleur* de Clélia est le jaune.

Caractère type : c'est une rêveuse qui ne sait pas faire la part entre ses rêves et la réalité.

Patronyme : Clélia se combine mal avec un nom commençant par « a » ou « l ».

Clémence

Fêtée le 21 mars.

Etymologie : vient du latin « clementia » qui veut dire clémence, bonté.

Historique : la bienheureuse Clémence, après une vie chrétienne exemplaire auprès de son mari, le comte de Spanheim, se fit Bénédictine dès la mort de celui-ci et mourut à Trèves en 1176, pieusement, comme elle mena toute son existence.

Personnage célèbre : Clémence de Hongrie, fille de Charles Martel et reine de France.

La *part de chance* de Clémence est à 175° sur le zodiaque, c'est-à-dire le 25° de la Vierge.

Le *chiffre* de Clémence est le 6.
La *couleur* de Clémence est le bleu.

Caractère type : Comment ne serait-elle pas marquée par la signification de son prénom ? Clémence se doit donc d'être entièrement dévouée à un être ou à une idée non sans avoir beaucoup de sens pratique, ce qui la rend très efficace.

Patronyme : Clémence se combine mal avec un nom commençant par « s » ou « en ».

Clément

Fêté le 23 novembre.

Etymologie : vient du latin « clemens » qui veut dire clément, bon, doux.

Historique : saint Clément fut le troisième pape, désigné sans doute par saint Pierre lui-même. On connaît de saint Clément une lettre de l'Eglise de Rome à l'Eglise de Corinthe, ce qui prouve la primauté de Rome déjà à cette époque. Saint Clément fut martyrisé en 97, semble-t-il.

D'autres saints et bienheureux ont porté le nom de Clément. Citons entre autres le bienheureux Clément-Marie Hofbauer, boulanger devenu rédemptoriste et qui prêcha au XVIIIe siècle en Pologne et en Autriche. Il mourut en 1820. Il est fêté le 16 mars.

Personnages célèbres : quatorze papes dont un saint, le premier, nous l'avons vu, et deux antipapes du Schisme d'Occident : il y eut deux Clément VII et deux Clément VIII. Clément d'Alexandrie qui lutta contre le paganisme et fut le maître d'Origène. Clément de Chartres, peintre verrier du XIIIe siècle, qui fut le premier à signer un vitrail, à Rouen. Clément d'Ohrid qui fit pénétrer, sous le premier royaume bulgare, le christianisme dans les masses. Il est peut-être l'inventeur de l'écriture cyrillique. Clément le Scot qui enseigna à l'Ecole palatine sous Charlemagne. Le poète Clément Marot.

La *part de chance* de Clément est à 185° sur le zodiaque, c'est-

à-dire le 5° de la Balance.
Le *chiffre* de Clément est le 7.
La *couleur* de Clément est le rouge.

Caractère type : il fait souvent du charme pour être aimé car il ne supporte pas de ne pas l'être, comme il ne supporte pas d'être mal jugé. C'est généralement un bon diplomate, habile et intelligent, ayant surtout le souci de l'équité. Il est également « clément ». Pourrait-il se permettre de ne pas l'être ?

Patronyme : Clément se combine mal avec un nom commençant par « an », « en », « in » « un » ou « on ».

Clémentine

Voir Clémence.

La *part de chance* de Clémentine est à 250° sur le zodiaque, c'est-à-dire le 10° du Sagittaire.
Le *chiffre* de Clémentine est le 8.
La *couleur* de Clémentine est le bleu.

Caractère type : elle a souvent plus de charme que de beauté. Elle ne supporte pas l'oisiveté. Elle aime les sports. Elle a l'esprit curieux. Elle se bat pour être l'égale de l'homme auquel elle ne se sent nullement inférieure.

Patronyme : Clémentine se combine mal avec un nom commençant par « n » ou « i ».

Clotilde

Fêtée le 4 juin.

Etymologie : vient du germain « hlod » qui signifie gloire et « hild » qui veut dire combat.

Historique : sainte Clotilde naquit à Lyon ou à Genève vers 470. Fille du roi des Burgondes, Chilpéric, elle épousa Clovis, roi des Francs, qui était païen alors qu'elle était chrétienne. On connaît certainement l'épisode plus que probablement légendaire de la bataille de Tolbiac où Clovis s'écria : « Dieu de Clotilde, si tu me donnes la victoire je croirai en toi ». Quoi qu'il en soit, il accepta que ses fils soient baptisés et lui-même reçut le baptême des mains de saint Rémi (« Courbe la tête, fier Sicambre »). Veuve, Clotilde se retira dans un monastère à Tours, non sans avoir vu deux de ses petits enfants assassinés par leurs oncles Childebert et Clotaire. Elle mourut à Tours en 545. Son corps ramené à Paris et allongé près de celui de Clovis et de sainte Geneviève fut déposé en l'église Saint-Leu. Quelques reliques se trouvent dans la basilique Sainte-Clotilde.

Personnage célèbre : Clotilde, princesse de Savoie, qui épousa Jérome Napoléon.

La *part de chance* de Clotilde est à 209° sur le zodiaque, c'est-à-dire le 29° de la Balance.
Le *chiffre* de Clotilde est le 8.
La *couleur* de Clotilde est l'orangé.

Caractère type : elle croit au couple épanoui dans le mariage. Elle se donne beaucoup de mal pour réaliser le bonheur à deux. C'est une grande amoureuse mais avec un fond de conformisme.

Patronyme : Clotilde, prénom peu répandu, se combine mal avec un nom commençant par « d », « t » ou « l ».

Colette

Fêtée le 6 mars.

Etymologie : voir Nicole, dont Colette est un diminutif.

Historique : sainte Colette Boylet naquit à Corbie dans la Somme en 1381. Elle vécut d'abord en recluse dans l'église de Corbie. Elle y resta quatre ans et eut la soudaine vocation de réformer l'ordre des Clarisses. Aidée et confortée dans sa mission par un Franciscain, elle se rendit chez le pape Benoît XIII qui la confirma dans celle-ci. Elle fonda de nombreux monastères où elle fit appliquer sa réforme : les Clarisses retrouvèrent grâce à elle leur premier idéal de pauvreté. Elle mourut à Gand, dans un monastère réformé de Clarisses, entourée de ses conseillers franciscains, en 1447.

Personnages célèbres : la romancière Colette. Les chanteuses Colette Magny et Colette Renard.

La *part de chance* de Colette est à 210° sur le zodiaque, c'est-à-dire le 30° de la Balance.
Le *chiffre* de Colette est le 7.
La *couleur* de Colette est le bleu.

Caractère type : la sonorité du prénom est nette, précise, claire, éclatant sur la seconde syllabe. Colette sait imposer sa volonté, presque sans s'en rendre compte, car c'est une femme de tête. Elle est intelligente et son jugement est pénétrant.

Patronyme : Colette se combine mal avec un nom commençant par « t » ou « é ».

Colomban

Fêté le 23 novembre.

Etymologie : vient du latin « columba » qui signifie colombe.

Historique : saint Colomban naquit en Irlande vers 540. Après divers séjours dans des monastères irlandais, il partit pour le continent avec douze moines. Il aborda en Bretagne où l'évangélisation fut un succès. Bientôt, il fonda un vaste monastère à Luxeuil, dont il édicta la règle austère. Chassé par Thierry, le roi d'Austrasie, saint Colomban et ses moines trouvèrent refuge à Bregenz, au bord du lac de Constance. Enfin, il s'établit à Bobbio sur la Trébie où il mourut en 615.

La *part de chance* de Colomban est à 283° sur le zodiaque, c'est-à-dire le 13° du Capricorne.
Le *chiffre* de Colomban est le 3.
La *couleur* de Colomban est l'orangé.

Caractère type : ce prénom est lourd, rustique, sans éclat ni panache. Il est solide ; il donne une sonorité quasi « taciturne ». Colomban n'est rebuté par aucun travail. Il est fait pour les entreprises de longue haleine. Il est très sensible à la critique.

Patronyme : Colomban, prénom peu couru, se combine mal avec un nom commençant par « an », « en », « in », « on », « un ».

Colombe

Fêtée le 31 décembre.

Etymologie : voir Colomban.

Historique : sainte Colombe fut martyrisée à Sens au IIe ou au IIIe siècle. C'est tout ce qu'on sait d'elle.

Personnage célèbre : Colomba, l'héroïne de Prosper Mérimée.

La *part de chance* de Colombe est à 237° sur le zodiaque, c'est-à-dire le 3° du Capricorne.
Le *chiffre* de Colombe est le 2.
La *couleur* de Colombe est l'orangé.

Caractère type : elle a horreur du mensonge. Elle croit à la sincérité avec une sorte d'obstination. Gare à ses colères si elle se rend compte qu'on l'a trompée ! Etant donné les plaisanteries possibles sur ce prénom « d'oiseau », il est préférable de ne jamais l'attribuer.

Patronyme : Colombe se combine mal avec un nom commençant par un « b », un « p » ou un « o ».

Conrad

Fêté le 26 novembre.

Etymologie : vient du germain « con » qui signifie courageux et « rad » qui veut dire conseil.

Historique : saint Conrad fut évêque de Constance à partir de 934. Il construisit des abbayes et des églises et distribua tous ses biens aux pauvres. Il réussit l'exploit, à cette époque troublée, de faire par trois fois le pèlerinage en Terre sainte. Il mourut dans son diocèse en 975.

D'autres saints et bienheureux ont porté le nom de Conrad. Citons entre autres saint Conrad qui provoqua malencontreusement un incendie de forêt qui le ruina. Accablé, il se fit franciscain, puis ermite en Sicile. Il mourut en 1351. Il est fêté le 19 février.

Personnages célèbres : des empereurs germaniques, des rois de Jérusalem, un prince polonais, etc. Un évêque d'Utrecht, Conrad le Clerc, qui traduisit en allemand la Chanson de Roland mais de façon très libre, vers 1135. Conrad de Mayence, chroniqueur du XIIIe siècle. Konrad Korzeniowski, dit Joseph Conrad.

La *part de chance* de Conrad est à 345° sur le zodiaque, c'est-à-dire le 15° des Poissons.
Le *chiffre* de Conrad est le 1.
La *couleur* de Conrad est l'orangé.

Caractère type : il manque de logique et doit se fier à son intuition. Plus mystique que sensuel, il est toujours en quête d'un idéal.

Patronyme : Conrad se combine mal avec un nom commençant par « d », « t » ou « a ».

Constance

Fêtée le 8 avril.

Etymologie : vient du latin « constantia » qui signifie constance.

Historique : la bienheureuse Constance, épouse de Pierre III d'Aragon, fut la mère de sainte Elisabeth de Portugal. Veuve, elle devint régente du royaume, mais ne joua qu'un rôle secondaire, préférant la piété et les bonnes œuvres. Elle mourut à Rome en 1302.

D'autres saintes et bienheureuses ont porté le nom de Constance. Citons entre autres sainte Constance martyrisée avec saint Félix sous Néron. Elle est fêtée le 19 septembre.

Personnages célèbres : Constance était un nom masculin dans l'antiquité : trois empereurs romains le portèrent. Parmi les femmes, citons deux reines de Sicile, deux reines de France, Constance de Castille et Constance de Provence.

La *part de chance* de Constance est à 196° sur le zodiaque, c'est-à-dire le 16° de la Balance.
Le *chiffre* de Constance est le 4.
La *couleur* de Constance est le vert.

Caractère type : l'amour est la grande affaire de sa vie. C'est souvent une femme intelligente et cultivée, mais sa « constance » peut aboutir au conformisme. Elle aime être entourée de « personnages » brillants.

Patronyme : Constance se combine mal avec un nom commençant par « s » ou « an ».

Constant

Fêté le 23 septembre.

Etymologie : voir Constance.

Historique : saint Constant vécut probablement au Ve siècle. Humble sacristain d'une église d'Ancône, il vivait très modestement mais sa piété et les miracles qu'il accomplissait malgré lui attirèrent les gens des environs. Ses reliques sont vénérées à Venise.

Personnages célèbres : un empereur romain et un empereur d'Orient. Constant, le valet de Napoléon.

La *part de chance* de Constant est à 211° sur le zodiaque, c'est-à-dire le 1° du Scorpion.
Le *chiffre* de Constant est le 7.
La *couleur* de Constant est le vert.

Caractère type : il a beaucoup de perspicacité et son intelligence est pénétrante. Il a le goût du secret et de la métaphysique.

Patronyme : Constant se combine mal avec un nom commençant par « an » ou « en ».

Constantin

Fêté le 21 mai.

Etymologie : voir Constance.

Historique : Constantin le Grand est considéré comme un saint par les Eglises d'Orient. Fils de l'empereur Constance Chlore et de sainte Hélène, il naquit vers 275 à Nis (Naissus) et eut une existence mouvementée et souvent dissipée, mais il proclama ce que l'on convient d'appeler l'édit de Milan qui donnait la liberté aux chrétiens de propager leur foi. Il restitua en outre les biens ecclésiastiques qui avaient été confisqués par Maxence qu'il fit assassiner. Il est probable qu'il ne s'est converti au christianisme qu'à la fin de sa vie. Curieux saint que voilà !

D'autres saints et bienheureux ont porté le nom de Constantin. Citons entre autres un évêque de Gap, un évêque de Beauvais et un roi qui se fit moine pour prêcher la bonne parole en Ecosse où il fut massacré par des païens. Il est fêté le 12 avril.

Personnages célèbres : deux empereurs romains, deux empereurs d'Orient, onze empereurs byzantins, des rois et des princes de Bulgarie, de Grèce, de Russie, etc.

La *part de chance* de Constantin est à 262° sur le zodiaque, c'est-à-dire le 22° du Sagittaire.
Le *chiffre* de Constantin est le 3.
La *couleur* de Constantin est le vert.

Caractère type : c'est un perfectionniste, soucieux sans cesse de se dépasser. Il aime le changement, les voyages. Il est optimiste, souvent à bon escient : c'est un « chanceux ».

Patronyme : Constantin se combine mal avec un nom commençant par « in » ou « t ».

Cora

Voir Coralie, dont Cora est un diminutif.

Personnage célèbre : la chanteuse Cora Vaucaire.

La *part de chance* de Cora est à 291° sur le zodiaque, c'est-à-dire le 21° du Capricorne.
Le *chiffre* de Cora est le 1.
La *couleur* de Cora est le rouge.

Caractère type : elle ne manque pas d'humour. Heureusement, car on pourrait lui reprocher d'être trop sérieuse. Elle ne sent à l'aise qu'avec des gens « vrais » ; elle se montre alors plus expansive.

Patronyme : Cora se combine mal avec un nom commençant par « a » et à fortiori par « ra ».

Coralie

Voir Corentin.

La *part de chance* de Coralie est à 336° sur le zodiaque, c'est-à-dire le 6° des Poissons.
Le *chiffre* de Coralie est le 9.
La *couleur* de Coralie est le rouge.

Caractère type : très intuitive, il y a en elle un mystère qui vient de son charme, d'une douceur, égale à la résonance de son prénom ; son tempérament la porte à la rêverie.

Patronyme : Coralie se combine mal avec un nom commençant par « i » et à fortiori « li » ou « l ».

Corentin

Fêté le 12 décembre.

Etymologie : vient du celtique « kar » qui signifie ami.

Historique : saint Corentin est un Breton qui fonda un monastère à Quimper, ville dont il devint l'évêque. Le reste de sa vie appartient à la légende. Il vécut sans doute au VIe siècle. C'est un saint très populaire en Bretagne.

La *part de chance* de Corentin est à 85° sur le zodiaque, c'est-à-dire le 25° des Gémeaux.
Le *chiffre* de Corentin est le 8.
La *couleur* de Corentin est le bleu.

Caractère type: il ne prend rien au tragique. Sa nature est double. Il vit en se jouant de la vie. Souvent instable, il sait cependant reconnaître une intelligence supérieure. Il n'aime pas se fondre au troupeau. C'est un individualiste.

Patronyme: Corentin se combine mal avec un nom commençant par «in» ou «t».

Corinne

Voir Coralie.

Personnage célèbre: Korinna, poétesse grecque de la fin du VIe siècle av. J.-C. Corinne, l'héroïne d'un roman de Madame de Staël.

La *part de chance* de Corinne est à 45° sur le zodiaque, c'est-à-dire le 15° du Taureau.
Le *chiffre* de Corinne est le 6.
La *couleur* de Corinne est le bleu.

Caractère type: elle est souvent belle. Elle est consciencieuse, ordonnée et aime le travail bien fait.

Patronyme: Corinne se combine mal avec un nom commençant par «n» ou «i».

Crépin

Fêté le 25 octobre.

Etymologie: vient du latin «crispus» qui veut dire crépu.

Historique: saint Crépin est inséparable de saint Crépinien. Ils vécurent probablement au IXe siècle. Ils vinrent de Rome pour évangéliser la Gaule. Ils exercèrent la profession de cordonniers à Soissons où leur piété fit des miracles. Les nombreuses conversions qu'ils réussirent les désigna aux autorités romaines et ils furent martyrisés. Ils sont bien entendu les patrons des cordonniers.

La *part de chance* de Crépin est à 5° sur le zodiaque, c'est-à-dire le 5° du Bélier.
Le *chiffre* de Crépin est le 2.
La *couleur* de Crépin est le bleu.

Caractère type : il est courageux et ne s'avoue jamais vaincu. Il possède un dynamisme extraordinaire et une volonté à toute épreuve.

Patronyme : Crépin se combine mal avec un nom commençant par « in » ou par « p ».

Cyprien

Fêté le 16 septembre.

Etymologie : vient du latin « cyprius » qui signifie : originaire de Chypre.

Historique : saint Cyprien naquit à Carthage vers 200. Il se convertit à l'âge de 40 ans et ses qualités lui valurent d'être nommé évêque de Carthage. La persécution de l'empereur Dèce l'obligea à se cacher. Lorsqu'il put revenir dans son diocèse, il dut arbitrer les querelles entres les chrétiens qui n'avaient pas abjuré et ceux qui l'avaient fait par crainte : les lapsi. Il fit alors preuve de modération. Il devint un théologien très écouté. Mais une nouvelle persécution, celle de l'empereur Valérien, lui fut fatale et il fut décapité en 258 dans sa ville, Carthage.

D'autres saints et bienheureux ont porté le nom de Cyprien. Citons entre autres saint Cyprien d'Antioche qui fut martyrisé avec sa compagne Justine. Il est fêté le 26 septembre.

La *part de chance* de Cyprien est à 15° sur le zodiaque, c'est-à-dire le 15° du Bélier.
Le *chiffre* de Cyprien est le 9.

La *couleur* de Cyprien est le rouge.

Caractère type : il aime le risque et méprise la douleur. Il est doué d'une énergie à toute épreuve.

Patronyme : Cyprien se combine mal avec un nom commençant par « in » ou « r ».

Cyrille

Fêté le 18 mars.

Etymologie : vient du grec « kurios » qui signifie divin.

Historique : saint Cyrille fut évêque de Jérusalem au IVe siècle. Il eut à lutter contre l'arianisme et eut à souffrir de nombreuses persécutions. Chose curieuse, saint Jérome ne l'appréciait guère. Son œuvre principale s'intitule « Les Catéchèses » et a trait à la liturgie de la messe et du baptême. Il mourut en 386. Il a été proclamé docteur de l'Eglise par le pape Léon XIII.

D'autres saints et bienheureux ont porté le nom de Cyrille. Citons entre autres un patriarche d'Alexandrie, qui fut un homme plein d'intransigeance quant à la vraie foi. Il eut à combattre le nestorianisme. Il reste que saint Cyrille d'Alexandrie fut un très grand théologien. Il mourut en 444. Il est fêté le 27 juin. Il fut également proclamé docteur de l'Eglise par Léon XIII. Et encore saint Cyrille le Philosophe, apôtre des Slaves. Il est fêté le 14 février par l'Eglise latine et le 6 juin par l'Eglise orthodoxe.

Personnages célèbres : un grand-duc russe et un prince bulgare.

La *part de chance* de Cyrille est à 305° sur le zodiaque, c'est-à-dire le 5° du Verseau.
Le *chiffre* de Cyrille est le 3.
La *couleur* de Cyrille est le rouge.

Caractère type : il est doué d'une pensée pleine d'originalité : il a horreur du médiocre et des contraintes. Il est très indépendant. Il a le sens de l'amitié et de la bonté. Son affectivité est souvent « claire », comme les deux « i » de son prénom.

Patronyme : Cyrille se combine mal avec un nom commençant par une consonne mouillée ou par « i ».

Daisy

Voir Marguerite, dont Daisy est l'un des diminutifs anglosaxons.

La *part de chance* de Daisy est à 325° sur le zodiaque, c'est-à-dire le 25° du Verseau.
Le *chiffre* de Daisy est le 4.
La *couleur* de Daisy est l'orangé.

Caractère type : elle affirme son indépendance vis-à-vis de l'homme dont elle veut être l'égale. C'est une femme qui a le goût de la liberté. Elle a un idéal très élevé mais elle est au fond très romantique.

Patronyme : Daisy se combine mal avec un nom commençant par « i » et à fortiori par « si ».

Damien

Fêté le 26 septembre.

Etymologie : vient du grec « Damia », déesse grecque de la fertilité.

Historique : saint Damien et son inséparable saint Côme, étaient probablement des médecins qui soignaient gratuitement. Ils furent horriblement martyrisés sous l'empereur Dioclétien. La légende a fait le reste. Mais on leur voua un culte dès le Ve siècle.

D'autres saints et bienheureux ont porté le nom de Damien.

La *part de chance* de Damien est à 110° sur le zodiaque, c'est-à-dire le 20° du Cancer.
Le *chiffre* de Damien est le 1.
La *couleur* de Damien est le rouge.

Caractère type : il a le naturel et la spontanéité de l'enfance. Son charme est fait de délicatesse et de poésie.

Patronyme : Damien se combine mal avec un nom commençant par « in » ou par « m ».

Daniel

Fêté le 11 décembre.

Etymologie : vient de l'hébreu « dayân » qui veut dire juge et de « el », contraction d'« Elohim », un des noms de Dieu.

Historique : le prophète Daniel, de l'Ancien Testament, ayant expliqué un songe qui obsédait le roi Nabuchodonosor qui avait pris Jérusalem, celui-ci nomma Daniel chef suprême de tous les sages de Babylone. Il connut le règne de Darius et de Cyrus. Sous ce dernier roi, les Babyloniens exaspérés par l'impiété de Daniel pour leurs idoles le firent jeter dans la fosse aux lions. Dieu l'en fit sortir sain et sauf. Cyrus rendit alors grâce au Dieu de Daniel. Quatre chapitres de la Bible sont consacrés aux prophéties de Daniel.

Mais saint Daniel, que l'on fête le 11 décembre, vivait en Syrie au Ve siècle. Moinillon à 12 ans, il se fit stylite, c'est-à-dire qu'il s'installa sur une colonne pour passer sa vie en prières. De grands personnages venaient le consulter en grimpant à une échelle. Saint Daniel mourut sur sa colonne en 493, à quatre-vingt-quatre ans, sans être descendu de son piédestal pendant trente-trois ans !

D'autres saints et bienheureux ont porté le nom de Daniel. Citons entre autres un franciscain décapité par les musulmans en 1227. Il est fêté le 13 octobre.

Personnages célèbres : Daniel de Scété, un ermite du Ve siècle également. Daniel Galitski, prince de Galicie, Daniel Nevski, fils cadet de saint Alexandre Nevski. Daniel, prélat russe du XVIe siècle. Le comédien Daniel Gélin. Le compositeur Daniel Lesur.

La *part de chance* de Daniel est à 100° sur le zodiaque, c'est-à-dire le 10° du Cancer.
Le *chiffre* de Daniel est le 9.

La *couleur* de Daniel est le jaune.

Caractère type : il a souvent peur de la mort : c'est un malade imaginaire. Il est, plus qu'il ne faudrait, détaché de la réalité. Avec ça, charmant, délicat, sensible et rêveur.

Patronyme : Daniel se combine mal avec un nom commençant par « l » mais s'accorde bien avec une syllabe consonantique sonore.

Danièle

Voir Daniel.

Personnage célèbre : la comédienne Danièle Delorme.

La *part de chance* de Danièle est à 105° sur le zodiaque, c'est-à-dire le 15° du Cancer.
Le *chiffre* de Danièle est le 5.
La *couleur* de Danièle est le violet.

Caractère type : elle pleure facilement et accepte difficilement de vieillir. Elle aime travestir la vérité non par goût du mensonge mais pour rendre la réalité plus tolérable.

Patronyme : Danièle se combine mal avec un nom commençant par une consonne mouillée.

Danielle

Voir Daniel.

Personnage célèbre : Danielle Darrieux.

La *part de chance* de Danielle est à 135° sur le zodiaque, c'est-à-dire le 15° du Lion.
Le *chiffre* de Danielle est le 8.
La *couleur* de Danielle est le violet.

Caractère type : elle est souvent très belle, avec un port de tête royal, une démarche altière. Elle est brillante, passionnée, artiste jusqu'au bout des ongles et idéaliste. Notons ici les différences sonores. Autant Danièle représente une sonorité « étale », douce et féminine, autant Danielle devient éclatante, masculine.

Patronyme : voir Daniel et Danièle.

Daphné

Mythologie : Daphné était une jolie nymphe dont Apollon tomba amoureux. Il voulut s'emparer d'elle mais Zeus la changea en laurier. En grec, « daphné » signifie laurier. Ce prénom connaît une grande vogue dans les pays anglo-saxons.

Personnage célèbre : la romancière Daphné du Maurier.

La *part de chance* de Daphné est à 148° sur le zodiaque, c'est-à-dire le 28° du Lion.
Le *chiffre* de Daphné est le 4.
La *couleur* de Daphné est le vert.

Caractère type : c'est une passionnée qui défend ses idées, ses amis, celui qu'elle aime, avec agressivité s'il le faut. Elle est loyale bien qu'elle ait tendance à user de son charme et de sa beauté pour avoir le dernier mot.

Patronyme : Daphné se combine mal avec un nom commençant par « é », « né », « f » ou « v ».

David

Fêté le 1er mars.

Etymologie : vient de l'hébreu « yadad » qui signifie aimer.

Historique : David est le deuxième roi d'Israël et un des plus grands prophètes. Il fut le successeur de Saül, après avoir été son musicien préféré. Jaloux de ses exploits — le combat contre le géant Goliath —, le roi le contraignit à s'exiler. Roi de Judée, à la mort de Saül, David n'eut pas toujours une vie exemplaire : amoureux fou de Bethsabée, la femme d'Urie, il fit tuer ce dernier pour épouser sa veuve. Le fils qu'il eut d'elle ne fut autre que le grand Salomon. David composa des psaumes admirables, joyaux du Judaïsme et du Christianisme. Jésus était de la tribu de David qui vivait environ mille ans avant sa venue sur terre.

Saint David, fêté le 1er mars, fut évêque de Menevia, au VIe siècle. Il fonda de nombreux monastères au pays de Galles, dont il est le saint patron. Il vécut de manière si austère qu'on l'appelait « waterman » le buveur d'eau.

D'autres saints et bienheureux ont porté le nom de David.

Personnages célèbres : deux rois d'Ecosse, cinq rois de Géorgie, deux empereurs de Trébizonde. Un philosophe arménien. David de Dinant, théologien du XIIe siècle. Le violoniste David Oïstrach. « David Copperfield », héros de Ch. Dickens.

La *part de chance* de David est à 25° sur le zodiaque, c'est-à-dire le 25° du Bélier.
Le *chiffre* de David est le 4.
La *couleur* de David est le bleu.

Caractère type : volontaire et courageux. Il sait « risquer sa peau » pour des raisons parfois indéfendables. Il a le culte de la virilité. Il se coupe en quatre pour ses amis.

Patronyme : David se combine mal avec un nom commençant par « d » ou « i ».

Davy

Fêté le 20 septembre.

Etymologie : diminutif de David.

Historique : le bienheureux Davy était un chartreux qui fut martyrisé à Londres en 1537.

Personnage célèbre : Davy Crockett.

La *part de chance* de Davy est à 21° sur le zodiaque, c'est-à-dire le 21° du Bélier.
Le *chiffre* de Davy est le 7.

La *couleur* de Davy est le bleu.

Caractère type : voir David, encore que la résonance adoucie du prénom amputé du « d » final puisse produire un caractère plus réfléchi ; peut-être plus chevaleresque ?

Patronyme : Davy se combine mal avec un nom commençant par « i » et à fortiori par « vi ».

Déborah

Fêtée le 21 septembre.

Etymologie : vient de l'hébreu « deborah » qui signifie abeille.

Historique : les Israélites continuant à faire le mal aux yeux du Seigneur. Celui-ci les livra au roi de Chanaan. C'est à cette époque que vivait la prophétesse Déborah, qui était juge en Israël. Elle permit à son peuple de tuer Sisara, le chef de l'armée chananéenne.

Personnage célèbre : Deborah Kerr, l'actrice américaine.

La *part de chance* de Déborah est à 290° sur le zodiaque, c'est-à-dire le 20° du Capricorne.
Le *chiffre* de Déborah est le 3.
La *couleur* de Déborah est l'orangé.

Caractère type : elle est profondément sincère et ne comprend pas qu'on puisse mentir. Qu'on la trompe et elle entre dans de violentes colères. On lui reproche généralement d'être trop sérieuse, de ne pas avoir le sens de la « fête ».

Patronyme : Déborah est un prénom surtout utilisé par les Israélites et les protestants, surtout dans les pays anglo-saxons. Déborah se combine mal avec un nom commençant par « a » et à fortiori par « ra ».

Delphine

Fêtée le 26 novembre.

Etymologie : vient du latin « delphinus » qui signifie dauphin de mer.

Historique : sainte Delphine de Signe naquit dans le Vaucluse vers 1280. Elle épousa saint Eléazar de Sabran et, d'un commun accord, ils décidèrent que le mariage serait blanc. Veuve, elle continua à vivre pieusement et pauvrement. Elle mourut en 1360, à Apt, où se trouvent ses reliques.

Personnages célèbres : Delphine Seyrig, l'actrice française. « Delphine » est également le titre d'un lieder de Schubert, superbe hymne à l'amour.

La *part de chance* de Delphine est à 192° sur le zodiaque, c'est-à-dire le 12° de la Balance.
Le *chiffre* de Delphine est le 1.
La *couleur* de Delphine est le jaune.

Caractère type : elle a de la grâce, de la finesse et de la puissance intérieure. Le geste le plus simple qu'elle fait frappe par son élégance. L'amour a une grande importance pour elle, mais comme elle est un peu « conformiste » elle veut le mariage. Le bonheur à deux est son idéal.

Patronyme : Delphine se combine mal avec un nom commençant par « n », « i », « f » ou « v ».

Denis

Fêté le 9 octobre.

Etymologie : vient du grec « Dionusos » qui veut dire fils de Dieu. Dyonisos était le dieu du Vin et de l'Ivresse.

Historique : saint Denis fut le premier évêque de Paris et mourut au IIIe siècle lors d'une persécution de l'empereur Dèce. Martyr, il fut enseveli sous la basilique de Saint-Denis. La légende accumula les faits miraculeux dus à saint Denis. Ainsi, une fois décapité, il aurait porté sa tête jusqu'à sa tombe. On crût aussi que saint Denis n'était autre que Denys l'Aréopagite, converti par saint Paul à Athènes. Saint Denis, quoi qu'il en soit, fut un des saints les plus populaires du royaume de France.

D'autres saints et bienheureux ont porté le nom de Denis ou Denys. Citons entre autres saint Denys l'Aréopagite, le pape Denys mort en 268, saint Denys le Grand, évêque d'Alexandrie au IIIe siècle.

Personnages célèbres : un roi du Portugal. Denys, tyran de Syracuse. L'historien Denys d'Halicarnasse. Des poètes, des grammairiens et des philosophes grecs. Denys le Chartreux, théologien mystique du XIVe siècle. Denis Diderot. Denis Papin.

La *part de chance* de Denis est à 5° sur le zodiaque, c'est-à-dire le 5° du Bélier.
Le *chiffre* de Denis est le 6.
La *couleur* de Denis est l'orangé.

Caractère type : il aime le risque car il est non seulement courageux mais héroïque. C'est un chevalier-né.

Patronyme : Denis se combine mal avec un nom commençant par « i » ou « n ».

Denise

Fêtée le 6 décembre.

Etymologie : voir Denis.

Historique : sainte Denise, ainsi que son fils Majoricus, fut une martyre de l'arianisme que professaient les Vandales. Comme son fils et sa sœur Dative, elle mourut flagellée en 484, à Vite, en Afrique du Nord.

D'autres saintes et bienheureuses ont porté le nom de Denise. Citons entre autres une martyre du IIIe siècle à Alexandrie, fêtée le 12 décembre.

La *part de chance* de Denise est à 10° sur le zodiaque, c'est-à-dire le 10° du Bélier.
Le *chiffre* de Denise est le 2.

La *couleur* de Denise est le jaune.

Caractère type : elle n'avoue jamais sa fatigue. Elle est capable de faire beaucoup pour ceux qu'elle aime. C'est généralement une mère admirable. En amour, c'est une passionnée.

Patronyme : Denise se combine mal avec un nom commençant par « s » ou « i ».

Désiré

Fêté le 8 mai.

Etymologie : vient du latin « desideratus » qui veut dire extrêmement désiré, attendu.

Historique : saint Désiré était le gardien du sceau royal sous les rois Clotaire et Childebert. A la mort de saint Arcade, il devint évêque de Bourges. Il participa à plusieurs conciles, combattit le nestorianisme et mourut dans son diocèse en 850.

D'autres saints et bienheureux ont porté le nom de Désiré. Citons entre autres un ermite à Gourdon et le fondateur du monastère de Fécamp.

La *part de chance* de Désiré est à 164° sur le zodiaque, c'est-à-dire le 14° de la Vierge.
Le *chiffre* de Désiré est le 6.
La *couleur* de Désiré est le violet.

Caractère type : il refuse de se livrer et protège son intimité avec une grande fermeté. C'est souvent un individu minutieux jusqu'à la maniaquerie. C'est un célibataire convaincu. Peut-être se croit-il trop « désiré » ?

Patronyme : Désiré se combine mal avec un nom commençant par « é », « r » ou pire, par « ré ».

Désirée

Voir Désiré.

Personnage célèbre : Désirée Clary, courtisée par Bonaparte, et qui devint reine de Suède pour avoir épousé Bernadotte.

La *part de chance* de Désirée est à 169° sur le zodiaque, c'est-à-dire le 19° de la Vierge.
Le *chiffre* de Désirée est le 2.
La *couleur* de Désirée est le violet.

Caractère type : elle a un comportement effacé. Elle est faite pour le dévouement et se dévoue corps et âme, et pas seulement pour ceux qu'elle aime. Elle est souvent trop raisonnable, trop parfaite et cela agace.

Patronyme : voir Désiré.

Diane

Fêtée le 9 juin.

Etymologie : vient du latin « Diana » déesse de la Nature sauvage.

Mythologie : Diane était selon le poète Catulle « la maîtresse des montagnes et des vastes forêts, des clairières désertes et des rivières murmurantes ». Les Romains assimilèrent rapidement Diane à Artémis.

Historique : la bienheureuse Diane naquit à Bologne au début du XIIIe siècle. Elle voulut fonder un monastère sur les conseils d'un frère prêcheur, mais en vain. Elle entra alors, malgré l'opposition de sa famille, chez les chanoinesses de Saint-Augustin. Elle arriva quand même à ses fins et fonda un petit couvent de dominicaines où elle mourut en 1236.

Personnages célèbres : Diane de Poitiers, la favorite d'Henri II. Diane de France, fille de Henri II et de Filippa Duco.

La *part de chance* de Diane est à 70° sur le zodiaque, c'est-à-dire le 10° des Gémeaux.
Le *chiffre* de Diane est le 6.

La *couleur* de Diane est le rouge.

Caractère type : elle est souvent capricieuse avec un côté fantasque et de brusques sautes d'humeur qui la rendent parfois invivable. Elle a, cependant, une âme naïve, voire enfantine. Il arrive qu'elle se cherche longtemps.

Patronyme : Diane se combine mal avec un nom commençant par « n » ou « a ». La particule lui va comme un gant.

Didier

Fêté le 23 mai.

Etymologie : vient du latin « desiderius » comme Désiré.

Historique : saint Didier, évêque de Vienne dans le Dauphiné, eut toute sa vie maille à partir avec les grands de ce monde. Thierry II, auquel il reprocha ses débauches, le fit accuser de viol et exiler par un prélat vendu à sa cause. Puis, ce fut au tour de Brunehaut de subir les accusations de saint Didier. Cette fois, il n'en réchappa pas et la terrible reine le fit lapider et tuer à coups de gourdins. Il mourut en 607.

D'autres saints et bienheureux ont porté le nom de Didier. Citons entre autres un évêque de Langres, qui fut martyrisé par un chef vandale en 407. Il est aussi fêté le 23 mai.

Personnages célèbres : un duc de Toulouse et le dernier roi des Lombards.

La *part de chance* de Didier est à 233° sur le zodiaque, c'est-à-dire le 23° du Scorpion.
Le *chiffre* de Didier est le 4.
La *couleur* de Didier est le jaune.

Caractère type : énergique, orgueilleux, d'un caractère absolu, il peut réaliser de grandes choses et va jusqu'au sacrifice.

Patronyme : Didier se combine mal avec un nom commençant par « é » ou « i ».

Dieudonné

Fêté le 19 juin.

Etymologie : traduction française du latin « a deo datus » qui signifie donné par Dieu. Déodat est synonyme de Dieudonné.

Historique : saint Dieudonné ou saint Dié hésita toute sa vie entre les honneurs ecclésiastiques et la solitude. Evêque de Nevers, il quitta son diocèse pour mener une vie érémitique, puis il revint fonder un monastère dans les Vosges, mais il retourna bien vite à la solitude. Il mourut en 679.

D'autres saints et bienheureux ont porté le nom de Dieudonné, de **Déodat** et de **Dié.** Citons le pape Dieudonné Ier au VIIe siècle, encore appelé Adéodat.

Personnages célèbres : le pape Dieudonné II, qui restaura la discipline monastique et régna de 672 à 676. L'aviateur Dieudonné Costes.

La *part de chance* de Dieudonné est à 198° sur le zodiaque, c'est-à-dire le 18° de la Balance.
Le *chiffre* de Dieudonné est le 1.
La *couleur* de Dieudonné est le vert.

Caractère type : pour être « bien dans sa peau », il doit renoncer aux excès de toutes sortes. Ce prénom est lourd à porter, étant donné sa signification littérale. Voyez d'ailleurs dans la préface, le cas de Déodate...

Patronyme : Dieudonné, prénom difficile à porter, se combine mal avec un nom commençant par « é », « n » ou « d ».

Dolorès

Fêtée le 15 septembre.

Etymologie : vient de l'espagnol « dolorès » qui signifie douleurs, par contraction de « dia de los Dolores » jour des Douleurs de la Vierge. On pensera aussi à Notre-Dame des Sept Douleurs.

Personnages célèbres: l'actrice américaine Dolorès del Rio. La Passionaria: Dolorès Ibarruri.

La *part de chance* de Dolorès est à 320° sur le zodiaque, c'est-à-dire le 20° du Verseau.
Le *chiffre* de Dolorès est le 7.
La *couleur* de Dolorès est le bleu.

Caractère type: trop velléitaire pour être libre — ce qu'elle souhaite — c'est en œuvrant avec d'autres qu'elle réalisera son idéal: être l'égale de l'homme. Son caractère ne manque pas de contradictions: intelligente et enfantine, généreuse et agressive, équitable un jour, injuste un autre. C'est un prénom qui évoque — littéralement — la passion exacerbée et douloureuse. Et le ridicule apparaît vite si la personne ou la personnalité ne colle pas à ce type spécifique de prénom.

Patronyme: Dolorès, prénom espagnol, se combine mal avec un nom commençant par «s» ou «é».

Dominique

Fêté(e) le 7 août.

Etymologie: vient du latin «dominicus» qui signifiait pour les premiers chrétiens de l'Empire: offert au Maître, au Seigneur.

Historique: saint Dominique naquit vers 1170 à Caleruega, près de Burgos, en Vieille-Castille. Sa mère était la bienheureuse Jeanne d'Aza et son père, le gouverneur de la ville, Félix de Guzman. Après avoir étudié à Palencia, saint Dominique entra comme clerc du chapitre d'Osma, dont le prieur était Diégo d'Acébès. Celui-ci reçut bientôt l'ordre du roi de Castille de négocier le mariage du prince avec la fille du roi de Danemark. Saint Dominique accompagna son prieur, devenu évêque. La princesse du Danemark étant morte, saint Dominique ne pouvait se réjouir que d'avoir traversé l'Europe du sud au nord. Mais se réjouissait-il? N'avait-il pas vu dans le Midi de la France les germes d'une terrible hérésie: le catharisme? Quoi qu'il en soit, après avoir demandé au pape Innocent III de pouvoir aller évangéliser les paysans du Danube, les Coumans, le pape, l'ayant bien écouté, l'envoya vers les Cathares. Pendant la croisade contre les Albigeois, saint Dominique préféra à la guerre, donner l'exemple de la pauvreté et de la fidélité aux Evangiles, mais dans le respect de l'Eglise. Des disciples se joignirent à lui et c'est ainsi que naquit l'ordre des frères prêcheurs : les Dominicains. Cet ordre connut un succès prodigieux qui ne se dément pas de nos jours. Saint Dominique mourut à Bologne en 1221. Il n'attendit pas longtemps pour être canonisé : 1234.

D'autres saints et bienheureux ont porté le nom de Dominique. Citons entre autres saint Dominique l'Encuirassé, qui fut peut-être l'inventeur de cette pénitence corporelle appelée la discipline. Il vivait au XIe siècle. Il est fêté le 14 octobre. Saint Dominique de Silos, fêté le 20 décembre et saint Dominique Savio, fêté le 10 mars.

Personnages célèbres : Dominique, le héros d'Eugène Fromentin, Dominique Paturel, l'acteur.

La *part de chance* de Dominique est à 295° sur le zodiaque, c'est-à-dire le 25° du Capricorne.
Le *chiffre* de Dominique est le 8.
La *couleur* de Dominique (masculin) est le vert.
La *couleur* de Dominique (féminin) est le jaune.

Caractère type : pour être vraiment lui-même, il doit apprendre à acquérir un certain détachement. Il se veut maître de lui. Il contient (ou refoule) ses colères, ses rancœurs, mais attention si la coupe déborde. Il a le sens des responsabilités et est bâti pour les entreprises de longue haleine. On peut compter sur lui car il est de parole. Mais hélas, il manque souvent de fantaisie et de panache.

Si Dominique est une femme, elle est travailleuse et stable. Elle est un peu trop sérieuse mais ne manque pas d'humour.

Patronyme : Dominique se combine mal avec un nom commençant par une consonne dure, « i » voire « n ».

Donald

Fêté le 15 juillet.

Etymologie : vient du celtique « da » qui veut dire bon et de « noal » qui signifie Noël.

Historique : saint Donald vécut en Ecosse au VIIIe siècle. Il créa une congrégation pour ses neuf filles. Dieu sait ce qu'elles en pensèrent !

Personnage célèbre : Donald Duck, le canard de Walt Disney.

La *part de chance* de Donald est à 159° sur le zodiaque, c'est-à-dire le 9° de la Vierge.
Le *chiffre* de Donald est le 5.
La *couleur* de Donald est le rouge.

Caractère type : la vie à ses côtés n'est pas drôle car il est souvent égoïste et maniaque. D'ailleurs, il reste généralement célibataire. Ce prénom risque également de déclencher les moqueries et onomatopées des camarades d'école par rappel du célèbre canard de Walt Disney.

Patronyme : Donald se combine mal avec un nom commençant par « d » ou « l ».

Donatien

Fêté le 6 septembre.

Etymologie : vient du latin « donatus » qui signifie donné.

Historique : saint Donatien et saint Rogatien, les « enfants nantais » furent martyrisés au IIIe ou au IVe siècle. Leur culte est attesté dès le Ve siècle par une Passion qui retrace leur martyre. La légende fit le reste.

D'autres saints et bienheureux ont porté le nom de Donatien.

La *part de chance* de Donatien est à 230° sur le zodiaque, c'est-à-dire le 20° du Scorpion.
Le *chiffre* de Donatien est le 1.
La *couleur* de Donatien est le jaune.

Caractère type : il est actif à l'extrême et doit mettre son endurance et sa volonté à l'épreuve, courant des risques parfois héroïques.

Patronyme : Donatien se combine mal avec un nom commençant par « in », « tien » ou « t ».

Donatienne

Voir Donatien.

La *part de chance* de Donatienne est à 285° sur le zodiaque, c'est-à-dire le 15° du Capricorne.
Le *chiffre* de Donatienne est le 2.
La *couleur* de Donatienne est le bleu.

Caractère type : très énergique, elle est souvent grande et racée par résonance psychosomatique.

Patronyme : ce prénom se combine mal avec un nom banal ou commençant par « ne ». La particule lui va bien.

Dora

Voir Dorothée ou Théodora dont Dora est un diminutif.

La *part de chance* de Dora est à 275° sur le zodiaque, c'est-à-dire le 5° du Capricorne.
Le *chiffre* de Dora est le 2.
La *couleur* de Dora est le bleu.

Caractère type : active et travailleuse, solide et stable, on peut lui reprocher de manquer de fantaisie dans l'existence, mais heureusement elle a de l'humour... parfois noir.

Patronyme : Dora se combine mal avec un nom commençant par « a », « r » ou pire « ra ».

Dorian

Voir Théodore, dont Dorian est le diminutif anglo-saxon.

Personnage célèbre : Dorian Gray, le héros d'Oscar Wilde.

La *part de chance* de Dorian est à 335° sur le zodiaque, c'est-à-dire le 5° des Poissons.
Le *chiffre* de Dorian est le 7.
La *couleur* de Dorian est le bleu.

Caractère type : il a un côté don-juanesque, plus mystique que sensuel, cherchant sans fin l'Elue qui doit être parfaite.

Patronyme : Dorian se combine mal avec un nom commençant par « an » ou « en ».

Doriane

Voir Dorian.

La *part de chance* de Doriane est à 340° sur le zodiaque, c'est-à-dire le 10° des Poissons.
Le *chiffre* de Doriane est le 3.
La *couleur* de Doriane est le bleu.

Caractère type : elle a l'intelligence de se fier à ses intuitions. Il y a en elle quelque chose de mystérieux qui tient à un mélange subtil de charme et de naturel.

Patronyme : Doriane se combine mal avec un nom commençant par un « n » ou « a ».

Doris

Voir Dorothée et Théodora, dont Doris est un diminutif surtout anglo-saxon.

Personnage célèbre : Doris Day.

La *part de chance* de Doris est à 224° sur le zodiaque, c'est-

à-dire le 14° du Scorpion.
Le *chiffre* de Doris est le 2.
La *couleur* de Doris est le bleu.

Caractère type : elle aime séduire, pour réduire l'élu à sa merci. Elle a une intelligence pénétrante. Elle devine les intentions cachées. Elle sait aussi garder un secret.

Patronyme : Doris se combine mal avec un nom commençant par une consonne sifflante, par « i » voire par « r ».

Dorothée

Fêtée autrefois le 6 février.

Etymologie : vient du grec « doron » qui signifie cadeau et « theos » qui veut dire Dieu.

Historique : sainte Dorothée a disparu du nouveau calendrier romain. La légende était trop belle et invérifiable. Jeune vierge de Césarée en Cappadoce, elle fut décapitée à la fin du IIIe siècle, non sans avoir converti les deux femmes qui la conduisaient au supplice et un jeune avocat, Théophile, et de façon miraculeuse.

D'autres saintes et saints, d'autres bienheureuses et bienheureux ont porté le nom de Dorothée qui était à l'origine à la fois masculin et féminin. Citons entre autres saint Dorothée, martyr en 303 avec saint Gorgon, officiers de Dioclétien convertis au christianisme. Saint Dorothée de Thèbes, ermite du IVe siècle. Sainte Dorothée d'Alexandrie qui repoussa les avances de l'empereur Maximin et se retira dans le désert où elle mourut. Elle est fêtée le 6 février, comme sainte Dorothée de Cappadoce. Sainte Dorothée, patronne de la Prusse, qui vécut au XIVe siècle. Elle est fêtée le 25 juin.

La *part de chance* de Dorothée est à 42° sur le zodiaque, c'est-à-dire le 12° du Taureau.
Le *chiffre* de Dorothée est le 9.
La *couleur* de Dorothée est le jaune.

Caractère type : elle est très féminine, souvent bien en chair, très « femelle ». Elle est directe et bon-enfant. Pourtant, son caractère n'est pas facile : elle est parfois terriblement rancunière. Elle est aussi très jalouse et très possessive.

Patronyme : Dorothée se combine mal avec un nom commençant par « é » ou par « t ».

Edgar

Fêté le 8 juillet.

Etymologie : vient du germain « ed » qui veut dire richesse et « gari » qui signifie lance.

Historique : saint Edgar le Pacifique, roi des Anglo-Saxons, pendant le Xe siècle, fut le père de sainte Edith. Sur les conseils de saint Dunstan, il combattit le paganisme et fit régner la paix dans son royaume. Il mourut en 975.

Personnages célèbres : un roi d'Ecosse. Edgar Allan Poe. Edgar Degas. Edgar Faure.

La *part de chance* d'Edgar est à 213° sur le zodiaque, c'est-à-dire le 3° du Scorpion.
Le *chiffre* d'Edgar est le 8.
La *couleur* d'Edgar est le jaune.

Caractère type : il est perspicace, ouvert et précis comme la syllabe finale de son prénom ; son intelligence est si pénétrante qu'il a tôt fait de déceler le point faible de son adversaire ou de ses amis.

Patronyme : Edgar, qui s'orthographie souvent **Edgard,** se combine mal avec un nom commençant par « r », « a », « ar » ou « ra ».

Edith

Fêtée le 16 septembre.

Etymologie : vient du saxon « ed » qui signifie richesse.

Historique : sainte Edith naquit en 961. Elle était la fille de saint Edgar le Pacifique. Bon sang ne pouvant mentir, elle passa sa courte vie comme moniale et non abbesse au monastère de Wilton où elle mourut en 984.

Personnages célèbres : la maîtresse du roi saxon Harold. Edith Cavell. Edith Piaf.

La *part de chance* d'Edith est à 67° sur le zodiaque, c'est-à-dire le 7° des Gémeaux.
Le *chiffre* d'Edith est le 1.
La *couleur* d'Edith est le bleu.

Caractère type : portant un prénom assez « bondissant » d'où jaillit la syllabe finale, elle est sujette à de brusques sautes d'humeur. Elle est souvent capricieuse et aime se moquer des gens, mais sans avoir conscience du mal qu'elle peut faire. Au fond, elle est naïve et garde une âme d'enfant.

Patronyme : Edith se combine mal avec un nom commençant par « t », « d », ou « i ».

Edmée

Voir Edmond.

La *part de chance* d'Edmée est à 59° sur le zodiaque, c'est-à-dire le 29° du Taureau.
Le *chiffre* d'Edmée est le 5.
La *couleur* d'Edmée est le violet.

Caractère type : elle est souvent rieuse. Il y a en elle un fond de gaieté naturelle, qui rend ses manières directes. On peut dire qu'elle a un tempérament bon enfant. Son prénom, lui aussi, ne l'est-il pas ?

Patronyme : Edmée se combine mal avec un nom commençant par « é » ou par « m » et à fortiori par « mé ».

Edmond

Fêté le 20 novembre.

Etymologie: vient du saxon «ed» qui signifie richesse et «mund» qui veut dire protection.

Historique: saint Edmond naquit à Nuremberg en 840. Roi du petit royaume d'Est-Anglie, il fut assassiné par les Danois à Thetford en 870. Son tombeau à Bury-Saint-Edmonds devint un lieu de pèlerinage. Les toulousains racontent volontiers que ses reliques sont à Saint-Sernin depuis le XIIIe siècle. Quoi qu'il en soit, il est plus populaire en Angleterre qu'à Toulouse!

D'autres saints et bienheureux ont porté le nom d'Edmond. Citons entre autres saint Edmond Rich, archevêque de Cantorbéry aux XIIe et XIIIe siècles. Il eut le malheur de vouloir toucher aux privilèges des moines et eut maille à partir non seulement avec ceux-ci, mais avec le roi Henri III et même avec le pape Grégoire IX. Ecœuré, il se réfugia en France où il mourut à Soisy en 1240. Il est fêté le 14 novembre.

Personnages célèbres: deux rois des Anglo-Saxons. Edmond de Woodstock, fils d'Edouard Ier. Edmond de Goncourt. Edmond Rostand.

La *part de chance* d'Edmond est à 133° sur le zodiaque, c'est-à-dire le 13° du Lion.
Le *chiffre* d'Edmond est le 1.
La *couleur* d'Edmond est le violet.

Caractère type: il surmonte tous les obstacles. Il est fait pour les grandes réalisations. Il a souvent de vastes projets. On peut lui reconnaître du génie.

Patronyme: Edmond se combine mal avec un nom commençant par «on».

Edouard

Fêté le 18 mars.

Etymologie : vient du saxon « ed » qui signifie richesse et « wardan » qui veut dire garder.

Historique : saint Edouard le Martyr vécut au Xe siècle. Sa belle-mère qui ne pouvait sans doute pas le supporter, le fit assassiner alors qu'il avait 16 ans. Il mourut en 978.

D'autres saints et bienheureux ont porté le nom d'Edouard. Citons entre autres saint Edouard le Confesseur, qui doit ce pseudonyme à sa très grande piété. Son règne fut si paisible qu'il finit dans la faiblesse. Etre saint et être roi ne vont pas toujours de pair. Il mourut à l'abbaye de Westminster qu'il avait restaurée, en 1066.

Personnages célèbres : huit rois d'Angleterre. Des princes de Galles. Un roi de Portugal. Un comte de Savoie. Edouard Manet. Edouard Vuillard. Edouard Lalo. Edvard Grieg. Edouard Herriot.

La *part de chance* d'Edouard est à 289° sur le zodiaque, c'est-à-dire le 19° du Capricorne.
Le *chiffre* d'Edouard est le 5.
La *couleur* d'Edouard est le rouge.

Caractère type : il se veut nécessaire et se crée, s'il le faut, des responsabilités qui le rendent indispensable.

Patronyme : Edouard se combine mal avec un nom commençant par « r », « a » ou « ou ».

Edwige

Fêtée le 16 octobre.

Etymologie : vient du germain « ed » qui signifie richesse et « wig » qui veut dire combat.

Historique : sainte Edwige naquit vers 1174, en Bavière. Elle épousa Henri Ier le Barbu, duc de Silésie, qui devint roi de Pologne. A la fin de sa vie, elle se retira dans le monastère de Trebnitz, qu'elle avait fondé, et dont l'abbesse sainte Gertrude était la seule survivante des sept enfants de sainte Edwige. Elle mourut en 1243.

Personnage célèbre : Edwige Feuillère.

La *part de chance* d'Edwige est à 33° sur le zodiaque, c'est-à-dire le 3° du Taureau.
Le *chiffre* d'Edwige est le 8.
La *couleur* d'Edwige est le vert.

Caractère type : elle est souvent très belle, épanouie, parfois trop bien en chair. Elle est attachée aux traditions. Elle est directe, sans détours. Elle pique quelquefois des colères qui dénotent un fond vindicatif.

Patronyme : Edwige, qui s'orthographie aussi **Hedwige** se combine mal avec un nom commençant par une consonne chuintante.

Eléonore

Fêtée le 25 juin.

Etymologie : vient du grec « eleos » qui signifie compassion ou du latin « lenire » qui veut dire calmer une douleur.

Historique : sainte sans être canonisée, telle est Eléonore, fille de Raymond Bérenger comte de Provence, et qui épousa le roi d'Angleterre en 1236, à quatorze ans. Mal conseillée, mauvaise politique, sa grande piété et ses dons artistiques ne suffirent pas à empêcher une insurrection des Anglais. Exilée en France, son époux aux mains des insurgés, elle se montra plus forte qu'elle ne le laissait paraître et revint avec une armée délivrer son royal époux et reconquérir l'Angleterre. Veuve, elle se retira dans l'abbaye d'Ambresbury, se fit Bénédictine et mourut pieusement en 1292.

Personnages célèbres : Eléonore ou Aliénor d'Aquitaine, d'abord reine de France, puis, répudiée, reine d'Angleterre. Eléonore de Habsbourg, sœur aînée de Charles Quint, reine du Portugal. Eléonore de Castille, reine de Navarre malgré elle. Eléonore Teles de Meneses, reine de Portugal. Eléonore Parker, l'actrice américaine.

La *part de chance* d'Eléonore est à 75° sur le zodiaque, c'est-à-dire le 15° des Gémeaux.

Le *chiffre* d'Eléonore est le 8.
La *couleur* d'Eléonore est l'orangé.

Caractère type : elle passe par des périodes de dépression suivies de périodes d'exaltation. Elle est capricieuse. Elle entre difficilement en contact avec autrui.

Patronyme : Eléonore se combine mal avec un nom commençant par « r », « o » et à fortiori « or » ou « nor ».

Eliane

Voir Elie.

La *part de chance* d'Eliane est à 96° sur le zodiaque, c'est-à-dire le 6° du Cancer.
Le *chiffre* d'Eliane est le 1.
La *couleur* d'Eliane est le vert.

Caractère type : elle aime donner d'elle-même une idée romanesque quitte à mentir un peu. Elle est très attachée à son enfance.

Patronyme : Eliane se combine mal avec un nom commençant par « n » ou « a ».

Elie

Fêté le 20 juillet.

Etymologie : vient de l'hébreu « Eliyah » qui veut dire seigneur Dieu.

Historique : Elie, prophète d'Israël, vécut sous Achab et Jézabel, vers le IXe siècle av. J.-C. Il eut une grande influence religieuse et morale en luttant notamment contre le culte de Baal. La légende veut qu'il ait gagné le ciel sur un char de feu, laissant son manteau à son disciple, un autre prophète, Elisée.

Il existe un saint Elie, fêté le 16 février, martyrisé à Césarée en 309.

Personnages célèbres : l'homme d'état Elie Decazes. L'historien d'art Elie Faure.

La *part de chance* d'Elie est à 50° sur le zodiaque, c'est-à-dire le 20° du Taureau.
Le *chiffre* d'Elie est le 4.
La *couleur* d'Elie est le bleu.

Caractère type : il possède une grande puissance de travail mais il sait économiser ses forces, « ménager sa monture ».

Patronyme : Elie, prénom assez répandu chez les israélites et les protestants, se combine mal avec un nom commençant par « i », « l » ou pire « li ».

Elisabeth

Fêtée le 5 novembre.

Etymologie : vient de l'hébreu « el-isha-beth » qui signifie successivement Dieu (Elohim), salut et maison.

Historique : sainte Elisabeth était l'épouse du prêtre Zacharie dont elle eut un fils : saint Jean-Baptiste. Trop âgée pour avoir un enfant, elle était désespérée lorsque son mari fut visité par l'ange Gabriel qui lui annonça qu'il aurait un fils. Sainte Elisabeth était grosse lorsqu'elle reçut la visite de sa cousine la Vierge Marie, à qui le même ange avait annoncé qu'elle mettrait au monde le Sauveur. Elisabeth sentit alors bouger son enfant et « fut remplie du Saint-Esprit ». C'est elle qui fit appeler son fils : Jean.

D'autres saintes et bienheureuses ont porté le nom d'Elisabeth. Citons entre autres sainte Elisabeth de Hongrie qui, fiancée à quatre ans à Louis de Thuringe, l'épousa à quatorze ans, lui donna trois enfants et, veuve à vingt ans, ne s'occupa plus que d'œuvres charitables. Vivant en franciscaine, elle se retira dans l'hôpital de Martburg qu'elle avait fondé et mourut à vingt-quatre ans en 1231. Elle est fêtée le 17 novembre. Sainte Elisabeth de Portugal, nièce de la précédente, passa sa vie d'épouse soumise dans l'austérité et la piété auprès d'un mari, Denis de Portugal, sévère et volage. Veuve, elle se retira chez les Clarisses. Elle mourut en 1336. Elle est fêtée le 4 juillet.

Personnages célèbres : quatre reines d'Angleterre dont la dernière règne toujours. Deux impératrices de Russie et une fausse. Une reine de Roumanie. Une impératrice d'Autriche. Deux reines de Hongrie. Une reine de France et des princesses du même royaume. La reine des Belges, épouse d'Albert Ier. L'écrivain Elisabeth Browning.

La *part de chance* d'Elisabeth est à 41° sur le zodiaque, c'est-à-dire le 11° du Taureau.
Le *chiffre* d'Elisabeth est le 9.
La *couleur* d'Elisabeth est l'orangé.

Caractère type : elle est très attachée aux traditions. Il y a en elle un fond paysan, mais elle a un tempérament artistique. Elle a un sens pratique aigu.

Patronyme : Elisabeth se combine mal avec un nom commençant par « t » ou par « b ».

Elise

Voir Elisabeth.

La *part de chance* d'Elise est à 350° sur le zodiaque, c'est-à-dire le 20° des Poissons.
Le *chiffre* d'Elise est le 5.
La *couleur* d'Elise est l'orangé.

Caractère type : ellc cst très intuitive et souvent rêveuse. Elle fait parfois preuve de plus de bonne volonté que d'efficacité.

Patronyme : Elise se combine mal avec un nom commençant par « s » ou par « i ».

Ella

Fêtée le 1er février.

Etymologie : vient de l'hébreu « el-yah » qui signifie Seigneur Dieu.

Historique : la bienheureuse Ella fut la femme du comte de Salisbury, Guillaume-Longue-Epée. Elle l'accompagna à la Croisade. Veuve, elle fonda un monastère d'Augustines à Laycock, dont elle devint l'abbesse et où elle mourut en 1226.

Personnage célèbre : la chanteuse de blues Ella Fitzgerald.

La *part de chance* d'Ella est à 66° sur le zodiaque, c'est-à-dire le 6° des Gémeaux.
Le *chiffre* d'Ella est le 3.
La *couleur* d'Ella est le bleu.

Caractère type : elle a de la répartie et se donne volontiers un aspect garçon manqué. Elle est souvent capricieuse. Elle sait s'adapter à toutes les situations.

Patronyme : Ella se combine mal avec un nom commençant par « a » ou par « l ».

Elodie

Fêtée le 22 octobre.

Etymologie : vient du latin « alodis » qui signifie propriété.

Historique : sainte Elodie vivait au XIe siècle en Espagne. La persécution du calife Abder-Rahman la transforma en martyre. Elle fut décapitée dans la province d'Huesca en 851.

La *part de chance* d'Elodie est à 124° sur le zodiaque, c'est-à-dire le 4° du Lion.
Le *chiffre* d'Elodie est le 5.
La *couleur* d'Elodie est le bleu.

Caractère type : elle est souvent belle et accepte difficilement de vieillir. Elle est brillante et douée d'un grand tempérament artistique.

Patronyme : Elodie se combine mal avec un nom commençant par « i » et pire par « di ».

Eloi

Fêté le 1er décembre.

Etymologie : vient du latin « eligius » qui signifie élu.

Historique : saint Eloi naquit dans le Limousin, à Chaptelat, vers 588. Orfèvre de profession, la légende raconte que Clotaire II lui ayant confié une certaine quantité d'or pour lui faire un trône, il en fit deux avec le surplus, prouvant ainsi son intégrité. Devenu conseiller du roi et de son successeur, le « bon roi Dagobert », il fut nommé évêque de Noyon. Très pieux, il alla porter la bonne parole aux Frisons et fonda de nombreux monastères. Il mourut dans son diocèse en 660. Il est le saint patron des orfèvres, bien entendu, mais aussi celui des travailleurs de la métallurgie. Il est aussi le saint patron de Limoges. La légende raconte qu'il ferra un cheval en lui coupant d'abord la patte au-dessus du sabot, puis rajusta la patte sans qu'il y parût.

La *part de chance* d'Eloi est à 115° sur le zodiaque, c'est-à-dire le 25° du Cancer.
Le *chiffre* d'Eloi est le 5.
La *couleur* d'Eloi est le jaune.

Caractère type : il prend souvent ses désirs pour des réalités. Il est plein de poésie. Il a la spontanéité de l'enfance. Il est souvent follement dépensier.

Patronyme : Eloi se combine mal avec un nom commençant par « oi », « a », « la » ou pire « loi ».

Elsa

Voir Elisabeth.

Personnages célèbres : Elsa Triolet, la femme d'Aragon qui célébra ses yeux. L'actrice Elsa Martinelli.

La *part de chance* d'Elsa est à 336° sur le zodiaque, c'est-à-dire le 6° des Poissons.
Le *chiffre* d'Elsa est le 1.

La *couleur* d'Elsa est le rouge.

Caractère type : elle ne cherche pas habituellement à provoquer. Sa sensibilité est souvent paradoxale. Elle s'émeut pour un rien mais reste impassible devant une catastrophe.

Patronyme : Elsa se combine mal avec un nom commençant par « a », « s » ou pire « sa ».

Elvire

Fêtée le 16 juillet.

Etymologie : voir Alfred.

Historique : sainte Elvire fut abbesse du monastère de Ohren vers le XIe siècle. C'est pratiquement tout ce que l'on sait d'elle d'après un témoignage digne de foi du Bréviaire de Trèves.

Personnage célèbre : Elvire Popesco.

La *part de chance* d'Elvire est à 256° sur le zodiaque, c'est-à-dire le 16° du Sagittaire.
Le *chiffre* d'Elvire est le 8.
La *couleur* d'Elvire est le jaune.

Caractère type : elle est élégante avec un côté racé, du charme sinon de la beauté. Elle a un air de santé et de franchise, qui dénote de la personnalité. Elle est souvent orgueilleuse. Elle veut être l'égale de l'homme et y réussit.

Patronyme : Elvire se combine mal avec un nom commençant par « r » ou « i », ou pire par « vi ».

Emile

Fêté le 22 mai.

Etymologie : vient du latin « aemulus » qui veut dire rival, ou du grec « haimulos » qui signifie obligeant, voire rusé.

Historique : saint Emile fut soumis à la torture avec son compagnon saint Caste. La douleur les rendit apostats. Mais ils revinrent sur leurs dires, proclamèrent à nouveau leur foi et furent brûlés vifs. Ce martyre eut lieu sous la persécution de l'empereur Dèce vers 250.

D'autres saints et bienheureux ont porté le nom d'Emile. Citons entre autres saint Emile de Cordoue qui fut martyrisé sous la persécution du calife Abder-Rahman, en Espagne, en 852. Il est fêté le 15 septembre.

Personnages célèbres : Emile Augier. Emile Littré. Emile Zola. L'« Emile » de Jean-Jacques Rousseau. Emile Loubet, l'homme d'Etat.

La *part de chance* d'Emile est à 90° sur le zodiaque, c'est-à-dire le 30° des Gémeaux.
Le *chiffre* d'Emile est le 8.
La *couleur* d'Emile est le bleu.

Caractère type : il a la spontanéité de l'enfance et avec cela une fraîcheur d'âme qui le met à l'abri de toute forme de vieillissement. Ses réactions sont très subjectives.

Patronyme : Emile se combine mal avec un nom commençant par « l » ou « i », voire par « m ».

Emilie

Fêtée le 24 août.

Etymologie : voir Emile.

Historique : sainte Emilie de Vialar, née à Gaillac en 1797, après une vie toute d'abnégation, fonda avec quelques amies et disciples la congrégation de Saint-Joseph de l'Apparition. Cette congrégation rayonna bientôt partout dans le monde. Sainte Emilie de Vialar mourut à Marseille en 1856.

D'autres saintes et bienheureuses ont porté le nom d'Emilie. Citons entre autres sainte Emilie, compagne de sainte Blandine jusqu'au martyre. Sainte Emilie de Rodat, qui fonda la Sainte-Famille de Villefranche-de-Rouergue, renouant avec l'idéal des Ursulines. Elle mourut en 1852. Elle est fêtée le 19 septembre.

Personnage célèbre : Emily Brontë.

La *part de chance* d'Emilie est à 100° sur le zodiaque, c'est-à-dire le 10° du Cancer.
Le *chiffre* d'Emilie est le 8.
La *couleur* d'Emilie est le bleu.

Caractère type : elle trouve souvent son équilibre dans la maternité charnelle ou spirituelle. Sinon, elle rêve et ne tient guère compte de la réalité. Il arrive qu'elle mente pour rendre la vie, sa vie, plus romanesque.

Patronyme : Emilie se combine mal avec un nom commençant par « i » ou par « l ».

Emilien

Fêté le 18 juillet.

Etymologie : voir Emile.

Historique : saint Emilien, soldat sous Julien l'Apostat, au IVe siècle, n'écouta que sa foi et renversa les idoles. Il fut brûlé vif. Vers 362 ?

D'autres saints et bienheureux ont porté le nom d'Emilien. Citons entre autres saint Emilien de Lambèse qui mourut martyr en compagnie (peut-être) de saint Marien et de saint Jacques. Il est fêté le 29 avril. Saint Emilien, évêque de Valence au IVe siècle. Il est fêté le 13 septembre. Saint Emilien, ermite dans le Puy-de-Dôme, mort vers 538 et fêté le 12 novembre.

La *part de chance* d'Emilien est à 150° sur le zodiaque, c'est-à-dire le 30° du Lion.
Le *chiffre* d'Emilien est le 4.
La *couleur* d'Emilien est le bleu.

Caractère type : l'imprévu le dérange car il est minutieux jusqu'à la maniaquerie... C'est un comptable-né.

Patronyme : Emilien se combine mal avec un nom commençant par « in ».

Emilienne

Fêtée le 5 janvier.

Etymologie : voir Emile.

Historique : sainte Emilienne avait pour neveu le pape saint Grégoire, qui l'admirait pour sa piété et la canonisa donc. Cette histoire de famille se passait au VIe siècle.

Personnage célèbre : Emilienne d'Alençon, la « cocotte ».

La *part de chance* d'Emilienne est à 205° sur le zodiaque, c'est-à-dire le 25° de la Balance.
Le *chiffre* d'Emilienne est le 5.
La *couleur* d'Emilienne est le bleu.

Caractère type : c'est une femme intelligente et cultivée, qui aime recevoir des invités triés sur le volet. Tout la passionne. Elle aime lire, surtout les « bons » auteurs.

Patronyme : Emilienne se combine mal avec un nom commençant par « n ».

Emma

Fêtée le 29 juin.

Etymologie : voir Emmanuel.

Historique : sainte Emma, sœur de saint Meinwerk et cousine de l'empereur Henri II le Saint, devenue veuve, fonda de nombreuses abbayes et distribua ses biens aux pauvres et au clergé. Elle créa entre autres le double monastère de Gurk en Autriche. Elle mourut vers 1045.

Personnages célèbres : deux reines de France et une reine d'Angleterre. L'héroïne de Gustave Flaubert, Emma Bovary, roman qui lui valut un procès.

La *part de chance* d'Emma est à 86° sur le zodiaque, c'est-à-dire le 26° des Gémeaux.
Le *chiffre* d'Emma est le 5.
La *couleur* d'Emma est l'orangé.

Caractère type : elle se voudrait immorale mais n'est qu'amorale et encore. Elle est fantasque et capricieuse. Elle juge les événements et les gens un peu trop rapidement. Mais elle a le don d'enfance...

Patronyme : Emma se combine mal avec un nom commençant par « a » ou par « m » et à fortiori par « ma ».

Emmanuel

Fêté le 25 décembre, c'est-à-dire le jour de Noël.

Etymologie : vient de l'hébreu « imm-el » qui signifie Dieu avec nous.

Historique : Emmanuel est le nom par lequel le prophète Isaïe désigna le Messie sept cents ans avant que saint Matthieu l'identifie au Christ.

Saint Emmanuel Ruiz, fêté le 10 juillet, était un franciscain de Damas que les Turcs martyrisèrent en 1860.

Personnages célèbres : Emmanuel Kant. Emmanuel Chabrier. Manuel de Falla.

La *part de chance* d'Emmanuel est à 177° sur le zodiaque, c'est-à-dire le 27° de la Vierge.
Le *chiffre* d'Emmanuel est le 3.
La *couleur* d'Emmanuel est l'orangé.

Caractère type : il reste souvent célibataire car il est intrinsèquement méfiant. Il est minutieux à l'excès. C'est un prénom difficile à assumer étant donné sa résonance biblique, pour le garçon comme pour l'entourage. Et cette « aura » du prénom fait souvent que son porteur est affublé du diminutif « Manu » pour sa vie entière. Or, un diminutif n'est jamais une identité entière, et n'est qu'un rappel permanent de l'enfance, avec les répercussions affectives que cela suppose.

Patronyme : Emmanuel se combine mal avec un nom commençant par « l » ou « é », voire « u ».

Emmanuelle

Voir Emmanuel.

Personnage célèbre : Emmanuelle Arsan, auteur à scandale.

La *part de chance* d'Emmanuelle est à 232° sur le zodiaque, c'est-à-dire le 22° du Scorpion.
Le *chiffre* d'Emmanuelle est le 2.
La *couleur* d'Emmanuelle est l'orangé.

Caractère type : ses rancunes sont aussi tenaces que ses attachements. Elle est intelligente et son jugement est pénétrant. Elle sait garder un secret. Elle aime passionnément l'élu de son cœur mais avec tant de possessivité qu'elle effraie les hommes. La féminisation du prénom Emmanuel rend inopérant le climat biblique dont il était question.

Patronyme : voir Emmanuel.

Eric

Fêté le 18 mai.

Etymologie : vient du germain « ehre » qui veut dire honneur et de « rik » qui signifie roi.

Historique : Eric Jedvardsson, bien que n'étant pas canonisé, est considéré en Suède comme un saint martyr et le jour de sa mort comme une fête nationale. Il christianisa son pays et voulut en faire de même en Finlande. Revenu en Suède gouverner avec sagesse, il apprit que le Danois Magnus Henriksson voulait s'emparer de sa couronne. Il eut vent que son ennemi l'attendait à la sortie de l'église d'Upsalla. Il écouta cependant la messe tout entière avant de sortir et se fit massacrer. Ceci se passa en 1160. Son étendard joua en Suède le même rôle que celui de saint Denis en France.

Personnages célèbres : de nombreux rois scandinaves tant de Suède que du Danemark et de Norvège. Erik Satie. Eric von Stroheim.

La *part de chance* d'Eric est à 235° sur le zodiaque, c'est-à-dire

le 25° du Scorpion.
Le *chiffre* d'Eric est le 8.
La *couleur* d'Eric est le rouge.

Caractère type : nanti d'un prénom net et d'une acuité sonore brève, Eric possède une intelligence pénétrante, beaucoup de perspicacité, dons qu'il sait exploiter dans la vie pour les grandes comme pour les petites choses.

Patronyme : Eric se combine mal avec un nom commençant par une consonne dure.

Erika

Voir Eric.

Personnages célèbres : la romancière américaine Erica Jong.

La *part de chance* d'Erika est à 236° sur le zodiaque, c'est-à-dire le 26° du Scorpion.
Le *chiffre* d'Erika est le 8.
La *couleur* d'Erika est le rouge.

Caractère type : elle sait imposer sa volonté presque malgré elle. Elle aime séduire... pour se faire un esclave de plus, même lorsqu'elle est sincère.

Patronyme : Erika qui s'orthographie parfois **Erica**, se combine mal avec un nom commençant par « a » ou une consonne dure.

Ernest

Fêté le 7 novembre.

Etymologie : vient du germain « ernst » qui signifie sérieux.

Historique : saint Ernest, abbé de Zwiefalten dans le Wurtemberg, abandonna son poste pour suivre Conrad III, empereur d'Allemagne, qui s'était croisé. Il mourut probablement à la bataille de Dorylée en 1147.

Personnages célèbres: des ducs de Saxe-Gotha. Ernest-Auguste Ier, roi de Hanovre. Ernest Renan. Ernest Hemingway. Le compositeur Ernest Chausson. Le chef d'orchestre Ernest Ansermet.

La *part de chance* d'Ernest est à 240° sur le zodiaque, c'est-à-dire le 30° du Scorpion.
Le *chiffre* d'Ernest est le 9.
La *couleur* d'Ernest est le jaune.

Caractère type: il y a chez lui un côté anarchiste et un côté conformiste; c'est un instinctif qui, paradoxalement, est respectueux de l'ordre. Il supporte mal la critique car il est susceptible. Ernest est un « brave » prénom, un peu traînaillant et de sonorité étouffée. C'est un prénom qui « colle » rarement à une personnalité d'où sans doute les caractéristiques ci-dessus.

Patronyme: Ernest se combine mal avec un nom commençant par « t » ou par « s ».

Ernestine

Voir Ernest.

La *part de chance* d'Ernestine est à 305° sur le zodiaque, c'est-à-dire le 5° du Verseau.
Le *chiffre* d'Ernestine est le 1.
La *couleur* d'Ernestine est le jaune.

Caractère type: à la fois crédule, intelligente et enfantine, capricieuse et butée, parfois mesquine, elle est pleine de paradoxes.

Patronyme: Ernestine, prénom passé de mode, se combine mal avec un nom commençant par « n », « i » ou « t ».

Estelle

Fêtée le 11 mai.

Etymologie : vient du latin « stella » qui veut dire étoile.

Historique : sainte Estelle fut martyrisée au IIIe siècle. Elle est vénérée à Saintes. C'est tout ce qu'on sait d'elle.

Personnage célèbre : l'actrice Estella Blain.

La *part de chance* d'Estelle est à 55° sur le zodiaque, c'est-à-dire le 25° du Taureau.
Le *chiffre* d'Estelle est le 6.
La *couleur* d'Estelle est le bleu.

Caractère type : souvent belle et très féminine, parfois trop bien en chair, elle a de la simplicité, une façon d'être directe... comme son prénom aux sonorités claires et ouvertes. Elle est souvent gaie mais aussi boudeuse.

Patronyme : Estelle se combine mal avec un nom commençant par « l ».

Esther

Fêtée le 1er juillet.

Etymologie : vient du perse « ester » qui signifie étoile.

Historique : Esther, héroïne juive, à qui l'Ancien Testament consacre tout un livre, était si belle qu'elle séduisit Assuérus (Xerxès) et obtint de lui que ses compatriotes ne soient pas massacrés.

Personnages célèbres : la même Esther devint le sujet d'une tragédie de Racine. Ester Williams, la naïade des années 40.

La *part de chance* d'Esther est à 198° sur le zodiaque, c'est-à-dire le 18° de la Balance.
Le *chiffre* d'Esther est le 3.
La *couleur* d'Esther est le rouge.

Caractère type : c'est une femme intelligente et cultivée. Son charme et sa beauté l'aident dans ses entreprises. Elle aspire au mariage.

Patronyme : Esther, prénom répandu chez les israélites et les protestants, se combine mal avec un nom commençant par « r » ou « é ».

Etienne

Fêté le 26 décembre.

Etymologie : vient du grec « stephanos » qui veut dire couronne.

Historique : saint Etienne, « beau comme un ange », était un juif venu d'Alexandrie entendre la bonne parole. Les apôtres le nommèrent diacre et il se mit à transmettre avec ardeur et courage ce qu'il avait entendu. Arrêté par le sanhédrin, il fut lapidé hors les murs de Jérusalem sous les yeux de Paul de Tarse, le futur saint Paul, qui gardait ses vêtements. Saint Etienne mourut vers 35.

D'autres saints et bienheureux ont porté le nom d'Etienne. Citons entre autres le premier roi de Hongrie qui réunit l'état hongrois grâce à la foi chrétienne. Il parvint à son but malgré mille intrigues, même dans son entourage. C'était un roi qui prêchait l'exemple par une piété et une charité admirables. Il consacra son royaume à la Vierge Marie avant de mourir en 1308. Il est fêté le 16 août. On le compare souvent à saint Louis. Citons encore un moine anglais, saint Etienne Harding, qui fonda avec saint Robert l'abbaye de Cîteaux. Il mourut en 1134. Il est fêté le 17 avril. Saint Etienne de Muret, lui, fut ermite pendant près de cinquante ans. Il mourut en 1124. Il est fêté le 8 février. Un pape, saint Etienne Ier, est fêté le 2 août.

Personnages célèbres : neuf papes dont un saint (nous l'avons vu) et un bienheureux, Etienne IX. Quatre rois de Hongrie dont un saint (nous l'avons vu). Un roi de Pologne. Etienne de Blois, roi d'Angleterre. Etienne Montgolfier. Etienne Méhul, auteur de la musique du « Chant du Départ. »

La *part de chance* d'Etienne est à 165° sur le zodiaque, c'est-à-dire le 15° de la Vierge.
Le *chiffre* d'Etienne est le 9.
La *couleur* d'Etienne est le vert.

Caractère type : les événements lui donnent souvent raison car il a de la logique à revendre. Ce n'est pas un compagnon très plaisant, car il est souvent égoïste et en tout cas minutieux jusqu'à la maniaquerie. C'est souvent un introverti et un chercheur.

Patronyme : Etienne se combine mal avec un nom commençant par « n ».

Eugène

Fêté le 13 juillet.

Etymologie : vient du grec « eugenios » qui signifie celui qui est de noble race.

Historique : saint Eugène de Carthage fut nommé évêque de cette ville par Hunéric, roi des Vandales. Il fut exilé deux fois par les Ariens et finit par mourir à Albi vers 505.

D'autres saints et bienheureux ont porté le nom d'Eugène. Citons entre autres le pape Eugène Ier élu à la place de Martin Ier et qui, comme lui, s'attira la foudre des souverains pour oser lutter contre l'hérésie monothélite. Il mourut à Rome, à la fin de son pontificat, en 657. Il est fêté le 2 juin. Citons encore saint Etienne, archevêque de Tolède, qui fut un musicien et un poète. Il mourut en 657. Il est fêté le 15 novembre.

Personnages célèbres : quatre papes dont un saint (nous l'avons vu) et un bienheureux, Eugène III, qui fut l'ami de saint Bernard. Le prince Eugène, général de grand talent et humaniste remarquable. Eugène Delacroix. Eugène Scribe. Eugène Labiche. Eugène Ysaye.

La *part de chance* d'Eugène est à 74° sur le zodiaque, c'est-à-dire le 14° des Gémeaux.
Le *chiffre* d'Eugène est le 3.
La *couleur* d'Eugène est le bleu.

Caractère type : il ne prend rien au tragique et s'adapte à toutes les circonstances. Il ne se laisse embarrasser par personne. Il déteste le confort intellectuel. Eugène est un prénom « bon enfant ».

Patronyme : Eugène se combine mal avec un nom commençant par « n », par « é » ou par « i ».

Eugénie

Fêtée le 7 février.

Etymologie : voir Eugène.

Historique : la bienheureuse Eugénie de Smet naquit à Lille en 1825. Pieuse, charitable, dévouée aux bonnes œuvres, son idéal était de fonder une congrégation pour prier afin d'aider les âmes du Purgatoire. Elle y réussit, grâce aux encouragements du Curé d'Ars. Eugénie prit le voile sous le nom de Marie de la Providence. Sa congrégation des Auxiliatrices du Purgatoire prit de plus en plus d'importance. Elle mourut en 1871.

D'autres saintes et bienheureuses ont porté le nom d'Eugénie. Citons entre autres une martyre romaine, dont la légende s'est emparée. Elle est fêtée le 24 décembre. Citons encore une martyre espagnole de Cordoue, victime de la persécution musulmane. Elle mourut vers 921. Elle est fêtée le 26 mars.

Personnages célèbres : Eugénie de Montijo, épouse de Napoléon III, empereur des Français. L'héroïne de Balzac : Eugénie Grandet.

La *part de chance* d'Eugénie est à 84° sur le zodiaque, c'est-à-dire le 24° des Gémeaux.
Le *chiffre* d'Eugénie est le 3.
La *couleur* d'Eugénie est le bleu.

Caractère type : elle est rassurée par ceux qui ont une forte autorité. Elle trouve son équilibre en travaillant.

Patronyme : Eugénie se combine mal avec un nom commençant par « i » ou « n ».

Eusèbe

Fêté le 2 août.

Etymologie : vient du grec « eusebes » qui signifie pieux.

Historique : saint Eusèbe, évêque de Verceil sous le pape Jules Ier, combattit l'arianisme et en subit les conséquences : il fut exilé par l'empereur Constance qui était arien. Il fut rappelé à son siège épiscopal par l'empereur Julien l'Apostat, ce qui ne manque pas de piquant. Saint Eusèbe appelait les disciples d'Arius des « ariomanites », c'est-à-dire des « maniaques ou des fous d'Arius ». Il mourut dans son diocèse en 370.

D'autres saints et bienheureux ont porté le nom d'Eusèbe. Citons entre autres un pape, dont le pontificat ne dura que quatre mois, assez pour en faire un saint. Il est fêté le 17 août.

Personnages célèbres : Eusèbe de Césarée, favori de l'empereur Constantin : il fonda la chronologie ecclésiastique. Eusèbe de Nicomédie, évêque de Constantinople, disciple d'Arius. Des évêques de Dorylée, d'Antibes, etc.

La *part de chance* d'Eusèbe est à 323° sur le zodiaque, c'est-à-dire le 23° du Verseau.
Le *chiffre* d'Eusèbe est le 3.
La *couleur* d'Eusèbe est le jaune.

Caractère type : il est plein d'invention. Toute expérience le passionne. Il a parfois du génie. Mais ce prénom paraît un peu ridicule, allez savoir pourquoi.

Patronyme : Eusèbe se combine mal avec un nom commençant par « b » ou « p ».

Eustache

Fêté autrefois le 20 septembre.

Etymologie : vient du grec « eustachios » qui signifie bon épi.

Historique : saint Eustache n'appartient plus au calendrier romain actuel. Sa biographie est un tissu de légendes. Officier de Trajan, il aurait été enfermé dans un taureau de bronze chauffé à blanc. Il fut grillé vif. Tel fut son martyre légendaire. Mais...

D'autres saints et bienheureux ont porté le nom d'Eustache. Citons entre autres le bienheureux Eustache qui fut guillotiné lors des massacres de Septembre en 1792. Il est fêté le 2 septembre.

Personnages célèbres: Eustache de Saint-Pierre, un des bourgeois de Calais. Le poète Eustache Deschamps. Le peintre Eustache Le Sueur. Un musicien de Henri IV, Eustache du Caurroy.

La *part de chance* d'Eustache est à 25° sur le zodiaque, c'est-à-dire le 25° du Bélier.
Le *chiffre* d'Eustache est le 1.
La *couleur* d'Eustache est le violet.

Caractère type: volontaire et courageux, il ne s'avoue jamais vaincu. Il croit à la sincérité des autres mais gare à l'explosion s'il découvre qu'il a été trahi. C'est un prénom « archaïque » dont la sonorité peut prêter aux moqueries.

Patronyme: Eustache se combine mal avec un nom commençant par une consonne chuintante.

Eva

Voir Eve.

Personnages célèbres: Eva Braun, Eva (Evita) Peron.

La *part de chance* d'Eva est à 12° sur le zodiaque, c'est-à-dire le 12° du Bélier.
Le *chiffre* d'Eva est le 1.
La *couleur* d'Eva est le bleu.

Caractère type: elle est capable de faire énormément pour ceux qu'elle aime. Elle refuse même de se venger, un peu par orgueil.

Patronyme: Eva se combine mal avec un nom commençant par « a », « v », ou « f ».

Evariste

Fêté autrefois le 26 octobre.

Etymologie : vient du latin « evagor » qui signifie se propager.

Historique : saint Evariste ne figure plus dans le calendrier romain actuel, à cause d'une biographie incertaine. Il fut pape de 97 à 105, succédant à saint Clément. Est-il mort martyr en 106 ? On n'en sait rien. Mais...

D'autres saints et bienheureux ont porté le nom d'Evariste. Citons entre autres deux martyrs des persécutions romaines.

Personnages célèbres : le poète Evariste Parny. Le mathématicien de génie, Evariste Gallois, mort très jeune en duel.

La *part de chance* d'Evariste est à 207° sur le zodiaque, c'est-à-dire le 27° de la Balance.
Le *chiffre* d'Evariste est le 9.
La *couleur* d'Evariste est le jaune.

Caractère type : c'est un homme conciliant, courtois, gentil et séduisant. Il est capable, grâce à son intuition, de deviner les intentions d'autrui. C'est souvent un artiste.

Patronyme : Evariste, prénom passé de mode, se combine mal avec un nom commençant par « t » ou par « s ».

Eve

Fêtée le 6 septembre.

Etymologie : vient de l'hébreu « havva » qui signifie vie.

Historique : on connaît la première femme de l'humanité, selon la Bible, celle qui naquit d'une côte et qui croqua la pomme ou plutôt la fit croquer à Adam. Est-elle digne du Paradis ou de l'Enfer ? Disons du Purgatoire ; elle était si charmante ! Et ce ne put être qu'une épouse fidèle ! Il existe une sainte Eve, martyre, et patronne de Dreux. C'est tout ce qu'on sait d'elle.

Personnages célèbres : Eve Lavallière. Eve Curie.

La *part de chance* d'Eve est à 16° sur le zodiaque, c'est-à-dire le 16° du Bélier.
Le *chiffre* d'Eve est le 5.
La *couleur* d'Eve est le bleu.

Caractère type : c'est une passionnée qui cherche le Grand Amour. Elle aime séduire et expérimenter son charme. C'est souvent une allumeuse.

Patronyme : Eve se combine mal avec un nom commençant par « v », « f » ou « é ».

Evelyne

Voir Eve.

La *part de chance* d'Evelyne est à 129° sur le zodiaque, c'est-à-dire le 9° du Lion.
Le *chiffre* d'Evelyne est le 7.
La *couleur* d'Evelyne est le bleu.

Caractère type : belle, brillante, passionnée et artiste, elle est souvent idéaliste et défend ses idées avec fougue.

Patronyme : Evelyne se combine mal avec un nom commençant par « n », « ni », « l » ou « li ».

Evrard

Fêté le 24 octobre.

Etymologie : vient du germain « eber » qui veut dire sanglier et « hard » qui signifie hardi, vigoureux.

Historique : saint Evrard, bénédictin de Paris, devint évêque de Salzbourg et n'hésita pas à tenir la dragée haute à l'empereur Barberousse. Du courage à la sainteté, il n'y a qu'un pas. Il mourut en 1164.

D'autres saints et bienheureux ont porté le nom d'Evrard.

Citons entre autres un ermite qui fonda un monastère dans le canton de Schwyz, à Einsiedeln. Il est fêté le 14 août.

Personnage célèbre : Evrard d'Orléans, qui porta au XIIIe siècle le premier le titre de « peintre du roi ».

La *part de chance* d'Evrard est à 56° sur le zodiaque, c'est-à-dire le 26° du Taureau.
Le *chiffre* d'Evrard est le 5.
La *couleur* d'Evrard est le violet.

Caractère type : il aime la vie et a le goût du plaisir. Il est souvent possessif. Il est ému par tout ce qui est beau. Cependant, il sait se contenter de l'essentiel.

Patronyme : Evrard se combine mal avec un nom commençant par « r » ou « a », ou pire par « ra ».

Fabien

Fêté le 20 janvier.

Etymologie : vient de « Fabia », nom d'une famille romaine très célèbre. « Fabia » dérive du latin « faba » qui veut dire fève.

Historique : saint Fabien fut nommé pape alors qu'il était encore laïc. Il divisa Rome en sept diaconies et fut le premier à établir ou plutôt à faire établir les Actes des martyrs. Il mourut lui-même martyr en 250, sous la persécution de l'empereur Dèce.

La *part de chance* de Fabien est à 148° sur le zodiaque, c'est-à-dire le 28° du Lion.
Le *chiffre* de Fabien est le 1.
La *couleur* de Fabien est le jaune.

Caractère type : il possède un remarquable esprit de synthèse. Il est courageux et calme. Il a le sens de l'autorité. Il est fait pour réussir sa vie. Est-ce par hasard que Saint-Exupéry choisit ce prénom pour son héros de « Vol de nuit » ?

Patronyme : Fabien se combine mal avec un nom commençant par « in », « en » ou « b ».

Fabienne

Voir Fabien.

La *part de chance* de Fabienne est à 203° sur le zodiaque, c'est-à-dire le 23° de la Balance.
Le *chiffre* de Fabienne est le 2.
La *couleur* de Fabienne est le jaune.

Caractère type : elle se sent plus solide si elle est épaulée dans la vie de tous les jours. Elle ne manque pas de courage. Elle est consciencieuse et honnête. En fait, elle est la réplique de Fabien...

Patronyme : Fabienne se combine mal avec un nom commençant par « n » ou par « i ».

Fabiola

Fêtée le 27 décembre.

Etymologie : voir Fabien.

Historique : sainte Fabiola était une aristocrate romaine de la gens Fabia. Elle divorça de son premier mari. Remariée et bientôt veuve, elle écouta saint Jérôme et fit un pèlerinage en Terre sainte. Revenue à Rome, elle ouvrit un hôpital pour les pauvres auxquels elle consacra toute sa fortune qui était grande. Elle mourut en 399.

Personnage célèbre : Fabiola, reine des Belges.

La *part de chance* de Fabiola est à 194° sur le zodiaque, c'est-à-dire le 14° de la Balance.
Le *chiffre* de Fabiola est le 1.
La *couleur* de Fabiola est le bleu.

Caractère type : conformiste au fond d'elle-même, elle aspire au mariage. Elle croit fermement au couple, au bonheur à deux. Elle est amoureuse avec passion et romantisme.

Patronyme : Fabiola se combine mal avec un nom commençant par « a », « l » ou pire « la ».

Fabrice

Fêté le 22 août.

Etymologie : vient du latin « faber » qui signifie artisan, forgeron.

Historique : saint Fabrice aurait été martyrisé à Tolède. Quand ? Pourquoi ? Comment ? Seule la légende répond.

Personnage célèbre : Fabrice del Dongo, héros de « La Chartreuse de Parme » de Stendhal.

La *part de chance* de Fabrice est à 318° sur le zodiaque, c'est-à-dire le 18° du Verseau.
Le *chiffre* de Fabrice est le 8.
La *couleur* de Fabrice est le rouge.

Caractère type : c'est un être sensible qui sait s'entourer d'amis. Il est foncièrement bon. Mais il se montre parfois indifférent. Intelligent, il n'obéit qu'à ses sentiments, ce qui n'est pas le moindre paradoxe chez cet anticonformiste.

Patronyme : Fabrice se combine mal avec un nom commençant par « s » ou « i ».

Félicie

Voir Félicité.

La *part de chance* de Félicie est à 160° sur le zodiaque, c'est-à-dire le 10° de la Vierge.
Le *chiffre* de Félicie est le 4.
La *couleur* de Félicie est l'orangé.

Caractère type : elle « donne son cœur » à l'élu mais attend la réciproque. Elle ne cède jamais, généralement, au divorce. Elle saura se venger, parfois avec perfidie.

Patronyme : Félicie se combine mal avec un nom commençant par « s » ou « i ».

Félicien

Fêté le 9 juin.

Etymologie : vient du latin « felix » qui signifie heureux.

Historique : saint Félicien et son frère saint Prime furent martyrisés à Rome. Mais quand, comment, etc. ? La légende seule répond qu'ils furent horriblement suppliciés avant d'être décapités. Leur culte date du IVe siècle. Leurs reliques sont conservées à Rome.

Personnages célèbres : le peintre et graveur Félicien Rops. Le dramaturge Félicien Marceau.

La *part de chance* de Félicien est à 210° sur le zodiaque, c'est-à-dire le 30° de la Balance.
Le *chiffre* de Félicien est le 9.
La *couleur* de Félicien est l'orangé.

Caractère type : souvent célibataire par méfiance et exigence, il est fait pour tous les métiers demandant de la minutie. Egocentriste, voire égoïste, il est pourtant capable de dévouement. C'est peut-être paradoxal mais il est plein de paradoxes.

Patronyme : Félicien se combine mal avec un nom commençant par « in » ou « en ».

Félicienne

Voir Félicien.

La *part de chance* de Félicienne est à 265° sur le zodiaque c'est-à-dire le 25° du Sagittaire.
Le *chiffre* de Félicienne est le 1.
La *couleur* de Félicienne est l'orangé.

Caractère type : elle a de l'orgueil et ne cède généralement jamais. Il faut qu'elle ait raison à tout prix. Elle est capable d'exercer un métier d'homme et y réussit souvent.

Patronyme : Félicienne se combine mal avec un nom commençant par « n » ou « i ».

Félicité

Fêtée le 23 novembre.

Etymologie : vient du latin « felicitas » qui signifie bonheur, chance.

Historique : sainte Félicité et ses sept fils furent diversement martyrisés pour ne pas avoir voulu sacrifier aux dieux. Cette histoire, embrumée par la légende, date du IIe siècle.

D'autres saintes ou bienheureuses ont porté le nom de Félicité. Citons entre autres l'esclave de sainte Perpétue, qui fut martyrisée après avoir accouché en prison. Elle eut le temps, avec sainte Perpétue, de rédiger une sorte de journal, avant d'être livrée aux bêtes de l'amphithéâtre, sous Septime Sévère. Elles moururent en 203. Elles sont fêtées le 7 mars.

La *part de chance* de Félicité est à 200° sur le zodiaque, c'est-à-dire le 20° de la Balance.
Le *chiffre* de Félicité est le 6.
La *couleur* de Félicité est l'orangé.

Caractère type : elle se donne beaucoup de mal pour réussir un couple heureux avec l'homme qu'elle aime passionnément.

Patronyme : Félicité se combine mal avec un nom commençant par « é », « i » ou « t ».

Félix

Fêté le 14 janvier.

Etymologie : vient du latin « felix » qui signifie heureux, chanceux.

Historique : saint Félix de Nole abandonna le métier des armes pour la prêtrise. Il fut emprisonné, persécuté, supplicié, mais sans en mourir. On le considéra cependant comme un martyr bien qu'il mourut de mort naturelle vers 260. C'est à saint Paulin qu'on doit sa biographie et le brave homme en remet un peu. Il fit construire sur son tombeau une basilique qui devint un haut lieu de pèlerinage.

D'autres saints et bienheureux ont porté le nom de Félix. Citons entre autres les quatre premiers papes ayant porté le nom de Félix, de nombreux martyrs, et saint Félix de Cantalice, mort en 1587 et fêté le 18 mai.

Personnages célèbres : quatre papes (nous l'avons vu) et un antipape Félix V. Félix, chirurgien de Louis XIV. Felice Lope de Vega. Felix Mendelssohn. Félix Faure. Félix Potin. Le chanteur Félix Leclerc. Félix le Chat !

La *part de chance* de Félix est à 185° sur le zodiaque, c'est-à-dire le 5° de la Balance.
Le *chiffre* de Félix est le 2.
La *couleur* de Félix est l'orangé.

Caractère type : il craint toujours de commettre un acte irréparable en disant un mot blessant, en faisant de la peine. Il est très vulnérable à l'égard du jugement d'autrui.

Patronyme : Félix se combine mal avec un nom commençant par une consonne sifflante ou par « i ».

Ferdinand

Fêté le 30 mai.

Etymologie : vient du germain « frithu » qui veut dire paix et de « nanths » qui signifie courageux.

Historique : saint Ferdinand III, roi de Castille et d'Aragon, était le fils d'Alphonse IX, roi de Léon et de Bérengère de Castille. Il naquit en 1199. Ayant réuni le Léon et la Castille, il reconquit la plus grande partie de l'Espagne en combattant les Arabes qu'il refoula dans le sud. Il prit Cordoue, la Murcie et Séville. Il imposa le castillan comme langue officielle. Il vécut et mourut chrétiennement en 1252. Il fut canonisé par le pape Clément X en 1671.

D'autres saints et bienheureux ont porté le nom de Ferdinand. Citons entre autres un évêque de Cujasso, fêté le 16 juin.

Personnages célèbres : trois empereurs germaniques. Deux rois d'Aragon et de Sicile. Un empereur d'Autriche. Des rois de Leon, de Galice, de Castille et enfin d'Espagne. Deux rois de Portugal. Un roi de Roumanie. Un tsar de Bulgarie. Des ducs, des comtes à la pelle. Ferdinand Foch, le maréchal. Ferdinand de Lesseps.

La *part de chance* de Ferdinand est à 44° sur le zodiaque, c'est-à-dire le 14° du Taureau.
Le *chiffre* de Ferdinand est le 3.
La *couleur* de Ferdinand est le jaune.

Caractère type: il possède une grande puissance de travail mais il sait ménager sa monture. Il est pourtant porté aux excès car il est volontiers jouisseur. C'est un bon organisateur. Il a du sens pratique. Il manque peut-être un peu de générosité.

Patronyme: Ferdinand se combine mal avec un nom commençant par « an » ou pire « nan ».

Fernand

Voir Ferdinand.

Personnages célèbres: le conquérant Fernando Cortez. L'auteur dramatique Fernand Crommelynck. Fernand Reynaud.

La *part de chance* de Fernand est à 30° sur le zodiaque, c'est-à-dire le 30° du Bélier.
Le *chiffre* de Fernand est le 8.
La *couleur* de Fernand est le jaune.

Caractère type: il aime la vie et en apprécie les plaisirs en gourmet voire en gourmand. Il fait tout ce qu'il peut pour être aimé de l'élue de son cœur. Après avoir papillonné quelque peu dans sa jeunesse, il fonde un foyer qu'il veut heureux. C'est un prénom jovial, assez « petit-bourgeois » et calme.

Patronyme: voir Ferdinand.

Fernande

Voir Ferdinand.

La *part de chance* de Fernande est à 35° sur le zodiaque, c'est-à-dire le 5° du Taureau.
Le *chiffre* de Fernande est le 4.
La *couleur* de Fernande est le jaune.

Caractère type: elle est souvent belle et robuste, charnelle comme les «femmes» de Rubens. Elle est simple, rieuse et gaie, attachée aux traditions, quelque peu paysanne au fond, rassurée par l'abondance des biens. C'est un prénom à sonorité stable.

Patronyme: Fernande se combine mal avec un nom commençant par «d» ou par «an».

Fidèle

Fêté le 24 avril.

Etymologie: vient du latin d'Eglise «fidelis» qui signifie croyant.

Historique: saint Fidèle de Sigmaringen, de son vrai nom Marc Rey, naquit en 1578. Docteur en philosophie, docteur en droit, il devint avocat à Einsiheim. Puis, il se fit Capucin après avoir distribué sa fortune aux pauvres. Il s'efforça de convertir les protestants, particulièrement dans les Grisons. Un groupe d'irréductibles l'assassina dans une prairie voisine de l'église où ils l'avaient enlevé.

D'autres saints et bienheureux ont porté le nom de Fidèle. Citons entre autres un martyr des premiers temps à Côme.

Personnage célèbre: Fidel Castro.

La *part de chance* de Fidèle est à 134° sur le zodiaque, c'est-à-dire le 14° du Lion.
Le *chiffre* de Fidèle est le 5.
La *couleur* de Fidèle est le jaune.

Caractère type: il est ardent et généreux, plein d'idéalisme et de noblesse. Il exerce sur tous un puissant ascendant. Mais « Fidèle » oserait-il être infidèle sous peine de sarcasmes méprisants ?

Patronyme : Fidèle se combine mal avec un nom commençant par « l » ou « é ».

Firmin

Fêté le 25 septembre.

Etymologie : vient du latin « firmus » qui signifie ferme dans ses convictions.

Historique : saint Firmin, évêque d'Amiens, eut sans doute comme successeur un autre saint Firmin. Mais le premier mourut martyr au IVe siècle. Quoi qu'il en soit, la légende a considérablement embrouillé leurs vies et il est bien difficile de dire qui est l'un et qui est l'autre ou s'il n'y en eut qu'un.

D'autres saints et bienheureux ont porté le nom de Firmin. Citons entre autres saint Firmin, évêque d'Uzès. Tout ce qu'on sait de lui c'est qu'il fut l'ami de saint Césaire d'Arles. Il mourut vers 554. Il est fêté le 11 octobre.

Personnage célèbre : l'imprimeur humaniste Firmin Didot.

La *part de chance* de Firmin est à 30° sur le zodiaque, c'est-à-dire le 30° du Bélier.
Le *chiffre* de Firmin est le 6.
La *couleur* de Firmin est l'orangé.

Caractère type : il est réaliste, pratique et on pourrait parfois lui reprocher de manquer de générosité. C'est un prénom un peu ancien, provincial mais solide.

Patronyme : Firmin se combine mal avec un nom commençant par « in » ou pire « min ».

Flora

Fêtée le 24 novembre.

Etymologie : vient du latin « flos, floris » qui signifie fleur.

Historique : sainte Flora naquit à Cordoue en 851, d'un père musulman et d'une mère chrétienne. Elle mourut martyrisée lors des persécutions contre les Chrétiens ordonnées par Abder-Ramman, en 851. Saint Euloge fut emprisonné avec elle et nous a rapporté sa Vie un peu légendaire.

D'autres saintes et bienheureuses ont porté le nom de Flora, de Floria et de Fleur. Citons entre autres sainte Fleur, née à Maurs vers 1300, dans une famille qui comptait dix-neuf enfants. Elle devint très tôt religieuse hospitalière dans l'hôpital d'Issendolus, fondé par l'ordre des Hospitaliers de Jérusalem. Elle fut tentée par le démon mais sut, par la prière et son dur travail, retrouver la paix de l'âme. Elle mourut en 1347. Elle est fêtée le 5 octobre.

Personnages célèbres : « Flora, la belle Romaine » chantée par Villon. Flora Groult, la romancière.

La *part de chance* de Flora est à 21° sur le zodiaque, c'est-à-dire le 21° du Bélier.
Le *chiffre* de Flora est le 7.
La *couleur* de Flora est l'orangé.

Caractère type : énergique, endurante, elle se comporte dans la vie avec droiture. C'est souvent une mère admirable.

Patronyme : Flora se combine mal avec un nom commençant par « a », « r » et à fortiori « ra ».

Florence

Fêtée le 1er décembre.

Etymologie : vient du latin « florens » qui signifie en fleur, florissant (dans la foi).

Historique : sainte Florence était la sœur de saint Isidore de Séville et donc aussi de saint Léandre. C'est à peu près tout ce qu'on sait d'elle.

D'autres saintes et bienheureuses ont porté le nom de Florence. Citons entre autres cette jeune florentine, convertie par saint Hilaire et qui mourut dans un couvent à Combes en 360. Elle est aussi fêtée le 1er décembre.

Personnage célèbre : Florence Nightingale.

La *part de chance* de Florence est à 100° sur le zodiaque, c'est-à-dire le 10° du Cancer.
Le *chiffre* de Florence est le 6.
La *couleur* de Florence est l'orangé.

Caractère type : c'est souvent une lymphatique qui passe par des périodes d'activité intense. Elle manque parfois de volonté, mais la ténacité lui en tient lieu.

Patronyme : Florence se combine mal avec un nom commençant par une consonne sifflante ou par « en ».

Florent

Fêté le 7 novembre.

Etymologie : vient du latin « florens » qui signifie en fleur, florissant (dans la foi).

Historique : saint Florent fut au VIIe siècle, le septième évêque de Strasbourg. Il venait peut-être de Rome et aurait été tenté un moment par la vie érémitique. Il mourut vers 600.

D'autres saints et bienheureux ont porté le nom de Florent. Citons entre autres saint Florent de Saumur à qui l'on doit le monastère de Saint-Florent, bien entendu. Il est fêté le 22 septembre. Citons encore un évêque de Cahors au IVe siècle. Il est fêté le 4 juillet.

Personnage célèbre : le compositeur Florent Schmitt.

La *part de chance* de Florent est à 115° sur le zodiaque, c'est-à-dire le 25° du Cancer.
Le *chiffre* de Florent est le 9.
La *couleur* de Florent est l'orangé.

Caractère type : très subjectif, il se dégage mal de son affectivité. Il est charmant, sensible et délicat. La poésie est sa grande affaire. Il est toujours dans la lune quoique possédant une très bonne mémoire.

Patronyme : Florent se combine mal avec un nom commençant par « an » ou pire par « ran ».

Florentin

Voir Florent. Fêté le 24 octobre.

Historique : saint Florentin fut le premier abbé de Saint-Pierre d'Arles. Il était le disciple de saint Césaire. Son épitaphe en vers se trouve sur son tombeau. C'est le premier exemple du genre en Occident. Il mourut à soixante-dix ans, en 553.

D'autres saints et bienheureux ont porté le nom de Florentin. Citons entre autres un ermite à Bonnet dans la Meuse. Il est fêté le 24 octobre aussi.

La *part de chance* de Florentin est à 175° sur le zodiaque, c'est-à-dire le 25° de la Vierge.
Le *chiffre* de Florentin est le 5.
La *couleur* de Florentin est l'orangé.

Caractère type : il est tourmenté dès qu'il éprouve un léger malaise, aussi sa pharmacie est-elle un modèle du genre. Précis, exact, attentif aux détails, il veut que l'ordre règne dans sa vie comme dans sa maison.

Patronyme : Florentin se combine mal avec un nom commençant par « in », « en » ou pire par « tin ».

Florentine

Voir Florentin.

La *part de chance* de Florentine est à 180° sur le zodiaque, c'est-à-dire le 30° de la Vierge.
Le *chiffre* de Florentine est le 1.

La *couleur* de Florentine est l'orangé.

Caractère type: elle est gracieuse, fine et pleine de charme. Ce charme l'aide souvent à réussir dans la vie. Ne porte-t-elle pas un prénom dont la sonorité évoque le ciel italien?

Patronyme: Florentine se combine mal avec un nom commençant par «n» ou «i» ou pire «ti».

Florian

Fêté le 4 mai.

Etymologie: vient du latin «florus» qui veut dire fleuri.

Historique: saint Florian était officier de l'armée romaine. Chrétien, il fut jeté dans la rivière d'Enns, une lourde pierre au cou. Il mourut ainsi en 304. Il est invoqué contre les inondations et les incendies.

Personnage célèbre: le fabuliste Florian.

La *part de chance* de Florian est à 81° sur le zodiaque, c'est-à-dire le 21° des Gémeaux.
Le *chiffre* de Florian est le 8.
La *couleur* de Florian est l'orangé.

Caractère type: intelligent, s'exprimant avec facilité, il manie volontiers le paradoxe. Il travaille d'arrache-pied tout en faisant croire qu'il n'est qu'un dilettante.

Patronyme: Florian se combine mal avec un nom commençant par «an», «en», «un», «in» ou «on».

Florine

Fêtée le 1er mai.

Etymologie: voir Florian.

Historique: sainte Florine, pour échapper à l'invasion des Alamans, se réfugia dans une vallée du Puy-de-Dôme qui porte toujours son nom. Elle fut peut-être martyrisée.

La *part de chance* de Florine est à 85° sur le zodiaque, c'est-à-dire le 25° des Gémeaux.
Le *chiffre* de Florine est le 7.
La *couleur* de Florine est l'orangé.

Caractère type : femme, on retrouve en elle la petite fille et l'adolescente qui cherche sa personnalité réelle. Elle ne respecte que ceux qui ont une forte autorité morale.

Patronyme : Florine se combine mal avec un nom commençant par « n », « i » ou « r ».

France

Voir Françoise, dont France est un diminutif occitan.

Personnage célèbre : la chanteuse France Gall.

La *part de chance* de France est à 356° sur le zodiaque, c'est-à-dire le 26° des Poissons.
Le *chiffre* de France est le 2.
La *couleur* de France est le bleu.

Caractère type : elle est souvent rêveuse et volontiers dans la lune. Sa personnalité faite de charme et de mystère alliés à un parfait naturel lui vaut de nombreux succès.

Patronyme : France se combine mal avec un nom commençant par une consonne sifflante ou par « an ».

Francine

Voir Françoise, dont Francine est un diminutif, souvent méridional.

La *part de chance* de Francine est à 57° sur le zodiaque, c'est-à-dire le 27° du Taureau.
Le *chiffre* de Francine est le 7.
La *couleur* de Francine est l'orangé.

Caractère type : c'est une artiste accomplie. En outre, elle ne manque pas de sens pratique. C'est de toute façon une auxiliaire idéale, aimant le travail bien fait et consciencieuse. Le défaut de sa cuirasse : souvent, elle ne peut se passer des hommes.

Patronyme : Francine se combine mal avec un nom commençant par une consonne sifflante et par « i » ou « n ».

Francis

Voir François, dont Francis est un diminutif souvent méridional.

Personnages célèbres : Francis Bacon. Francis Jammes. Francis Carco. Francis Poulenc.

La *part de chance* de Francis est à 11° sur le zodiaque, c'est-à-dire le 11° du Bélier.
Le *chiffre* de Francis est le 7.
La *couleur* de Francis est le bleu.

Caractère type : il aime le risque pour « défouler » son trop-plein de dynamisme. Il est volontaire et courageux. Il a le cœur sur la main. Il cultive souvent son « machismo » ce qui peut séduire certaines femmes.

Patronyme : Francis se combine mal avec un nom commençant par une consonne sifflante ou par « i ».

Franck

Voir François.

Personnage célèbre : Frank Sinatra, le célèbre chanteur et acteur américain.

La *part de chance* de Franck est à 11° sur le zodiaque, c'est-à-dire le 11° du Bélier.
Le *chiffre* de Franck est le 8.
La *couleur* de Franck est le bleu.

Caractère type : il ne s'avoue jamais vaincu ou il en « crève ». Courageux, volontaire, il peut devenir violent. Il est plein d'audace. Il a parfois du génie. La sonorité du prénom est brève, puissante et très « retenue ».

Patronyme : Franck se combine mal avec un nom commençant par une consonne dure.

François

Fêté le 4 octobre.

Etymologie : vient du latin « Franci » qui veut dire Francs ou de « francus », nom dérivé, qui signifie homme libre.

Historique : saint François d'Assise aurait pu s'appeler Jean. C'est du moins le prénom que sa mère avait choisi en l'absence du père en voyage d'affaires — il était marchand drapier. A son retour, il débaptisa le petit enfant et l'appella Francesco tant il gardait de bons souvenirs de la France d'où il venait. Le petit saint François était une sorte de don Quichotte qui ne rêvait que plaies et bosses pour la bonne cause. Celle-ci se présenta en 1201 lorsqu'une rivalité armée opposa Pérouse à Assise. Manque de chance, il fut fait prisonnier et resta un an à méditer sur la chevalerie au fond d'une geôle. Il n'en fut pas guéri et s'engagea en 1205 dans les troupes pontificales pour se battre en Apulie. A son retour, il fut visité par un songe qui lui révéla l'existence qu'il devait mener. Malgré sa famille, il distribua tous ses biens aux pauvres et se vêtit d'une robe de bure nouée à la taille par une simple cordelette. Bientôt des disciples vinrent le trouver et il fonda alors l'ordre des Frères mineurs dont l'idéal est fait de paix, de détachement, de joie et de pureté. C'était pour la première fois depuis longtemps un ordre « poétique ». Le pape Innocent III approuva la règle de saint François. Sainte Claire, avec l'approbation de saint François, créa le second ordre franciscain, les Pauvres Dames ou Clarisses. Saint François d'Assise tenta alors d'aller évangéliser les musulmans en Syrie puis en Espagne. Ce ne fut pas une glorieuse équipée, mais à son retour, il renouvella le tiers ordre franciscain et remania la règle, qui fut approuvée par le pape Honorius III.

Un an plus tard, en 1224, saint François constata avec une surprise mêlée de joie qu'il portait les stigmates du Christ. Malade, il n'en composa pas moins son chef-d'œuvre: le Cantique au soleil. Il mourut en 1226 dans une des cabanes du Portioncule d'où tout était parti — et bien parti. Les Franciscains se répandirent partout dans le monde.

D'autres saints et bienheureux ont porté le nom de François. Citons en premier lieu saint François de Sales, issu d'une famille de petite noblesse. Il s'engagea très tôt dans la carrière ecclésiastique puisqu'il fut tonsuré en 1579, c'est-à-dire à douze ans. On le vit étudiant à la Sorbonne puis à Padoue. Il revint à Annecy, où l'évêque de Genève, en exil, lui commanda de partir à la reconquête des protestants. Ce ne fut pas une brillante réussite. Il se rendit alors à Paris, où il devint peu s'en faut un prêtre mondain. Au retour, il fut nommé évêque de Genève. Il se battit de nouveau pour ramener les brebis égarées du protestantisme. C'est lors d'un prêche qu'il rencontra Jeanne-Françoise de Chantal, qui fonda, grâce à ses conseils, l'ordre de la Visitation. Saint François de Sales laissa entre autres deux chefs-d'œuvre: l'Introduction à la vie dévote et le Traité de l'Amour de Dieu. Il mourut à Lyon, en 1622, dans un couvent de Visitandines. Il est fêté le 24 janvier. Il a été proclamé Docteur de l'Eglise.

Citons encore saint François de Paule qui fut voué dès le berceau à devenir Franciscain. Il préféra la vie érémitique, mais des disciples le suivirent, attirés par ses miracles, disait-on. Il créa pour eux un monastère à Paule, dans le royaume de Naples, où saint François de Paule était né et avait vécu. La règle qu'il imposa à ses Minimes est d'une grande rigueur. Elle fut approuvée par le pape Sixte IV. C'est alors que Louis XI, toujours pieux jusqu'à la superstition, eut vent de ce saint miraculeux et le fit venir pour qu'il le guérît. Le saint se rendit donc à Plessis-les-Tours où souffrait le roi de France et se contenta de le préparer à bien mourir. Saint François de Paule resta vingt-cinq ans en France où il réussit à vivre en même temps en ermite et à propager son ordre. Il mourut en 1507. Il est fêté le 2 avril.

Pour être complet, il faut encore citer saint François Xavier, disciple de saint Ignace de Loyola, et un des fondateurs de la Compagnie de Jésus qui alla évangéliser les indigènes des Indes portugaises, du Japon et même de la Chine où il mourut en 1552. Il est fêté le 3 décembre. Et encore saint

François Borgia que la vision d'un cadavre détourna de la vie mondaine et frivole pour entrer, à la mort de son épouse à qui il avait quand même fait huit enfants... dans la Compagnie de Jésus, dont il devint général et un excellent général, qui propagea les Jésuites partout dans le monde. Il mourut en 1572. Il est fêté le 3 octobre. Nommons enfin saint François Caracciolo, attiré par l'idéal franciscain et qui fonda la Congrégation des Clercs réguliers mineurs. Il mourut en 1608. Il est fêté le 4 juin.

Personnages célèbres : deux rois de France : François Ier le Grand et François II le petit. Deux empereurs du saint empire germanique. Un empereur d'Autriche : François-Joseph Ier. Un archiduc d'Autriche, qui fut assassiné à Sarajevo, ce qui déclencha la Grande Guerre. Deux ducs de Bretagne. Deux rois des Deux-Siciles. Un roi d'Espagne éphémère. Cinq ducs de Modène. François Rabelais. François Fénelon. François Couperin. François Mauriac.

La *part de chance* de François est à 11° sur le zodiaque, c'est-à-dire le 11° du Bélier.
Le *chiffre* de François est le 4.
La *couleur* de François est le bleu.

Caractère type : il vit à un rythme à peine supportable. Il possède un trop-plein de dynamisme qu'il emploie à courir les risques les plus insensés. Il ne s'avoue jamais battu. Toutes ses réactions sont immédiates et spontanées. Malheur à celui qui le trahit, car il ne comprend même pas le mensonge. Avec ça, le cœur sur la main et une fidélité à toute épreuve pour ses amis sinon pour la femme qu'il aime. C'est souvent un parfait second.

Patronyme : François se combine mal avec un nom commençant par « a » ou une consonne sifflante.

Françoise

Fêtée le 9 mars.

Etymologie : voir François.

Historique : sainte Françoise naquit à Rome en 1384, dans une famille patricienne. Elle épousa à douze ans Lorenzo di Ponziani, dont elle eut plusieurs enfants. Elle mena cependant une vie austère, pieuse et charitable. Elle assistait aux mondanités, un cilice sous sa robe. La peste de 1414 lui fit faire des prodiges de dévouement. Elle recruta bientôt d'autres Romaines qui se groupèrent pour former les Oblates de Marie, obéissant à la règle bénédictine. Veuve, elle devint la supérieure du couvent qu'elle avait fondé. Elle joua un rôle de médiatrice pendant le Grand Schisme d'Occident. Elle mourut près de son fils en 1440. On dit qu'elle s'entretenait avec son ange gardien. Ce fut en tout cas une mystique.

D'autres saintes et bienheureuses ont porté le nom de Françoise. Citons entre autres sainte Françoise-Xavière Cabrini qui fonda la congrégation des Sœurs missionnaires du Sacré-Cœur et qui, à la demande de l'évêque de New York, traversa l'Atlantique pour aider les immigrants italiens particulièrement nombreux. Elle mourut à Chicago en 1917, après avoir accompli sa mission. Elle est fêtée le 22 décembre.

Personnages célèbres : les écrivains Françoise Mallet-Joris, Françoise Xénakis. Françoise Giroud.

La *part de chance* de Françoise est à 16° sur le zodiaque, c'est-à-dire le 16° du Bélier.
Le *chiffre* de Françoise est le 9.
La *couleur* de Françoise est le rouge.

Caractère type : elle a de l'énergie et de l'endurance. Elle se comporte avec droiture et rigueur. Elle ne sait pas cacher ses sentiments. C'est souvent une mère admirable mais qui a parfois ses préférés. Elle est très dévouée.

Patronyme : Françoise se combine mal avec un nom commençant par une consonne sifflante.

Franz

Voir François, dont Franz est l'équivalent germanique.

Personnages célèbres : Franz Liszt. Franz Schubert.

La *part de chance* de Franz est à 238° sur le zodiaque, c'est-à-dire le 28° du Scorpion.
Le *chiffre* de Franz est le 2.
La *couleur* de Franz est le bleu.

Caractère type : il peut réaliser de grandes choses, servi par une énergie et une endurance remarquables, un orgueil parfois implacable qui le rend souvent dur, cruel, méprisant. Mais pour une cause qui en vaut la peine, il sacrifierait sa santé voire sa vie.

Patronyme : Franz se combine mal avec un nom commençant par une consonne sifflante ou par « an », « un », « on ».

Freddy

Voir Frédéric, dont Freddy est un diminutif.

La *part de chance* de Freddy est à 303° sur le zodiaque, c'est-à-dire le 3° du Verseau.
Le *chiffre* de Freddy est le 8.
La *couleur* de Freddy est le jaune.

Caractère type : il est très indépendant et a horreur des contraintes. Il a l'esprit vif et curieux, hors des chemins battus. Il a le sens de l'amitié. C'est un être foncièrement bon.

Patronyme : Freddy se combine mal avec un nom commençant par « i », « d » ou à fortiori « di ».

Frédéric

Fêté le 18 juillet.

Etymologie : vient du germain « frithu » qui signifie protection et paix, et « rik » qui veut dire roi.

Historique : saint Frédéric, évêque d'Utrecht au IXe siècle, fut assassiné sur l'ordre de Judith, femme de l'empereur Louis-le-Pieux, parce qu'il avait osé blâmer l'inconduite de cette impératrice. Les coups furent portés en 838, vraisemblablement. C'est à peu près tout ce qu'on sait de ce saint.

D'autres saints et bienheureux ont porté le nom de Frédéric. Citons entre autres un moine de Saint-Vaast, mort en 1020. Il est fêté le 6 janvier.

Personnages célèbres : trois empereurs germaniques. Des rois de Prusse, de Danemark et de Norvège, des princes, des grands-ducs, des ducs, des comtes palatins, etc. Frédéric Chopin. Friedrich Nietzsche. Frédéric Mistral. Frédéric Smetana. Federico Garcia Lorca. Friedrich Hegel.

La *part de chance* de Frédéric est à 164° sur le zodiaque, c'est-à-dire le 14° de la Vierge.
Le *chiffre* de Frédéric est le 5.
La *couleur* de Frédéric est le jaune.

Caractère type : il sait faire preuve de patience et d'ingéniosité ; il est exact et minutieux. Il peut être un chef de premier plan. Il est présent dès qu'il faut mettre de l'ordre.

Patronyme : Frédéric se combine mal avec un nom commençant par une consonne dure ou un « i ».

Frédérique

Voir Frédéric.

Personnage célèbre : la romancière Frédérique Hébrard.

La *part de chance* de Frédérique est à 145° sur le zodiaque, c'est-à-dire le 25° du Lion.
Le *chiffre* de Frédérique est le 9.
La *couleur* de Frédérique est le jaune.

Caractère type : elle aime s'entourer d'admirateurs. Il est vrai qu'elle est souvent belle, brillante et passionnée.

Patronyme : voir Frédéric.

Gabriel

Fêté le 29 septembre.

Etymologie : vient de l'hébreu « gabar » qui veut dire force et de « el » (contraction d'Elohim) qui signifie Dieu.

Historique : saint Gabriel est, avec saint Michel et saint Raphaël, un des trois archanges nommés dans la Bible. Saint Gabriel apparut à Daniel dans l'Ancien Testament. Dans le Nouveau, il annonça la naissance prochaine de saint Jean-Baptiste à son père Zacharie qui n'espérait plus de fils, son épouse Elisabeth ayant passé l'âge d'enfanter. C'est le même archange qui apparut à Marie pour lui dire qu'elle mettrait au monde Jésus qu'on appellerait Fils du Très-Haut. Il est le saint patron des postiers et des télécommunications.

D'autres saints et bienheureux, humains ceux-là, ont porté le nom de Gabriel. Citons entre autres saint Gabriel dell'Addolorata, né à Assise en 1838, éduqué par les Jésuites, qui entra chez les Passionistes où il mourut à 24 ans, après avoir montré une dévotion toute particulière à Notre-Dame des Sept Douleurs. Il est fêté le 27 février. Il est le saint patron des novices et des séminaristes, parce que, comme disait Pie X, lors de sa béatification : « il n'a rien produit d'extraordinaire, son modèle est à la portée de tous ». Citons encore saint Gabriel Lalemant, jésuite français, martyrisé par les Iroquois au Canada. Il mourut horriblement torturé en 1649. Il est fêté le 26 septembre.

Personnages célèbres : les familles d'architectes des XVIIe et XVIIIe siècles : les Gabriel. Le romancier Gabriele d'Anunzio. Le philosophe Gabriel Marcel. Les compositeurs Gabriel Fauré et Gabriel Pierné.

La *part de chance* de Gabriel est à 251° sur le zodiaque, c'est-à-dire le 11° du Sagittaire.
Le *chiffre* de Gabriel est le 9.
La *couleur* de Gabriel est le bleu.

Caractère type : toujours insatisfait, il ne rêve que de voyages et de se dépasser intellectuellement.

Patronyme : Gabriel se combine mal avec un nom commençant par « l ».

Gabrielle

Voir Gabriel

Personnages célèbres: la favorite d'Henri IV, Gabrielle d'Estrées. Gabrielle Réju, dite Réjane, la comédienne. Gabrielle Colette, dite Colette, la romancière.

La *part de chance* de Gabrielle est à 286° sur le zodiaque, c'est-à-dire le 16° du Capricorne.
Le *chiffre* de Gabrielle est le 8.
La *couleur* de Gabrielle est le bleu.

Caractère type: elle est souvent pleine de séduction et vieillit bien. Le mensonge lui fait horreur. Elle pourrait paraître trop sérieuse et trop retenue si elle n'était sauvée par un sens aigu de l'humour.

Patronyme: voir Gabriel.

Gaby

Voir Gabriel, dont Gaby est un diminutif plus féminin que masculin.

Personnage célèbre: l'actrice Gaby Morlay.

La *part de chance* de Gaby est à 16° sur le zodiaque, c'est-à-dire le 16° du Bélier.
Le *chiffre* de Gaby est le 8.
La *couleur* de Gaby est le bleu.

Caractère type: elle ne parvient pas à mettre un frein à son activité débordante. C'est — si l'on peut dire — une Gabrielle qui éclate. Elle fait beaucoup pour ceux qu'elle aime.

Patronyme: Gaby se combine mal avec un nom commençant par « i », « b » ou pire « bi ».

Gaétan

Fêté le 8 août.

Etymologie : vient du latin « caietanus » qui veut dire « habitant de la ville de Gaète ».

Historique : saint Gaétan de Thienne naquit à Vicence en 1480. Après avoir étudié le droit canon à Padoue, il se fit prêtre et fonda, avec le futur Paul IV, une congrégation, les Théatins, dévoués aux pauvres et pauvres eux-mêmes. Il mourut en 1547.

La *part de chance* de Gaétan est à 100° sur le zodiaque, c'est-à-dire le 10° du Cancer.
Le *chiffre* de Gaétan est le 3.
La *couleur* de Gaétan est l'orangé.

Caractère type : charmant, délicat, poétique, rendu précieux par son prénom désuet, il est aussi rêveur. Il a la spontanéité de l'enfance. Il demeure d'ailleurs très longtemps en quête d'une « mère » plutôt que d'une « femme ».

Patronyme : Gaétan, prénom très « féminisé », se combine mal avec les noms commençant par « an ».

Gaétane

Voir Gaétan.

La *part de chance* de Gaétane est à 105° sur le zodiaque, c'est-à-dire le 15° du Cancer.
Le *chiffre* de Gaétane est le 8.
La *couleur* de Gaétane est l'orangé.

Caractère type : elle est volontiers « malade » de tout et de rien. C'est souvent une nerveuse mais une nerveuse lymphatique. Elle aime rêver et se travestir comme elle travestit la réalité pour se rendre, et la rendre plus belle.

Patronyme : Gaétane se combine mal avec un nom commençant par « n » ou par « a ».

Gaspard

Fêté le 2 janvier.

Etymologie : vient du latin « gaspardus » dont la racine est peut-être sanscrite : « gathaspa » qui signifie celui qui vient voir. N'oublions pas en effet que l'un des trois rois mages, celui qui portait l'encens, s'appelait Gaspard. Il est fêté bien entendu à l'Epiphanie.

Historique : saint Gaspard del Bufalo n'était pas américain et ami de Buffalo Bill mais de Pie VII, qu'il suivit dans son exil après le coup de tête de Napoléon. Revenu à Rome, où il était né en 1786, il se fit prédicateur et sut donner de la voix non sans effets dignes de la Scala. Mais ce fut efficace et il ramena ainsi à l'Eglise beaucoup de brebis égarées. En 1815, ayant besoin de disciples de sa trempe, il fonda la congrégation des missionnaires du Précieux Sang, pour évangéliser le peuple italien privé de prêtres. Il mourut en 1836.

Personnages célèbres : Gaspard Hauser, l'énigmatique vagabond. « Gaspard de la nuit », l'œuvre maîtresse d'Aloysius Bertrand.

La *part de chance* de Gaspard est à 229° sur le zodiaque, c'est-à-dire le 19° du Scorpion.
Le *chiffre* de Gaspard est le 3.
La *couleur* de Gaspard est le rouge.

Caractère type : la résonance du prénom est « rougeâtre », elle aussi. C'est un prénom de feu. Gaspard est également stimulé par les obstacles ; le danger lui donne des ailes. Il n'accepte jamais d'être vaincu. Mais gare à l'orgueil qui peut tout compromettre.

Patronyme : Gaspard se combine mal avec un nom commençant par « r » ou « a ».

Gaston

Fêté le 6 février.

Etymologie : vient du germain « gast » qui signifie hôte.

Historique : saint Gaston ou saint Vaast eut pour tâche d'évangéliser les païens francs et surtout d'apprendre le catéchisme à Clovis. Evêque d'Arras, nommé par saint Remi, il évangélisa à qui mieux mieux et construisit de nombreuses églises. Il mourut en 540. On édifia sur son tombeau l'abbaye de Saint-Vaast, noyau de la ville d'Arras.

Personnages célèbres : plusieurs comtes de Foix et vicomtes de Béarn, dont le célèbre Gaston III Phoebus. Gaston, chef vendéen. Gaston Leroux. Gaston Doumergue.

La *part de chance* de Gaston est à 104° sur le zodiaque, c'est-à-dire le 14° du Cancer.
Le *chiffre* de Gaston est le 4.
La *couleur* de Gaston est le vert.

Caractère type : le prénom est « introverti », sourd, effacé ; le *a* disparaît dans la sonorité *on*. Gaston éprouve très fort ses émotions et ses sensations. Il se dégage difficilement de son affectivité. Il possède une excellente mémoire.

Patronyme : Gaston se combine mal avec un nom commençant par « on ».

Gautier

Fêté le 8 avril.

Etymologie : vient du germain « waldan » qui veut dire gouverner et « heri » qui signifie armée.

Historique : saint Gautier, abbé de Saint-Martin de Pontoise, prenait plus souvent la poudre d'escampette pour vivre en ermite ou sur les routes que d'écouter vêpres et complies dans son monastère. On le rattrapait et on le ramenait. Il mourut quand même dans son abbaye en 1099...

Personnages célèbres : Gautier sans Avoir, chef de bande qui suivit Pierre l'Ermite à la première croisade. Gautier d'Arras, poète du XIIe siècle. Gautier de Coincy, autre poète des XIIe et XIIIe siècles qui inspira Rutebeuf. Encore un poète du

XIIe : Gautier de Lille, qui écrivit un poème célèbre au Moyen Age : la Geste d'Alexandre le Grand. On appela Gautiers, au XVIe siècle, des paysans qui se soulevèrent contre les nobles terriens.

La *part de chance* de Gautier est à 265° sur le zodiaque, c'est-à-dire le 25° du Sagittaire.
Le *chiffre* de Gautier est le 9.
La *couleur* de Gautier est l'orangé.

Caractère type : il veut être différent de ce qu'il est, plus aimé. Il y a en lui une volonté de progrès qui peut aller loin.

Patronyme : Gautier, qui s'orthographie parfois **Gauthier**, se combine mal avec un nom commençant par « é » ou « er ».

Geneviève

Fêtée le 3 janvier.

Etymologie : vient du germain « geno » qui signifie race et « wîfa » qui veut dire dame.

Historique : sainte Geneviève, née à Nanterre de noble famille, vers 420, vint chez sa marraine à Paris lorsqu'elle fut orpheline. Elle vécut comme les religieuses non cloîtrées et manifesta une piété et un dévouement remarquables. Sa charité était extraordinaire. En outre, elle fut à l'origine d'une basilique en l'honneur de saint Denis qu'elle vénérait particulièrement. Quand Attila, en 451, envahit l'Est de la France et anéantit Metz, sainte Geneviève, en s'inspirant des exemples tirés de la Bible, empêcha la plus grande partie des Parisiens de fuir. Attila s'étant détourné de Paris, on y vit un miracle et on l'attribua à sainte Geneviève. Les Francs assiégeant Paris, sainte Geneviève sauva une seconde fois la ville en allant chercher des vivres aux environs de Troyes. Elle mourut en 510 dans sa bonne ville de Paris, dont elle est la sainte patronne. Jusqu'à la Révolution française, on promena sa châsse au moment où Paris courait un danger. Le Panthéon est élevé au-dessus de sa tombe. Mais c'est à l'église Saint-Etienne-du-Mont, sur sa colline qu'il faut la vénérer.

Personnage célèbre : Geneviève de Brabant, héroïne d'un conte du Moyen Age et que certains auraient voulu béatifier.

La *part de chance* de Geneviève est à 95° sur le zodiaque, c'est-à-dire le 5° du Cancer.
Le *chiffre* de Geneviève est le 4.
La *couleur* de Geneviève est le rouge.

Caractère type : le prénom est clair, net, appuyé sur l'ouverture de la dernière syllabe. Geneviève a de la ténacité mais manque parfois de volonté. La maternité fait d'elle un être responsable, plus sûre d'elle. Dès lors, elle sait faire preuve d'autorité.

Patronyme : Geneviève se combine mal avec un nom commençant par « v » ou « f ».

Geoffroy

Fêté le 8 novembre.

Etymologie : vient du germain « gaut » qui veut dire Dieu et « frid » qui signifie paix.

Historique : saint Geoffroy naquit dans la région de Soissons vers 1065. D'abord abbé de Nogent-sur-Coucy, il devint évêque d'Amiens et participa au mouvement communal pour appuyer les bourgeois contre les seigneurs. Mais l'affaire tourna mal et il fut obligé de se retirer à la Grande-Chartreuse d'où il revint plus tard occuper son siège épiscopal à Amiens. Il mourut à Saint-Crépin-de-Soissons, dans une abbaye, en 1115.

D'autres saints et bienheureux ont porté le nom de Geoffroy.

Personnalités célèbres : six comtes d'Anjou. Deux princes d'Achaïe. Un cardinal français. Geoffroy de Monmouth, prélat et écrivain gallois, auteur d'une histoire des rois de Bretagne. Geoffroy d'Auxerre qui quitta son maître Abélard pour suivre saint Bernard. Un chancelier d'Angleterre. Geoffroy de Beaulieu, confesseur et ami de saint Louis.

La *part de chance* de Geoffroy est à 58° sur le zodiaque, c'est-

à-dire le 28° du Taureau.
Le *chiffre* de Geoffroy est le 7.
La *couleur* de Geoffroy est le jaune.

Caractère type : il possède une grande puissance de travail. Il aime la vie et a le sens de la beauté qui l'émeut souvent. Il est assez secret malgré un abord chaleureux. Il ne fait pas confiance au premier venu.

Patronyme : Geoffroy se combine mal avec un nom commençant par « a » ou « roi ».

Georges

Fêté le 23 avril.

Etymologie : vient du grec « gheorghios » qui signifie travailleur de la terre.

Historique : saint Georges terrassant le dragon qui terrifie les Lybiens, saint Georges arrêté sous Dioclétien, etc. légendes que tout cela ! Saint Georges, preux chevalier, patron de l'Angleterre a tout bonnement été « enlevé » du calendrier romain actuel. Pourtant un Georges a été martyrisé au IIIe siècle à Lydda (Lod actuellement en Israël). Mais...

D'autres saints et bienheureux ont porté le nom de Georges. Citons entre autres le patriarche de Constantinople fêté le 18 août.

Personnages célèbres : six rois d'Angleterre. Onze rois de Géorgie. Deux rois de Grèce. Deux rois de Bulgarie. Un roi de Bohème. Des grands-princes russes, des ducs de Saxe. Des poètes et des chroniqueurs byzantins. Le zoologiste Georges Cuvier. George Byron. George Washington. Georges Clémenceau. Georges Bizet. Georges Courteline. Georges Feydeau. Georges Bernanos. Georges Perec. Georges Brassens.

La *part de chance* de Georges est à 226° sur le zodiaque, c'est-à-dire le 16° du Scorpion.
Le *chiffre* de Georges est le 4.
La *couleur* de Georges est le jaune.

Caractère type : il peut sacrifier ses meilleures heures, sa santé et même sa vie à des réalisations qui en valent la peine. Il fait alors preuve d'énergie et d'endurance. Mais parfois il est dur, voire cruel pour les faibles. Il se passionne souvent pour la philosophie ou la métaphysique.

Patronyme : Georges se combine mal avec un nom commençant par un « g » ou un « j ».

Georgette

Voir Georgia ou Georges.

Personnages célèbres : Georgette Leblanc, égérie incandescente de Maurice Maeterlinck et sœur de l'auteur d'Arsène Lupin. La chanteuse Georgette Lemaire.

La *part de chance* de Georgette est à 11° sur le zodiaque, c'est-à-dire le 11° du Bélier.
Le *chiffre* de Georgette est le 3.
La *couleur* de Georgette est le jaune.

Caractère type : énergique et endurante, elle se comporte dans l'existence avec beaucoup de droiture. Elle est capable de donner beaucoup à ceux qu'elle aime. Par orgueil, elle refusera bien souvent de se venger d'un affront. Elle est capable d'exercer des métiers d'hommes mieux que ceux-ci. Elle se bat parfois avec courage pour des causes perdues.

Patronyme : Georgette se combine mal avec un nom commençant par « t » ou « d ».

Georgia

Fêtée le 15 février.

Etymologie : voir Georges.

Historique : sainte Georgia était une vierge pieuse qui vécut et mourut effacée, au VIe siècle, près de Clermont-Ferrand. La légende raconte qu'à sa mort un vol de colombes survola son cercueil.

La *part de chance* de Georgia est à 292° sur le zodiaque, c'est-à-dire le 22° du Lion.
Le *chiffre* de Georgia est le 8.
La *couleur* de Georgia est le jaune.

Caractère type: elle s'enflamme pour un homme ou pour une idée qu'elle défendra s'il le faut de toutes ses forces. Elle est courageuse et capable de prouesses lorsque le destin l'y contraint ou lorsque l'ambition l'y pousse. C'est une femme sur qui, en tout cas, on peut compter.

Patronyme: Georgia se combine mal avec un nom commençant par « a » ou « g ».

Georgina

Voir Georgia ou Georges.

La *part de chance* de Georgina est à 342° sur le zodiaque, c'est-à-dire le 12° des Poissons.
Le *chiffre* de Georgina est le 4.
La *couleur* de Georgina est le jaune.

Caractère type: elle est douce et rêveuse, comme l'est la résonance de la deuxième syllabe de son prénom. Elle est un peu dans la lune. Elle fait preuve de plus de bonne volonté que d'efficacité.

Patronyme: Georgina se combine mal avec un nom commençant par « a », « n » ou pire « na ».

Georgine

Voir Georgia ou Georges.

La *part de chance* de Georgine est à 346° sur le zodiaque, c'est-à-dire le 16° des Poissons.
Le *chiffre* de Georgine est le 8.
La *couleur* de Georgine est le jaune.

Caractère type : très intuitive, elle a l'intelligence de se fier à ses intuitions. Elle ressent ce que les autres n'éprouvent pas. Avec ça, souvent « dans la lune ».

Patronyme : Georgine se combine mal avec un nom commençant par « n » ou « i ».

Gérald

Fêté le 5 décembre.

Etymologie : vient du germain « ger » qui signifie lance et de « waldan » qui veut dire gouverner.

Historique : saint Gérald vécut au IXe siècle. Très tôt, il fut moine à l'abbaye de Moissac, où il se fit remarquer par sa sagesse. Si bien que le clergé espagnol, à l'instigation de l'évêque de Tolède, lui demanda de venir mettre un peu d'ordre dans les affaires de l'église espagnole. Ce fut alors au tour de l'évêque de Braga de l'appeler au secours pour réformer les mœurs du clergé portugais. Il réprima les excès des seigneurs qui se croyaient tout-puissants sur les prêtres. Il mourut, ayant accompli une bonne part de sa tâche, dans l'église de Bornos, sur un linceul de cendres, en 1109.

D'autres saints et bienheureux ont porté le nom de Gérald. Citons entre autres un évêque de Mayo au VIIIe siècle. Il est fêté le 13 mars.

La *part de chance* de Gérald est à 243° sur le zodiaque, c'est-à-dire le 3° du Sagittaire.
Le *chiffre* de Gêrald est le 2.
La *couleur* de Gérald est le bleu.

Caractère type : son prénom est très « ouvert ». Gérald est un grand voyageur devant l'Eternel hors des frontières extérieures et aussi des intérieures.

Patronyme : Gérald se combine mal avec un nom commençant par « d » ou « l ».

Géraldine

Voir Gérald.

Personnage célèbre : Géraldine Chaplin.

La *part de chance* de Géraldine est à 308° sur le zodiaque, c'est-à-dire le 8° du Verseau.
Le *chiffre* de Géraldine est le 3.
La *couleur* de Géraldine est le bleu.

Caractère type : elle a plusieurs visages. A la fois crédule, intelligente et enfantine, capricieuse, généreuse et agressive, elle aime profiter de l'imprévu, conserver le temps de vivre et échapper à toutes les formes d'esclavage.

Patronyme : Géraldine se combine mal avec un nom commençant par « n » ou « i ».

Gérard

Fêté le 23 avril.

Etymologie : vient du germain « ger » qui signifie lance et « hard » qui veut dire dur.

Historique : saint Gérard était humble et pieux si bien qu'on dut lui forcer la main pour qu'il accepte d'être évêque de Toul, mais une fois en place, il fit des prodiges. Il fit reconstruire la cathédrale, fonda des monastères et des écoles. Il fit même des miracles, s'il faut en croire ses hagiographes. Il mourut en 924. En 1050, il était canonisé.

D'autres saints et bienheureux ont porté le nom de Gérard. Citons entre autres cet ancien officier du comte de Namur qui devint moine à l'abbaye de Saint-Denis. Il est fêté le 3 octobre. Un moine revenu de tout, notamment de Terre sainte, qui défricha la forêt de la Grande-Sauve. Il est fêté le 5 avril. Saint Gérard Majella qui fut gratifié d'extases, de miracles et fut accusé par une femme calomniatrice. Innocenté, il fut canonisé. Il mourut en 1755. Il est fêté le 13 octobre.

Personnages célèbres: Gérard, premier duc de Lorraine. Gérard de Crémone, traducteur d'Avicenne. Gérard Groot le mystique. Gérard de Nerval. Gérard Philippe.

La *part de chance* de Gérard est à 53° sur le zodiaque, c'est-à-dire le 23° du Taureau.
Le *chiffre* de Gérard est le 8.
La *couleur* de Gérard est l'orangé.

Caractère type: il apprécie la vie en jouisseur. Il a le sens de la beauté qui l'émeut souvent. Il aime les objets, les matériaux nobles et naturels mais il sait se contenter de l'essentiel, du strict nécessaire.

Patronyme: Gérard se combine mal avec un nom commençant par « r ».

Germain

Fêté le 31 juillet.

Etymologie: vient du germain « gari » qui signifie lance et « mundo » qui veut dire protection, à moins qu'il ne vienne de « germanicus » qui désigne le germain, ou de « germanus » dans lequel on trouve « germen » qui signifie naturel, de la même race.

Historique: Saint Germain d'Auxerre, né dans cette ville vers 378, fut d'abord un haut fonctionnaire avant de devenir évêque d'Auxerre. Il prit à cœur non seulement les problèmes de son diocèse mais, envoyé en Grande-Bretagne, soutint la lutte des Bretons contre les Saxons et les Angles. Il était à l'aise aussi bien dans les discussions théologiques (il combattit le pélagianisme) que dans les problèmes politiques. Il mourut à Ravenne au cours d'une de ses innombrables missions, tué à la tâche.

D'autres saints et bienheureux ont porté le nom de Germain. Citons entre autres saint Germain de Paris, d'abord abbé au monastère de Saint-Symphorien, puis évêque de Paris; son plus grand mérite fut peut-être de fonder le monastère de Saint-Germain-des-Prés. Il mourut en 576. Il est fêté le 28 mai.

Personnages célèbres : Germain de Constantinople. Le sculpteur Germain Pilon. Le poète Germain Nouveau.

La *part de chance* de Germain est à 309° sur le zodiaque, c'est-à-dire le 9° du Verseau.
Le *chiffre* de Germain est le 4.
La *couleur* de Germain est le jaune.

Caractère type : c'est un être bon et sensible qui a le sens de l'amitié. Cependant, à certains moments, il se montre étrangement indifférent. Intelligent, il ne réagit pourtant qu'à ses sentiments. Ce n'est pas son moindre paradoxe.

Patronyme : Germain se combine mal avec un nom commençant par « in » ou « un ».

Germaine

Fêtée le 15 juin.

Etymologie : voir Germain.

Historique : sainte Germaine Cousin naquit vers 1579 à Pibrac, dans une pauvre famille de laboureurs. Sa mère étant morte, elle devint le souffre-douleur de sa marâtre et de son entourage. Dans ses malheurs, la pauvre petite ne se départit jamais d'un grand esprit de charité pour les pauvres et vécut sa vie douloureuse comme une sainte, ce qu'elle devait devenir plus tard, après sa mort sur son grabat en 1601. Elle aurait accompli des miracles.

Personnage célèbre : Germaine de Foix qui épousa Ferdinand II le Catholique.

La *part de chance* de Germaine est à 314° sur le zodiaque, c'est-à-dire le 14° du Verseau.
Le *chiffre* de Germaine est le 9.
La *couleur* de Germaine est le jaune.

Caractère type : elle a un idéal très élevé en dépit des malheurs et des aléas de l'existence. Elle a plusieurs visages. Malgré ses contradictions, elle recherche les êtres intelligents et généreux.

Patronyme : Germaine se combine mal avec un nom commençant par « n » ou par « é ».

Gertrude

Fêtée le 16 novembre.

Etymologie : vient du germain « gari » qui signifie lance et « trud » qui veut dire fidélité.

Historique : sainte Gertrude, née vers 1256, en Allemagne, fut prise en mains par sainte Mechtilde, dès son entrée, très jeune, au monastère de Helfa. Elle devint rapidement une théologienne avertie et une mystique admirable, dont les livres et les confidences révèlent une intense vie spirituelle. Elle mourut vers 1301.

D'autres saintes et bienheureuses ont porté le nom de Gertrude. Citons entre autres, sainte Gertrude de Nivelles, fille de Pépin de Landen, qui lui bâtit un couvent dans la ville dont elle est patronne. On l'invoque contre les rats et les souris. Elle mourut en 659. Elle est fêtée le 17 mars.

Personnages célèbres : les romancières Gertrude Stein et Gertrud von Le Fort.

La *part de chance* de Gertrude est à 103° sur le zodiaque, c'est-à-dire le 13° du Cancer.
Le *chiffre* de Gertrudc est le 8.
La *couleur* de Gertrude est le bleu.

Caractère type : elle rêve beaucoup et éprouve des difficultés à faire la part entre ses phantasmes et la réalité.

Patronyme : Gertrude se combine mal avec un nom commençant par « d » ou « u ».

Gervais

Fêté le 19 juin.

Etymologie : vient du grec « gherazein » qui signifie honorer.

Historique : saint Gervais et saint Protais sont deux martyrs du IVe siècle, dont saint Ambroise découvrit les reliques à Milan. C'est tout ce qu'on sait d'eux. Un culte fervent et la légende ont fait le reste.

Personnages célèbres : Gervais de Cantorbéry, chroniqueur du XIIe siècle. Gervais du Bus, poète sous Philippe le Bel.

La *part de chance* de Gervais est à 159° sur le zodiaque, c'est-à-dire le 9° de la Vierge.
Le *chiffre* de Gervais est le 9.
La *couleur* de Gervais est le rouge.

Caractère type : il est très exigeant en amour comme en amitié. Il cherche toujours la « petite bête ». C'est un minutieux qui adore l'ordre pour l'ordre.

Patronyme : Gervais se combine mal avec un nom commençant par « é » ou « v ».

Gervaise

Voir Gervais.

Personnage célèbre : l'héroïne de l'« Assomoir » de Zola.

La *part de chance* de Gervaise est à 164° sur le zodiaque, c'est-à-dire le 14° de la Vierge.
Le *chiffre* de Gervaise est le 5.
La *couleur* de Gervaise est le rouge.

Caractère type : c'est en se dévouant qu'elle parvient à échapper à ses angoisses et qu'elle trouve son équilibre.

Patronyme : voir Gervais.

Géry

Fêté le 11 août.

Etymologie : vient du germain « gari » qui signifie lance.

Historique : saint Géry, évêque de Cambrai pendant plus de quarante ans, affranchissait les esclaves et faisait sortir les prisonniers de leurs geôles. Il faisait aussi des miracles. Il mourut en 625.

La *part de chance* de Géry est à 218° sur le zodiaque, c'est-à-dire le 8° du Scorpion.
Le *chiffre* de Géry est le 1.
La *couleur* de Géry est le rouge.

Caractère type : il a beaucoup de perspicacité, devinant le point faible de son interlocuteur. Il s'intéresse à la philosophie et à la métaphysique.

Patronyme : Géry se combine mal avec un nom commençant par « i » ou « r », ou pire « ri ».

Ghislain

Fêté le 10 octobre.

Etymologie : vient du germain « ghil » qui signifie otage et « hard » qui veut dire dur, à moins que ce ne soit « lind » qui veut dire le contraire.

Historique : saint Ghislain, venu de Grèce ou des forêts germaniques, fonda, près de Mons, un monastère qui fut le point de départ de l'actuelle ville de Saint-Ghislain.

La *part de chance* de Ghislain est à 42° sur le zodiaque, c'est-à-dire le 12° du Taureau.
Le *chiffre* de Ghislain est le 7.
La *couleur* de Ghislain est le bleu.

Caractère type : la beauté le remplit de joie et d'émotion. Il adore la vie, avec un côté un peu jouisseur.

Patronyme : Ghislain se combine mal avec un nom commençant par « in » ou pire « lin ».

Ghislaine

Voir Ghislain.

La *part de chance* de Ghislaine est à 47° sur le zodiaque, c'est-à-dire le 17° du Taureau.
Le *chiffre* de Ghislaine est le 3.
La *couleur* de Ghislaine est le bleu.

Caractère type : elle est simple et directe, bon-enfant malgré sa beauté. Elle est souvent attachée aux traditions.

Patronyme : Ghislaine se combine mal avec un nom commençant par « n » ou par « ai, é ».

Gilbert

Fêté le 4 février.

Etymologie : vient du germain « ghil » qui veut dire flèche et de « berht » qui signifie brillant.

Historique : saint Gilbert était seigneur de Sempringham, lorsqu'il se fit prêtre. Il fonda alors sur ses terres un double monastère, auquel il appliqua sa règle personnelle. C'est ainsi que naquirent les Gilbertins, moines typiquement anglais. Henri VIII les supprima. Saint Gilbert fut l'ami de saint Thomas Becket et souffrit pour lui. Il mourut en 1189.

D'autres saints et bienheureux ont porté le nom de Gilbert. Citons entre autres saint Gilbert de Neuffonts qui, au retour de la deuxième croisade, mena avec sa femme et sa fille une vie pieuse et austère. Puis il fonda en Limagne un monastère au lieu-dit Neuffontaines, d'où son pseudonyme. Les moines appartenaient à l'ordre des Prémontrés. Il mourut en 1151. Il est fêté le 6 juin.

Personnages célèbres : le peintre anglais du XVe siècle, Gilbert. Gilbert Cesbron. Gilbert Bécaud.

La *part de chance* de Gilbert est à 290° sur le zodiaque, c'est-à-dire le 20° du Capricorne.
Le *chiffre* de Gilbert est le 1.

La *couleur* de Gilbert est l'orangé.

Caractère type : il a besoin comme de pain d'affection et de tendresse. Il parvient parfois à acquérir une forme de sérénité, à laquelle il ne cesse d'aspirer. Il donne l'apparence du calme car il est maître de lui. Il a tendance à surestimer sa résistance nerveuse.

Patronyme : Gilbert se combine mal avec un nom commençant par « r ».

Gilberte

Fêtée le 11 août.

Etymologie : voir Gilbert.

Historique : sainte Gilberte fut au VIIe siècle l'abbesse de Jouarre. Son tombeau porte de curieux motifs abstraits.

La *part de chance* de Gilberte est à 295° sur le zodiaque, c'est-à-dire le 25° du Capricorne.
Le *chiffre* de Gilberte est le 6.
La *couleur* de Gilberte est l'orangé.

Caractère type : son humour la sauve de la réputation de femme trop sérieuse qu'elle inspire.

Patronyme : Gilberte se combine mal avec un nom commençant par « t » ou « r ».

Gilles

Fêté le 1er septembre.

Etymologie : vient du germain « ghil » qui signifie otage.

Historique : saint Gilles vécut au VIe ou au VIIIe siècle et sur sa tombe, on fit construire une abbaye, celle de Saint-Gilles-du-Gard, sur le chemin de Compostelle. C'est tout ce qu'on sait de réel sur ce grand saint du Moyen Age auquel la légende prête mille miracles où intervient notamment une biche apprivoisée.

D'autres saints et bienheureux ont portés le nom de Gilles.

Personnages célèbres : Gilles le Morveux, chroniqueur des XIIe et XIIIe siècles. Gilles de Viterbe qui ouvrit le concile du Latran en 1512. Gilles de Bretagne. Barbe-Bleue ou plutôt Gilles de Rais. Gilles Colonna, le précepteur de Philippe le Bel. L'écrivain Gilles Perrault.

La *part de chance* de Gilles est à 18° sur le zodiaque, c'est-à-dire le 18° du Bélier.
Le *chiffre* de Gilles est le 1.
La *couleur* de Gilles est le vert.

Caractère type : c'est souvent un aventurier mais dans le sens le plus noble du terme. Il a le cœur sur la main.

Patronyme : Gilles se combine mal avec un nom commençant par « l » ou par « i ».

Gina

Voir Régine ou Louis (Luigi, Gini, Gino).

Personnage célèbre : Gina Lollobrigida.

La *part de chance* de Gina est à 64° sur le zodiaque, c'est-à-dire le 4° des Gémeaux.
Le *chiffre* de Gina est le 4.
La *couleur* de Gina est le jaune.

Caractère type : elle est volontiers fantasque avec de brusques sautes d'humeur ; c'est qu'au fond d'elle-même elle est restée une petite fille.

Patronyme : Gina se combine mal avec un nom commençant par « a », « n » ou pire, « na ».

Ginette

Voir Gina.

Personnage célèbre : la comédienne Ginette Leclerc.

La *part de chance* de Ginette est à 153° sur le zodiaque, c'est-à-dire le 3° de la Vierge.
Le *chiffre* de Ginette est le 8.
La *couleur* de Ginette est le jaune.

Caractère type : c'est en donnant aux autres son temps qu'elle parvient à échapper à son fond d'angoisse. Elle est faite pour « servir ».

Patronyme : Ginette se combine mal avec un nom commençant par « t ».

Gino

Voir Gina.

Personnage célèbre : l'acteur Gino Cervi.

La *part de chance* de Gino est à 133° sur le zodiaque, c'est-à-dire le 13° du Lion.
Le *chiffre* de Gino est le 9.
La *couleur* de Gino est le jaune.

Caractère type : souvent égocentriste, il pique parfois dc terribles colères. Cependant, il est capable de noblesse et a un sens inné de la justice.

Patronyme : Gino se combine mal avec un nom commençant par « o », « n » ou pire, « no ».

Gisèle

Fêtée le 7 mai.

Etymologie : vient du germain « ghil » qui signifie otage ou

« gisil » qui veut dire flèche.

Historique : la bienheureuse Gisèle, fille de princes, fut la sœur de saint Henri, empereur d'Allemagne et l'épouse d'un autre saint, Etienne de Hongrie. Elle avait donc de quoi et sur qui méditer. Veuve et ayant perdu son fils, elle se retira au couvent de Niedernburg près de Passau où elle mourut vers 1060.

Personnages célèbres : Gisèle, fille de Charles le Simple. Gisèle Pascal.

La *part de chance* de Gisèle est à 323° sur le zodiaque, c'est-à-dire le 23° du Verseau.
Le *chiffre* de Gisèle est le 3.
La *couleur* de Gisèle est le jaune.

Caractère type : lorsqu'elle a trouvé son équilibre — ce qui n'est pas facile — elle peut devenir une femme remarquable et très séduisante.

Patronyme : Gisèle, qui s'orthographie parfois **Giselle** se combine mal avec un nom commençant par « l » ou « é ».

Godefroy

Fêté le 13 janvier.

Etymologie : voir Geoffroy.

Historique : saint Godefroy transforma son château de Cappendberg en monastère de Prémontrés, ce qui mit sa femme au comble de l'ahurissement. Il mourut en 1127.

D'autres saints et bienheureux ont porté le nom de Godefroy. Citons entre autres un prieur de Cîteaux mort en 1147 et fêté le 15 janvier.

Personnages célèbres : Godefroy de Bouillon, qui refusa le titre de roi de Jérusalem lors de la première Croisade. L'érudit Godefroy de Viterbe. L'orfèvre Godefroy de Huy.

La *part de chance* de Godefroy est à 82° sur le zodiaque, c'est-à-dire le 22° des Gémeaux.
Le *chiffre* de Godefroy est le 5.

La *couleur* de Godefroy est le vert.

Caractère type : il ne peut s'empêcher de penser à la façon dont on le voit, dont on le juge. Il éprouve souvent un plaisir pervers à mettre en danger ce qui lui procure la sécurité.

Patronyme : Godefroy, qui s'orthographie aussi **Godefroi** et **Godefroid,** se combine mal avec un nom commençant par « a » ou « oi ».

Gontran

Fêté le 28 mars.

Etymologie : vient du germain « gund » qui signifie guerre et « harban » qui veut dire corbeau.

Historique : saint Gontran, roi de Bourgogne, panacha équitablement ses excès et sa piété, ses guerres contre ses voisins et ses fondations d'églises et de monastères. Il essaya de réconcilier ses frères. Il propagea le christianisme dans son royaume. Il n'en fallait pas plus en ces temps-là pour devenir un saint. Il mourut en 592.

Personnage célèbre : Gontran Boson, dit le Méchant qui fut exécuté par saint Gontran pour ses crimes.

La *part de chance* de Gontran est à 54° sur le zodiaque, c'est-à-dire le 24° du Taureau.
Le *chiffre* de Gontran est le 8.
La *couleur* de Gontran est le bleu.

Caractère type : il est volontiers jouisseur et cède devant la beauté qui a le don de l'émouvoir. Il est possessif et jaloux. Il est entêté, obstiné, ce qui fait à la fois sa force et sa faiblesse.

Patronyme : Gontran se combine mal avec un nom commençant par « an ».

Gonzague

Voir Louis (de Gonzague).

Personnages célèbres: les Gonzague, famille princière italienne des environs de Mantoue.

La *part de chance* de Gonzague est à 145° sur le zodiaque, c'est-à-dire le 25° du Lion.
Le *chiffre* de Gonzague est le 6.
La *couleur* de Gonzague est le violet.

Caractère type: il possède souvent un complexe de supériorité. Il est un peu égoïste mais capable de grands sentiments.

Patronyme: Gonzague se combine mal avec un nom commençant par une consonne dure.

Grâce

Fêtée le 21 août.

Etymologie: vient de «gratia» qui signifie grâce.

Historique: sainte Grâce était née d'une famille maure en Espagne. Elle portait le nom de Zaïde. Son frère Ahmed s'étant fait cistercien, elle se fit baptiser et prit le nom de Grâce. Ils furent martyrisés tous deux en 1180.

Personnages célèbres: Grace de Monaco, ex-Kelly, Grace Bumbry.

La *part de chance* de Grâce est à 246° sur le zodiaque, c'est-à-dire le 6° du Sagittaire.
Le *chiffre* de Grâce est le 7.
La *couleur* de Grâce est le bleu.

Caractère type: elle a souvent un charme qui séduit plus qu'une vraie beauté. Elle a du caractère et une forte personnalité. Elle ne cède pas volontiers. Elle est comme certains vins: elle bonifie en vieillissant.

Patronyme: Grâce se combine mal avec un nom commençant par une consonne sifflante. C'est un prénom qu'il est difficile de porter. Imaginons qu'une «Grâce» soit laide, ou de caractère impossible?

Grégoire

Fêté le 3 septembre.

Etymologie : vient du grec « ergegorien » qui signifie veiller.

Historique : saint Grégoire le Grand naquit à Rome vers 540. Très intelligent, il devint, après de brillantes études, préfet de Rome. Brusquement, il distribua ses biens et transforma sa maison en monastère bénédictin. Il passa six ans à Constantinople, puis revint à Rome où il fut élu pape. Il fut très sensible à son époque et lui offrit un renouveau non seulement liturgique mais spirituel. Il s'occupa aussi de questions sociales. Il envoya des missionnaires dans les pays germaniques et en Angleterre. Quant au fameux chant grégorien, il semble qu'il n'y soit pour rien. Il mourut à Rome en 604.

D'autres saints et bienheureux ont porté le nom de Grégoire. Citons-en quelques-uns parmi les plus importants : saint Grégoire le Thaumaturge, qui vécut au IIIe siècle, fut le disciple d'Origène et évêque de Néocésarée. Il mourut vers 270. Il est fêté le 19 novembre. Saint Grégoire de Tours, qui défendit toujours les opprimés en un temps particulièrement féroce, fit son possible pour convertir les païens et les hérétiques comme les Ariens. Il a laissé quelques ouvrages dont une Histoire des Francs. Il mourut vers 594. Il est fêté le 17 novembre. Saint Grégoire de Nazianze, le Théologien, qui s'enfuyait chaque fois qu'on voulait le nommer évêque et qui devint pourtant patriarche de Constantinople et Docteur de l'Eglise. Il mourut vers 390, laissant une œuvre non seulement théologique mais poétique. Il est fêté le 2 janvier. Saint Grégoire de Nysse, fils de saint et frère de saint, ne pouvait pas démériter. Il prit part à plusieurs conciles et laissa des ouvrages théologiques importants. Il mourut vers 395. Il est fêté le 9 mars. Citons encore trois papes : Grégoire II, III et X qui furent canonisés.

Personnages célèbres : seize papes ; quatre patriarches d'Arménie dont un saint, Grégoire II. Grégoire Magistros, un prince arménien qui lutta contre son pays. Grégoire ou plutôt Gregori Raspoutine. L'acteur américain Gregory Peck.

La *part de chance* de Grégoire est à 136° sur le zodiaque, c'est-à-dire le 16° du Lion.

Le *chiffre* de Grégoire est le 3.
La *couleur* de Grégoire est le violet.

Caractère type: la sonorité du prénom est large, puissamment assourdie. Grégoire est l'homme des grandes entreprises, des vastes projets. Il connaît de belles réussites. Il est capable de grands sentiments. Il a un sens profond de la justice. Il est plein d'idéalisme.

Patronyme: Grégoire se combine mal avec un nom commençant par « r » ou « a ».

Guillaume

Fêté le 10 janvier.

Etymologie: vient du germain « will » qui signifie volonté et « helm » qui veut dire protection.

Historique: saint Guillaume était le fils du comte de Nevers et le neveu de Pierre l'Ermite. Entré chez les Cisterciens à Pontigny, il devint prieur du monastère avant d'être nommé abbé de Fontaine-Saint-Jean. Ensuite, il devint abbé de Chaalis. On dut le pousser un peu pour qu'il acceptât le siège épiscopal de Bourges, où il montra comme à son habitude une grande humilité, de la piété et une austérité qu'adoucissaient la gaieté et la douceur. Après avoir eu maille à partir avec Philippe Auguste, il mourut en 1209.

D'autres saints et bienheureux ont porté le nom de Guillaume. Citons entre autres saint Guillaume le Grand, comte de Narbonne, ami de saint Benoît d'Aniane, qui connut la gloire sur les champs de bataille en arrêtant les Arabes à Villedaigne avant de se faire bénédictin, dans le monastère de Saint-Guilhem-le-Désert. Il mourut en 812. Il est fêté le 28 mai. Saint Guillaume de Volpiano, abbé de Saint-Bénigne à Dijon, qui appliqua sévèrement la réforme clunysienne. Il est fêté le 1er janvier. Saint Guillaume de Hirschau, moine et mathématicien bavarois qui inventa une horloge astronomique. Il est fêté le 4 juillet. Saint Guillaume de Maleval, militaire un peu jouisseur, qui se convertit et fonda près de Sienne un monastère dont les moines furent appelés les Guillemites ou Guillemins. Vu leur accoutrement on les surnomma les Blancs-Manteaux. Il mourut en 1157. Il est fêté le 10 février.

Personnages célèbres: un empereur germanique. Deux empereurs d'Allemagne, dont le dernier fut un des promoteurs de la Grande Guerre. Quatre rois d'Angleterre. Dix ducs d'Aquitaine. Trois rois des Pays-Bas. Trois rois de Sicile. Deux rois de Wurtenberg. Des chroniqueurs du Moyen Age à la pelle, ainsi que des poètes et des trouvères. Guillaume d'Occam. Guillaume de Paris, confesseur de Philippe le Bel. Guillaume de Saint-Amour, écrivain satirique du XIIIe siècle, condamné par l'Eglise. Guillaume de Machaut, musicien et poète, un grand de la musique occidentale à ses débuts. Guillaume de Tyr, historien des Croisades. Guillaume Apollinaire.

La *part de chance* de Guillaume est à 121° sur le zodiaque, c'est-à-dire le 1° du Lion.
Le *chiffre* de Guillaume est le 2.
La *couleur* de Guillaume est le vert.

Caractère type: il possède un sens profond de la justice; il est souvent mû par un idéalisme plein de panache. Son ascendant sur les autres est très grand. Il est l'homme des vastes projets, des grandes entreprises.

Patronyme: Guillaume se combine mal avec un nom commençant par « m » ou « o ».

Gustave

Fêté le 7 octobre.

Etymologie: vient du germain « gustav » qui veut dire celui qui prospère.

Historique: saint Gustave fut miraculeusement guéri par saint Martin d'une paralysie des membres. Il fonda un monastère près de Bourges au VIe siècle. Il mourut vers 560.

Personnages célèbres: six rois de Suède. Le peintre Gustave Courbet. Le graveur Gustave Doré. Gustave Flaubert. Le compositeur de « Louise », Gustave Charpentier.

La *part de chance* de Gustave est à 1° sur le zodiaque, c'est-à-dire le 1° du Bélier.
Le *chiffre* de Gustave est le 5.
La *couleur* de Gustave est le violet.

Caractère type : volontaire et surtout courageux, il ne s'avoue jamais vaincu. Il peut être violent mais il a le sens de l'amitié.

Patronyme : Gustave se combine mal avec un nom commençant par « v » ou « f ».

Guy

Fêté le 12 juin.

Etymologie : vient du germain « wid » qui veut dire forêt.

Historique : saint Guy Vignotelli naquit à Cortone vers 1187. Obéissant à saint François d'Assise, il distribua tous ses biens aux pauvres et se fit Franciscain. Il mourut en 1247.

D'autres saints ou bienheureux ont porté le nom de Guy. Citons entre autres, saint Guy le martyr, supplicé au IVe siècle, sous Dioclétien. On invoque ce saint Guy contre la maladie nerveuse appelée chorée ou danse de... saint Guy. Saint Guy ou Guidon, sacristain à Laeken (Bruxelles), qui est le saint patron des sacristains et des laboureurs.

Personnages célèbres : deux ducs de Spolète. Guy de Dampierre, comte de Flandre. Guy de Lusignan, roi de Jérusalem. Guy de Maupassant. Le compositeur Guy Ropartz.

La *part de chance* de Guy est à 69° sur le zodiaque, c'est-à-dire le 9° des Gémeaux.
Le *chiffre* de Guy est le 8.
La *couleur* de Guy est le violet.

Caractère type : le prénom est à résonance arrêtée dans son élan : le « g » bloque contre le « y ». C'est un prénom fort hybride, sans impact. Guy ne prend rien au tragique. Il a souvent l'air de se moquer du monde. Il est parfois opportuniste.

Intelligent, il s'exprime avec facilité et manie brillamment le paradoxe.

Patronyme : Guy, qui s'orthographie parfois **Gui,** se combine mal avec « i » ou une consonne dure. Guy s'accorde bien avec la particule.

Hans

Voir Jean, dont il est la forme germanique et scandinave.

Personnages célèbres : Hans Christian Andersen. Hans Holbein. Le compositeur et chef d'orchestre Hans von Bülow.

La *part de chance* de Hans est à 359° sur le zodiaque, c'est-à-dire le 29° des Poissons.
Le *chiffre* de Hans est le 6.
La *couleur* de Hans est le rouge.

Caractère type : bien que le prénom « claque » (du moins prononcé à l'allemande), Hans est plus mystique que sensuel, souvent idéaliste. Mais s'il est aussi optimiste et de bonne volonté, il peut avoir une destinée admirable.

Patronyme : Hans se combine mal avec un nom commençant par une consonne sifflante.

Hector

Hector n'est pas fêté car il n'existe ni saint ni bienheureux qui aient porté ce nom.

Mythologie : Hector était le fils de Priam et d'Hécube, souverains de Troie. Son épouse fidèle était Andromaque dont il avait un fils Astyanax. Ce héros troyen a été chanté par Homère dans son Iliade. Hector sauvegarda dix ans sa cité de la ruine promise par ses assiégeants. Il incendia la flotte grecque et tua Patrocle. A cette nouvelle, Achille sortit de sa tente où il boudait les Grecs et courut venger son très cher ami : il tua Hector et promena sa dépouille autour des remparts de Troie. Magnanime, il la rendit quand même à Andromaque. Ainsi finit courageusement un des plus grands héros troyens.

Personnages célèbres : Hector Berlioz. Hector Malot.

La *part de chance* d'Hector est à 338° sur le zodiaque, c'est-à-dire le 8° des Poissons.
Le *chiffre* d'Hector est le 6.
La *couleur* d'Hector est le jaune.

Caractère type : il sait faire preuve de dévouement. Il est parfois mystérieux, déroutant, voire inquiétant : c'est qu'il « sent » les autres et plus que les autres, l'inconscient collectif. Il s'oriente souvent vers l'Eglise pour satisfaire son mysticisme. Son prénom est d'ailleurs assez introverti. Le « è » initial retombe dans un « or » assourdi. Un prénom à l'élan brisé, en quelque sorte.

Patronyme : Hector se combine mal avec un nom commençant par « r ».

Hélène

Fêtée le 18 août.

Etymologie : vient du grec « hélê » qui veut dire éclat du soleil.

Mythologie : fille de Léda, c'est-à-dire d'un cygne, Hélène avait pour frères Castor et Pollux. Après mille tribulations que lui valait sa grande beauté, elle devint l'épouse de Ménélas. Survint le beau Pâris qui l'enleva ce qui fut le prélude de la fameuse guerre de Troie. On peut se demander s'il vaut mieux se battre pour la beauté d'une femme plutôt que de s'entretuer pour des idées ou du pétrole ? La question reste posée. Une tradition veut qu'Hélène ait été mise par Zeus au rang des dieux et qu'elle brillerait dans le ciel. Les Grecs la tenaient pour un idéal de beauté.

Historique : sainte Hélène aussi était très belle. Née vers 255 en Bithynie, dans une famille de condition modeste, elle séduisit l'empereur Constance Chlore, qui la prit pour concubine avant de la répudier. Mais ils avaient eu un fils, Augustin, et elle pouvait compter sur lui. Une fois empereur, ce dernier la mit au rang des impératrices. Elle se convertit au christianisme et fit un pèlerinage en Terre sainte d'où elle ramena la vraie croix du Christ. Elle créa des églises et fit le bien. Elle mourut en 327.

D'autres saintes et bienheureuses ont porté le nom d'Hélène.

Personnages célèbres : Hélène, fille de l'empereur Constantin et femme de Julien. Hélène Lécapène, fille de l'empereur Romain Ier et femme de l'empereur Constantin VII. Hélène Glinski, régente de Moscovie. Hélène Pavlovna, princesse allemande, épouse du grand-duc Michel, protectrice des « déviationistes d'alors ». Hélène de Monténégro, reine d'Italie. Hélène Fourment, seconde épouse de Rubens. La romancière Hélène Parmelin.

La *part de chance* d'Hélène est à 103° sur le zodiaque, c'est-à-dire le 13° du Cancer.
Le *chiffre* d'Hélène est le 4.
La *couleur* d'Hélène est le jaune.

Caractère type : femme-enfant ou femme charnelle, plus touchante que jolie, bien souvent. Elle ment parfois pour embellir la réalité qui ne prend presque jamais le pas sur ses rêves, car c'est une grande rêveuse. Elle est donc douée d'une imagination fertile. Lorsqu'elle s'extravertit, elle peut devenir d'une activité exagérée.

Patronyme : Hélène se combine mal avec un nom commençant par « n ».

Henri

Fêté le 13 juillet.

Etymologie : vient du germain « heim » qui signifie maison et « rik » qui veut dire roi.

Historique : saint Henri, duc de Bavière, fut couronné empereur du Saint Empire germanique par le pape. Il avait pour épouse sainte Cunégonde qui avait fait vœu de chasteté. Elle parvint à convaincre son mari de ne pas l'approcher. Saint Henri mena une vie pieuse et développa le monachisme dans son empire, en veillant à la foi de ses sujets. Bien sûr, il dut se battre contre ses ennemis, notamment Boleslas Ier, duc de Pologne. Vrai fils de l'Eglise et dévoué aux papes, il créa l'archevêché de Bamberg, dont la cathédrale contient son tombeau. Il mourut en 1024.

D'autres saints et bienheureux ont porté le nom d'Henri. Citons entre autres saint Henri Suso, dominicain mystique, auteur d'une « Horloge de la Sagesse ». Incompris, il mourut à Ulm en 1366. Il est fêté le 2 mars.

Personnages célèbres: sept empereurs germaniques. Un empereur latin d'Orient. Quatre rois de France. Quatre rois de Castille. Huit rois d'Angleterre. Des princes, des ducs, des comtes, etc. de Guise, de Condé, de Portugal, des Pays-Bas, etc. Heinrich Heine. Henri Bergson. Henri de Montherlant. Henri Matisse. Henri Michaux. Henry James. Le physicien Enrico Fermi.

La *part de chance* de Henri est à 273° sur le zodiaque, c'est-à-dire le 3° du Sagittaire.
Le *chiffre* de Henri est le 9.
La *couleur* de Henri est le violet.

Caractère type: s'il parvient à concilier l'instinct et l'intelligence, l'ordre et la liberté, il devient un modèle d'équilibre. Mais il aura toujours tendance à aller plus loin, en lui-même et hors des frontières. C'est un voyageur du dedans et du dehors.

Patronyme: Henri, qui s'orthographie **Henry** parfois, à l'anglo-saxonne, se combine mal avec un nom commençant par « r » et « i ».

Henriette

Fêtée le 17 juillet.

Etymologie: voir Henri.

Historique : la bienheureuse Henriette faisait partie des Carmélites de Compiègne, décapitées en 1794.

Personnages célèbres : Henriette-Anne de France, fille préférée de Louis XIV. Henriette-Anne Stuart, épouse de Philippe d'Orléans et amie intime de Louis XIV. Henriette-Marie de France, fille de Henri IV et de Marie de Médicis. Elle épousa Charles Ier d'Angleterre. Bossuet fit son oraison funèbre. Henriette, personnage des « Femmes savantes » de Molière.

La *part de chance* d'Henriette est à 3° sur le zodiaque, c'est-à-dire le 3° du Bélier.
Le *chiffre* d'Henriette est le 5.
La *couleur* d'Henriette est le rouge.

Caractère type : elle a un besoin presque excessif de dévouement, ce qui en fait une mère admirable... mais qui risque de devenir possessive et étouffante.

Patronyme : Henriette se combine mal avec un nom commençant par « t ».

Herbert

Fêté le 20 mars.

Etymologie : vient du germain « hari » qui veut dire armée et « berht » qui signifie brillant.

Historique : saint Herbert, ou Héribert, vivait dans une île au milieu d'un lac. L'évêque Cuthbert était son ami et ils prièrent ensemble pour mourir en même temps, ce qui fut fait en 687...

D'autres saints et bienheureux ont porté le nom d'Herbert. Citons entre autres un chancelier d'Otton III, devenu par la volonté du peuple et contre son gré archevêque de Cologne. Il mourut en 1021. Il est fêté le 16 mars.

Personnages célèbres : Herbert II, comte de Vermandois. Le diplomate et philosophe anglais des XVIe et XVIIe siècles, Herbert de Cherbury. Le philosophe Herbert Spencer. Le chef d'orchestre Herbert von Karajan. Le philosophe Herbert Marcuse.

La *part de chance* de Herbert est à 100° sur le zodiaque, c'est-à-dire le 10° du Cancer.
Le *chiffre* de Herbert est le 4.
La *couleur* de Herbert est le vert.

Caractère type : il a le naturel et la spontanéité de l'enfance. Son prénom est très clair, grâce aux deux « èr » qui se suivent. Sensible et rêveur, il travaille plus qu'on ne le croit. Il possède une excellente mémoire.

Patronyme : Herbert se combine mal avec un nom commençant par « t » ou « r ».

Hermance

Voir Hermann.

La *part de chance* d'Hermance est à 329° sur le zodiaque. c'est-à-dire le 29° du Verseau.
Le *chiffre* d'Hermance est le 4.
La *couleur* d'Hermance est l'orangé.

Caractère type : elle est faite de contradictions. Elle peut être aimable, puis laisser éclater une colère presque incontrôlable. Elle est parfois mesquine, mais peut aussi faire preuve de grandeur d'âme.

Patronyme : Hermance se combine mal avec un nom commençant par une consonne sifflante.

Hermann

Fêté le 25 septembre.

Etymologie : vient du germain « hari » qui veut dire armée et « mann » qui signifie homme.

Historique : le bienheureux Hermann était surnommé

« contract » c'est-à-dire paralysé. Des séquelles de paralysie infantile ne l'empêchèrent pas d'écrire une longue chronique, des poèmes et le fameux « Salve Regina ». Il mourut en 1054.

D'autres saints et bienheureux ont porté le nom de Hermann.

Personnages célèbres : Hermann de Salza, grand maître de l'Ordre Teutonique aux XIIe et XIIIe siècles. Hermann, comte palatin de Saxe. Hermann von Sachsenheim, poète des XIVe et XVe siècles. Le tristement célèbre Hermann Goering.

La *part de chance* de Hermann est à 354° sur le zodiaque, c'est-à-dire le 24° des Poissons.
Le *chiffre* de Hermann est le 1.
La *couleur* de Hermann est l'orangé.

Caractère type : il choisit souvent l'Eglise qui répond à son fond conformiste, son goût pour les honneurs et son profond mysticisme. Il est parfois promis à un destin hors pair. Il est capable de remuer l'opinion publique.

Patronyme : Hermann se combine mal avec un nom commençant par « n ».

Hervé

Fêté le 17 juin.

Etymologie : vient du celtique « haer » qui veut dire fort et « ber » qui veut dire ardent.

Historique : saint Hervé, fils d'un barde breton, naquit aveugle. Il se fit ermite mais des disciples vinrent à lui et une communauté se forma et fonda le monastère de Plouvien, puis de Lan-Houarneau. Pour la Bretagne, saint Hervé fut saint avant même d'être canonisé, tant ses prodiges étaient admirables. La légende a compliqué les choses et on ne sait même pas quand ni où il mourut. On le représente accompagné du loup qui avait dévoré l'âne avec lequel il labourait et qui prit la place de sa victime et acheva le travail. Hervé est devenu le patron des bardes bretons ; on l'invoque contre les loups et pour guérir les affections des yeux. Il vivait au VIe siècle.

D'autres saints et bienheureux ont porté le nom d'Hervé. Citons entre autres un archevêque de Reims et un ermite à Chalonnes.

Personnages célèbres: le dessinateur Hervé Baille. Le romancier Hervé Bazin.

La *part de chance* de Hervé est à 224° sur le zodiaque, c'est-à-dire le 14° du Scorpion.
Le *chiffre* de Hervé est le 4.
La *couleur* de Hervé est le bleu.

Caractère type: son intelligence est si pénétrante qu'il parvient souvent à détruire le système de pensée de son interlocuteur, en trouvant, presque par une « double-vue », l'argument auquel il ne résiste pas.

Patronyme: Hervé se combine mal avec un nom commençant par « é » ou « v ».

Hilaire

Fêté le 13 janvier.

Etymologie: vient du latin « hilaris » qui veut dire gai.

Historique: saint Hilaire naquit à Poitiers vers 315. Très cultivé, expert en philosophie, il découvre la Bible et se convertit. Bientôt élu évêque de Poitiers, il combattit l'arianisme. Il expulsa les évêques et les prêtres ariens et devint aux yeux de tous le champion de l'orthodoxie. Il laissa des écrits dont l'influence sur saint Augustin fut très importante. Saint Hilaire mourut à Poitiers, son diocèse, en 367. Il fut proclamé Docteur de l'Eglise par Pie IX.

D'autres saints et bienheureux ont porté le nom d'Hilaire. Citons entre autres un évêque d'Arles et un pape.

La *part de chance* d'Hilaire est à 264° sur le zodiaque, c'est-à-dire le 24° du Sagittaire.
Le *chiffre* d'Hilaire est le 8.
La *couleur* d'Hilaire est le vert.

Caractère type: il est foncièrement optimiste et doué de bonne volonté. Il a souvent de la chance. Est-ce dû au mot « hilare » contenu dans le prénom ?

Patronyme : Hilaire se combine mal avec un nom commençant par « r ».

Hilda

Fêtée le 17 novembre.

Etymologie : vient du germain « hild » qui signifie combat.

Historique : sainte Hilda était une princesse de Northumbrie qui préféra aux plaisirs de la cour la vie monacale comme abbesse du monastère de Whitby en Angleterre. Elle mourut en 680.

La *part de chance* de Hilda est à 53° sur le zodiaque, c'est-à-dire le 23° du Taureau.
Le *chiffre* de Hilda est le 7.
La *couleur* de Hilda est le rouge.

Caractère type : elle est souvent robuste et d'une beauté très charnelle. Elle est directe, bon-enfant, qualités qui dénotent un fond paysan, souvent apparent.

Patronyme : Hilda se combine mal avec un nom commençant par un « a » ou pire « da ».

Hildegarde

Fêtée le 17 septembre.

Etymologie : vient du germain « hild » qui signifie armée et « gardan » qui veut dire savoir.

Historique : sainte Hildegarde naquit à Bermersheim en 1098 dans une famille noble. Elle choisit rapidement la religion et fonda le monastère de Ruppertsberg et celui d'Eibingen. Elle eut des visions mystiques sur la Sainte Trinité et sur l'Antéchrist. Elle mourut en 1179. Vénérée comme une sainte, elle n'est pourtant pas canonisée.

D'autres saintes et bienheureuses ont porté le nom d'Hildegarde. Citons entre autres la bienheureuse Hildegarde, épouse de Charlemagne, l'une du moins de ses épouses. Elle est fêtée le 30 avril.

La *part de chance* de Hildegarde est à 270° sur le zodiaque, c'est-à-dire le 30° du Sagittaire.
Le *chiffre* de Hildegarde est le 1.
La *couleur* de Hildegarde est le rouge.

Caractère type : elle déborde d'activité. C'est une travailleuse acharnée, et robuste. On peut lui reprocher d'être trop sérieuse, mais son humour la sauve souvent de ce penchant.

Patronyme : Hildegarde se combine mal avec un nom commençant par « d » ou « r ».

Hippolyte

Fêté le 13 août.

Etymologie : vient du grec « hippolutos » qui signifie celui qui délie les chevaux.

Mythologie : Hippolyte était le fil de Thésée et d'une amazone. Le goût de la chasse lui venait sans doute de sa mère et il ne rêvait que de gibier. Sa belle-mère, Phèdre, elle, ne rêvait que de lui. Elle osa lui faire des avances que notre intrépide chasseur ne voulut pas comprendre. Phèdre se vengea en racontant à son mari que le Nemrod avait attenté à son honneur. Thésée, furieux, pria Poseïdon de le venger et de punir l'incestueux. Ce dernier se promenait en char le long de la mer lorsqu'un monstre marin apparut qui effraya ses chevaux. Le char se fracassa contre les rochers. Ainsi périt Hippolyte qui préféra la chasse à sa belle-mère. La vertu décidément n'est pas récompensée par les dieux et Artémis aurait pu faire quelque chose...

Historique : saint Hippolyte fut un curieux saint. Prêtre, expert en théologie, il s'opposa à quatre papes et fut considéré comme un antipape. Ce schismatique entêté devait se retrouver en compagnie du pape Pontien sur l'île où Maximin les avait déportés. Là, le pape et l'antipape se réconcilièrent, ce dernier ayant fait son mea culpa. Ils moururent tous deux au IIIe siècle. Dès lors, puisqu'il était mort pour la vraie foi, même avec retard, on le canonisa avec saint Pontien, son compagnon de bagne.

D'autres saints et bienheureux ont porté le nom d'Hippolyte. Citons entre autres le geôlier de saint Laurent qui, s'étant converti, mourut martyr à son tour vers 258. Il est fêté le 13 août. Un évêque de Porto, qui fut noyé dans un fossé à Ostie. Il est fêté le 22 août.

Personnage célèbre : le philosophe et historien français, Hippolyte Taine.

La *part de chance* d'Hippolyte est à 3° sur le zodiaque, c'est-à-dire, le 3° du Bélier.
Le *chiffre* d'Hippolyte est le 9.
La *couleur* d'Hippolyte est le vert.

Caractère type : il ne triche jamais et cette sincérité est le défaut de sa cuirasse. Il est courageux et a le culte de la virilité.

Patronyme : Hippolyte, prénom qu'il est très difficile de porter, se combine mal avec un nom commençant par « t ».

Honoré

Fêté le 16 mai.

Etymologie : vient du latin « honoratus » qui signifie, honoré, digne d'honneurs.

Historique : saint Honoré est le patron des boulangers. C'est à peu près tout ce qu'il reste de cet évêque d'Amiens, né près d'Abbeville et mort au VIe siècle. Une chapelle, dédiée à saint Honoré, fut le point de ralliement des confréries de boulangers parisiens. D'où l'histoire du saint patron. La légende lui donne une autre origine : saint Honoré célébrant la messe aurait vu le Christ tenir lui même l'hostie, c'est-à-dire le pain consacré.

Personnages célèbres : Honoré de Balzac. Quatre papes. Cinq princes de Monaco. L'écrivain Honoré d'Urfé. Le peintre Honoré Daumier.

La *part de chance* d'Honoré est à 43° sur le zodiaque, c'est-à-dire le 13° du Taureau.
Le *chiffre* d'Honoré est le 3.
La *couleur* d'Honoré est l'orangé.

Caractère type : il a des qualités d'organisateur. Il possède souvent du sens pratique. Il est réaliste. On pourrait lui reprocher parfois de manquer de générosité. Il peut être génial.

Patronyme : Honoré se combine mal avec un nom commençant par « é » ou « r ».

Honorine

Fêtée le 27 février.

Etymologie : voir Honoré.

Historique : sainte Honorine fut une vierge martyre du IVe siècle, dont le cadavre fut jeté dans la Seine entre Lillebonne et Harfleur où on le découvrit. Vers le IXe siècle, ses reliques furent transportées à Conflans qui devint Conflans-Sainte-Honorine. Elle est la sainte patronne des bateliers.

La *part de chance* d'Honorine est à 103° sur le zodiaque, c'est-à-dire le 13° des Poissons.
Le *chiffre* d'Honorine est le 8.
La *couleur* d'Honorine est l'orangé.

Caractère type : elle est souvent lunatique, nerveuse, rêveuse et même menteuse. Mais elle ment pour transformer le monde qu'elle voudrait plus en accord avec ses rêves.

Patronyme : Honorine, prénom peu utilisé aujourd'hui, se combine mal avec un nom commençant par « n » ou « i ».

Hortense

Fêtée le 11 janvier.

Etymologie : vient du latin « Hortensius », nom de patriciens romains.

Historique : saint Hortense fut évêque à Césarée.

Personnages célèbres : Hortense de Beauharnais, reine de Hollande et mère de Napoléon III. L'actrice et chanteuse Hortense Schneider.

La *part de chance* d'Hortense est à 58° sur le zodiaque, c'est-à-dire le 28° du Taureau.
Le *chiffre* d'Hortense est le 5.
La *couleur* d'Hortense est le bleu.

Caractère type : elle est souvent belle et bien en chair. Elle est simple et directe. Elle est attachée aux traditions.

Patronyme : Hortense se combine mal avec un nom commençant par « s » ou « en ».

Hubert

Fêté le 3 novembre.

Etymologie : vient du germain « hug » qui signifie intelligence et « behrt » qui veut dire brillant.

Historique : saint Hubert fut évêque du diocèse de Tongres-Maastricht puis de Liège. Il convertit, en Belgique, de nombreuses peuplades païennes. La légende s'est emparée de ce saint et lui a prêté maints prodiges. Ainsi, il aurait été converti en voyant apparaître une croix lumineuse entre les bois d'un cerf. On en fit donc le saint patron des chasseurs. Son étole protégeait de la rage. On l'invoque contre cette maladie. Ses reliques ont été transportées au monastère d'Andage, noyau du futur Saint-Hubert. Il mourut en 727.

Personnage célèbre : le peintre Hubert Robert.

La *part de chance* de Hubert est à 1° sur le zodiaque, c'est-à-

dire le 1° du Bélier.
Le *chiffre* de Hubert est le 2.
La *couleur* de Hubert est le bleu.

Caractère type : son prénom est largement ouvert. Il semble devoir être prolongé par une vie extravertie et éclatante. Hubert a le goût de l'héroïsme ; il est fait pour le métier des armes. C'est aussi un créateur qui n'hésite devant aucun sacrifice.

Patronyme : Hubert se combine mal avec un nom commençant par « r ».

Huberte

Voir Hubert.

La *part de chance* de Huberte est à 261° sur le zodiaque, c'est-à-dire le 21° du Sagittaire.
Le *chiffre* de Huberte est le 7.
La *couleur* de Huberte est le bleu.

Caractère type : généralement, on ne la trouve pas assez simple. C'est qu'elle a une forte personnalité et qu'elle est souvent orgueilleuse. En vieillissant, elle devient moins raisonneuse et plus indulgente.

Patronyme : Huberte se combine mal avec un nom commençant par « t ».

Hugo

Voir Hugues.

Personnages célèbres : Hugo d'Oignies, orfèvre mosan de la fin du XIIe siècle. L'écrivain autrichien Hugo von Hofmannsthal. Hugo Claus.

La *part de chance* de Hugo est à 87° sur le zodiaque, c'est-à-dire le 27° des Gémeaux.

Le *chiffre* de Hugo est le 6.
La *couleur* de Hugo est le violet.

Caractère type: il déconcerte souvent car il semble vivre en se jouant de tout et de tous. Il sait pourtant reconnaître une intelligence supérieure. Il ne peut s'empêcher de se demander constamment comment les autres le voient et le jugent. Comme le violet qui est sa couleur, il déconcerte souvent: est-il à prédominance rouge, ou bleue?

Patronyme: Hugo se combine mal avec un nom commençant par «o» ou par une consonne dure.

Hugues

Fêté le 29 avril.

Etymologie: vient du germain «hug» qui signifie intelligence.

Historique: saint Hugues naquit à Semur en 1024. Désapprouvé par son père, il se fit moine et devint successivement prieur puis abbé de Cluny. Il s'efforça tout au long de sa vie de faire rayonner partout en Europe l'esprit de Cluny. Conseiller des empereurs, des rois et des papes, il sut toujours se montrer à la fois ferme et conciliateur. C'est ainsi qu'il parla en faveur d'Henri IV à Canossa. Il fut très écouté par les papes qui se succédèrent pendant les soixante années qu'il passa à la tête de son abbaye. Il mourut en 1109.

D'autres saints et bienheureux ont porté le nom de Hugues. Citons entre autres un évêque de Grenoble, qui vendit son calice pour aider les pauvres et fut à l'origine de la Grande-Chartreuse. Né en 1053, il mourut en 1132. Il est fêté le 1er avril. Saint Hugues de Montaigu, évêque d'Auxerre, fêté le 10 août. Saint Hugues, évêque de Lincoln, grâce à Henri II, mort en 1200, fêté le 17 novembre.

Personnages célèbres: Hugues Capet, chef de la IIIe dynastie des rois de France. Quatre ducs de Bourgogne. Un comte de Vermandois. Quatre rois de Chypre. Un roi d'Italie. Hugues de Payns, fondateur de l'ordre des Templiers. Hugues de Saint-Victor, philosophe et théologien mystique. Le chanteur

Hugues Aufray.

La *part de chance* de Hugues est à 328° sur le zodiaque, c'est-à-dire le 28° du Verseau.
Le *chiffre* de Hugues est le 9.
La *couleur* de Hugues est le violet.

Caractère type : il a horreur des contraintes, du tout-venant. Il ne pense ni ne juge les choses et les êtres comme le commun des mortels. C'est un anticonformiste jaloux de son indépendance.

Patronyme : Hugues se combine mal avec un nom commençant par une consonne dure.

Huguette

Voir Hugues.

La *part de chance* de Huguette est à 113° sur le zodiaque, c'est-à-dire le 23° du Cancer.
Le *chiffre* de Huguette est le 8.
La *couleur* de Huguette est le violet.

Caractère type : sa nature profonde la porte à s'illusionner. C'est une rêveuse qui s'accommode mal de la réalité. La maternité arrange souvent les choses.

Patronyme : Huguette se combine mal avec un nom commençant par « t ».

Humbert

Fêté le 4 mars.

Etymologie : vient du germain « hun » qui veut dire géant et « behrt » qui signifie brillant.

Historique : saint Humbert est un saint qui ne tenait pas en place. Il naquit en 1136. Comte de Savoie à 13 ans. Alors qu'il faisait une retraite à l'abbaye de la Haute-Combe, il dut quitter les lieux saints pour aller guerroyer puis il revint achever sa retraite ayant vaincu son ennemi. Ce n'était pas fini. Pressé par ses barons, on l'obligea à sortir de l'abbaye pour se marier et donner un héritier au comté de Savoie. Il accepta de mauvaise grâce mais fit ce qu'il fallait faire. Marié quatre fois, quatre fois veuf, il n'aspirait plus qu'à la discipline monastique. Il mourut en 1189.

D'autres saints et bienheureux ont porté le nom d'Humbert. Citons un abbé du Hainaut au VIIe siècle. Il est fêté le 25 mars.

Personnages célèbres : trois comtes de Savoie. Deux rois d'Italie. Humbert de Moyenmoutier, archevêque de Sicile, qui lutta contre la simonie au XIe siècle.

La *part de chance* de Humbert est à 301° sur le zodiaque, c'est-à-dire le 1° du Verseau.
Le *chiffre* de Humbert est le 6.
La *couleur* de Humbert est le vert.

Caractère type : il n'aime que l'imprévu. Timide, il est cependant ravi de briller en société dès qu'il a acquis un peu d'aisance. Utopiste, il est plus attaché au futur qu'au passé. Complexe, il offre toutes les apparences de la simplicité. Il est nanti d'un prénom « sage » et sérieux, sans bavure mais sans panache.

Patronyme : Humbert se combine mal avec un nom commençant par « r ».

Ida

Fêtée le 13 avril.

Etymologie : voir Hilda.

Historique : sainte Ida naquit à Bouillon vers 1040. Elle était la fille de Godefroy IV le Barbu, duc de Basse-Lorraine. Elle épousa Eustache II, comte de Boulogne. Elle en eut deux fils, Godefroy de Bouillon et Baudouin Ier, roi de Jérusalem grâce à la première Croisade. Elle eut une vie pieuse au service de l'Eglise qu'elle dota royalement. Elle mourut en 1113.

D'autres saintes et bienheureuses ont porté le nom d'Ida. Citons entre autres la femme de Pépin de Landen, mère de sainte Gertrude et de sainte Begge. Elle est fêtée le 8 mai.

Personnage célèbre : la danseuse et mécène russe Ida Rubinstein.

La *part de chance* d'Ida est à 15° sur le zodiaque, c'est-à-dire le 15° du Bélier.
Le *chiffre* d'Ida est le 5.
La *couleur* d'Ida est le bleu.

Caractère type : elle fait beaucoup pour ceux qu'elle aime et pardonne à ceux qui l'ont offensé, mais par orgueil.

Patronyme : Ida se combine évidemment mal avec un nom commençant par « a » ou « d ».

Ignace

Fêté le 31 juillet.

Etymologie : vient du latin « ignis » qui signifie feu.

Historique : saint Ignace de Loyola naquit en 1491 à Azpeitia dans le Pays basque espagnol, de parents nobles. Attiré par le métier des armes, il mit son épée de gentilhomme au service du roi de Navarre. Blessé aux jambes par un boulet français au siège de Pampelune, il se replia sur lui-même et trouva Dieu. Dès lors, il mena de monastère en monastère une vie mystique. Puis, soudain, il décida à trente ans d'entreprendre des études universitaires. Il accumula les diplômes à Alcala, à Salamanque et même à la Sorbonne. C'est à Paris, en 1534, qu'il réunit un groupe d'étudiants, afin d'évangéliser les infidèles mais ce but se révéla inaccessible. Ils se rendirent alors ensemble chez le pape pour lui offrir leurs services. Les disciples commencèrent à affluer. Le pape Paul III leur accorda le titre d'Ordre. Ce fut la Compagnie de Jésus, qui se voua à la prédication et à l'enseignement. Supérieur général des Jésuites, saint Ignace de Loyola assista au triomphe de son ordre surtout face au protestantisme. Il a laissé entre autres ouvrages un petit livre intitulé « Les Exercices spirituels » qui est une sorte de manuel pour vaincre le péché et mieux servir Dieu. Il mourut en 1556, laissant plus de mille disciples et des centaines de collèges et de fondations.

D'autres saints et bienheureux ont porté le nom d'Ignace. Citons entre autres saint Ignace, évêque d'Antioche, qui écrivit à toutes les Eglises se trouvant sur le chemin qui le conduisait au martyre, et il mourut à Rome en 107 sous Trajan, comme il venait de l'écrire : « froment de Dieu, moulu par la dent des bêtes pour devenir le pain immaculé du Christ ». Il est fêté le 17 octobre.

Personnages célèbres : Ignace Magistros, écrivain byzantin du IXe siècle. Notons que Fernandel a rendu, par une chanson, le prénom d'Ignace plutôt ridicule. C'est dommage pour la chrétienté. Le compositeur et homme d'Etat polonais Ignacy Paderewski. Le compositeur autrichien Ignace Pleyel.

La *part de chance* d'Ignace est à 39° sur le zodiaque, c'est-à-dire le 9° du Taureau.
Le *chiffre* d'Ignace est le 3.
La *couleur* d'Ignace est le jaune.

Caractère type : il possède une grande puissance de travail mais il n'est pas très rapide. Il aime les objets et la beauté a le don de l'émouvoir. Son grand défaut est d'être possessif et jaloux. Il est assez secret. Il ne prend jamais une décision sur un coup de tête.

Patronyme : Ignace se combine mal avec un nom commençant par une consonne sifflante.

Igor

Fêté le 5 juin.

Etymologie : vient du scandinave « Ingvarr » ; les princes russes descendaient en effet des Vikings.

Historique : saint Igor fut dépossédé du trône par le peuple qui le contraignit à l'abdication. Il se retira dans un monastère où on l'assassina tandis qu'il priait. Cette histoire cruelle et bien slave se passait en 1147.

Personnages célèbres : Igor Stravinski. Le chef d'orchestre Igor Markevitch. Le Prince Igor, œuvre de Borodine.

La *part de chance* d'Igor est à 283° sur le zodiaque, c'est-à-dire le 13° du Capricorne.
Le *chiffre* d'Igor est le 4.
La *couleur* d'Igor est le rouge.

Caractère type : le prénom est puissant, sonore, assez sombre. Pour Igor, l'orgueil est son arme maîtresse mais elle est à double tranchant. Il le pousse à entreprendre mais l'empêche de demander de l'aide s'il éprouve des difficultés.

Patronyme : Igor se combine mal avec un nom commençant par un « r ».

Inès

Fêtée le 10 septembre.

Etymologie : vient du latin « agnus » qui veut dire mouton et du grec « agnos » qui signifie pur.

Historique : la bienheureuse Inès Takeya, épouse d'un Japonais converti comme elle, fut arrêtée pour avoir hébergé des missionnaires. Tous furent décapités en 1622.
D'autres saintes ou bienheureuses ont porté le nom d'Inès.

Personnage célèbre : Inès de Castro, maîtresse de Pierre de Portugal. Elle est une des héroïnes de la « Reine morte » d'Henri de Montherlant.

La *part de chance* d'Inès est à 5° sur le zodiaque, c'est-à-dire le 5° du Bélier.
Le *chiffre* d'Inès est le 2.
La *couleur* d'Inès est le rouge.

Caractère type : c'est l'activité faite femme ; d'ailleurs elle est pleine d'énergie et d'endurance. C'est une très bonne mère. On ne peut éprouver pour elle que de l'estime.

Patronyme : Inès se combine mal avec un nom commençant par une consonne sifflante ou par « é ».

Ingrid

Fêtée le 2 septembre.

Etymologie : vient du scandinave « Ingwi » qui est un héros et « rida » qui signifie celle qui délivre.

Historique : sainte Ingrid fut la fondatrice, avec l'aide des premiers missionnaires dominicains, d'un monastère à Skänningue en Suède. Elle en devint la prieure et elle y mourut en 1282.

Personnage célèbre : l'actrice Ingrid Bergmann.

La *part de chance* d'Ingrid est à 277° sur le zodiaque, c'est-à-dire le 7° du Capricorne.
Le *chiffre* d'Ingrid est le 7.
La *couleur* d'Ingrid est le vert.

Caractère type : elle ressent intensément les choses après les avoir longtemps méditées. Ainsi des offenses. C'est une femme solide et stable, sur qui on peut compter. Un peu dure, peut-être, comme la résonance de son prénom.

Patronyme : Ingrid se combine mal avec un nom commençant par « i », « d » ou « t ».

Irène

Fêtée le 3 avril.

Etymologie : vient du grec « eirênê » qui veut dire paix.

Historique : sainte Irène fut arrêtée avec ses sœurs parce qu'elles détenaient des livres saints. Ses sœurs, Agapê et Chionia furent brûlées vives, tandis que sainte Irène était traînée nue dans un lupanar avant d'être brûlée vive à son tour. Cela se passa en 304, en Thessalonique.

D'autres saintes ou bienheureuses ont porté le nom d'Irène. Citons entre autres une martyre portugaise morte vers 653 et fêtée le 20 octobre.

Personnages célèbres : trois impératrices d'Orient dont la première a été canonisée par l'Eglise orthodoxe. Irène Joliot-

Curie. L'actrice Irène Pappas.

La *part de chance* d'Irène est à 270° sur le zodiaque, c'est-à-dire le 30° du Scorpion.
Le *chiffre* d'Irène est le 6.
La *couleur* d'Irène est le jaune.

Caractère type : elle croit à la sincérité des autres et tient, en toutes circonstances, à ne jamais tricher.

Patronyme : Irène se combine mal avec un nom commençant par « n ».

Iris

Fêtée le 4 septembre.

Etymologie : vient du grec « Iris », nom d'une divinité (voir ci-dessous).

Mythologie : Iris était la messagère des dieux. Son écharpe aux sept couleurs n'était autre que l'arc-en-ciel. Elle conduisait les âmes aux enfers.

Historique : sainte Iris était la fille de saint Philippe l'apôtre. Elle mourut en Asie Mineure au IIe siècle. C'est tout ce qu'on sait d'elle. Il faut croire que c'est suffisant et qu'on peut être sainte de père en fille...

La *part de chance* d'Iris est à 160° sur le zodiaque, c'est-à-dire le 10° de la Vierge.
Le *chiffre* d'Iris est le 1.
La *couleur* d'Iris est le vert.

Caractère type : c'est en se dévouant aux autres qu'elle parvient à dépasser ses angoisses. Elle trouve ainsi son équilibre.

Patronyme : Iris se combine mal avec un nom commençant par une consonne sifflante ou « i ». C'est un prénom rare, qu'il est dangereux de porter. Il sombre vite dans le ridicule.

Irma

Fêtée le 9 juillet.

Etymologie : vient du germain « irmin » qui signifie énorme.

Historique : la bienheureuse Irma choisit le nom de Marie-Hermine de Jésus en entrant chez les Franciscaines. Missionnaire en Chine, elle fut martyrisée par les Boxers en 1900.

Personnage célèbre : « Irma la douce ».

La *part de chance* d'Irma est à 251° sur le zodiaque, c'est-à-dire le 11° du Sagittaire.
Le *chiffre* d'Irma est le 5.
La *couleur* d'Irma est le bleu.

Caractère type : le prénom est assez sec, bref, malgré les voyelles « i » et « a ». Il n'a aucune résonance joyeuse, mais évoque l'impatience et l'irritabilité. Irma veut trop faire ou trop bien faire, au lieu d'attendre son tour avec patience. Elle ne cède pas volontiers. Elle est souvent orgueilleuse.

Patronyme : Irma se combine mal avec un nom commençant par « a » ou pire, « ma ».

Isaac

Fêté le 20 décembre.

Historique : Isaac, fils de Sara et d'Abraham, fut un patriarche hébreu. Isaac était né d'un centenaire et d'une vieille femme, mais Dieu avait promis que c'était d'Isaac que naîtrait la postérité qui porterait son nom. Dieu mit Abraham à l'épreuve et lui ordonna de Lui offrir Isaac en holocauste. On connaît la suite. Dieu fit remplacer le sacrifice humain par celui d'un bélier. Isaac épousa sa cousine Rébecca. Il en eut deux fils : Jacob, et Esaü qui vendit son droit d'aînesse contre un plat de lentilles. Isaac est l'ancêtre du Christ ; c'est pourquoi il est fêté peu avant Noël.

Des saints et des bienheureux ont porté le nom d'Isaac. Citons entre autres un Syrien qui vécut en ermite à Spolète.

Il mourut vers 550, fit des miracles et est fêté le 21 avril.

Personnages célèbres : Isaac Newton. Isaac Albenitz. Le Juif errant, « Isaac Laquedem », héros d'Alexandre Dumas père.

La *part de chance* d'Isaac est à 332° sur le zodiaque, c'est-à-dire le 2° des Poissons.
Le *chiffre* d'Isaac est le 6.
La *couleur* d'Isaac est le rouge.

Caractère type : il est guidé intérieurement vers un monde qui se trouve hors de lui. Il aspire à se fondre dans l'inconnu. Il est mû par l'intuition. Il se montre souvent illogique. Il « sent » les choses plus qu'il ne les « pense ».

Patronyme : Isaac se combine mal avec un nom commençant par une consonne dure.

Isabelle

Fêtée le 22 février.

Etymologie : voir Elisabeth dont Isabelle est un diminutif.

Historique : sainte Isabelle de France naquit à Paris en 1225. Elle était, comme son frère saint Louis, l'enfant de Louis VIII et de Blanche de Castille. Elle vénérait l'Ordre de saint François et elle entra chez les Clarisses de l'abbaye de Longchamps qu'elle avait fondée. Elle y mourut en 1270.

D'autres saintes et bienheureuses ont porté le nom d'Isabelle.

Personnages célèbres : Isabelle d'Anjou, reine de Chypre et de Jérusalem. Isabelle de Hainaut, reine de France, épouse de Philippe-Auguste. Isabelle d'Angoulême, reine d'Angleterre enlevée par Jean sans Terre. Isabelle d'Aragon, reine de France, épouse de Philippe le Hardi. Isabelle d'Orléans, reine d'Angleterre, épouse trop jeune de Richard II. Isabelle de Portugal, duchesse de Bourgogne, épouse de Philippe le Bon. Isabelle de Lorraine, la vaillante épouse de René d'Anjou. Isabelle la Catholique, reine de Castille. Isabelle de Portugal, épouse de Charles Quint. Isabelle d'Autriche, épouse d'Albert d'Autriche, gouvernante des Pays-Bas. Isabelle II, reine d'Espagne, jusqu'à l'exil et l'abdication. Isabelle Brandt, la première femme de Rubens. La comédienne Isabelle Adjani. La chanteuse Isabelle Aubret.

La *part de chance* d'Isabelle est à 23° sur le zodiaque, c'est-à-dire le 23° du Bélier.
Le *chiffre* d'Isabelle est le 2.
La *couleur* d'Isabelle est le jaune.

Caractère type : elle ne s'écoute pas. Même lorsqu'elle est fatiguée, elle ne cesse de travailler. Elle apprend parfois à connaître ses limites mais c'est rare. Elle se laisse souvent submerger par son affectivité. Par ailleurs, elle se comporte avec droiture et fait beaucoup de bien à ceux qu'elle aime.

Patronyme : Isabelle se combine mal avec un nom commençant par « l » ou « le ».

Isidore

Fêté le 4 avril.

Etymologie : vient du grec « isidôros » qui signifie présent d'Isis.

Historique : saint Isidore de Séville fut élevé et éduqué par son frère aîné saint Léandre lorsqu'ils devinrent orphelins. Son frère étant un érudit tout à fait remarquable, saint Isidore devint rapidement un savant à qui aucune discipline n'était étrangère. Saint Léandre, évêque de Séville, une fois mort, ce fut naturellement saint Isidore qui occupa le siège vacant. Il avait des talents d'organisateur hors pair. Il régla minutieusement les conciles de l'Eglise de son pays wisigothique. Il dialogua avec les rois et les princes. On a pu parler à juste titre de « renaissance isidorienne » après tant de crimes et de guerres. Il écrivit énormément et nous a laissé un vaste ouvrage « Sur l'origine de certaines choses » qui est une somme de toutes les connaissances à cette époque. Il rédigea également une « Histoire des Goths, des Vandales, et des Suèves ». Son œuvre religieuse n'est pas moins importante : « Une règle pour célébrer le concile », « Des devoirs ecclésiastiques », « Lamentations de l'âme pécheresse », etc. Il reçut les derniers sacrements sur un lit de cendres et ceint d'un cilice. Il mourut en 636 dans sa ville épiscopale, Séville.

D'autres saints et bienheureux ont porté le nom d'Isidore. Citons entre autres saint Isidore le Laboureur, simple ouvrier agricole, marié et père d'un enfant. Sa piété était grande et sa charité tout autant. Quand il mourut vers 1130, des miracles se produisirent sur sa tombe. Il est le saint patron de Madrid et des laboureurs. Il est fêté le 15 mai.

Personnages célèbres : Isidore de Milet, architecte byzantin du VIe siècle. Il fut l'un des constructeurs de Sainte-Sophie de Constantinople. Isidore, archevêque de Kiev et métropolite de toutes les Russies, partisan de la réconciliation des Eglises grecques et latines au XVe siècle. Isidore Ducasse, plus connu sous son pseudonyme : le Comte de Lautréamont.

La *part de chance* d'Isidore est à 239° sur le zodiaque, c'est-à-dire le 29° du Scorpion.
Le *chiffre* d'Isidore est le 7.
La *couleur* d'Isidore est le vert.

Caractère type : il est capable de réaliser de grandes choses, grâce à son énergie exceptionnelle, son endurance, son orgueil et son caractère absolu. Il peut se dévouer corps et âme, ruiner sa santé, perdre la vie même pour une cause exaltante.

Patronyme : Isidore, prénom devenu désuet, se combine mal avec un nom commençant par « r » ou « o ».

Ivan

Voir Jean, dont Ivan est la forme slave.

Personnages célèbres : six princes de Moscovie ou tsars de Russie. Le plus connu est Ivan le Terrible, admirablement mis en scène au cinéma par S.M. Eisenstein. L'écrivain Ivan Bounine. Le fabuliste Ivan Krylov.

La *part de chance* d'Ivan est à 67° sur le zodiaque, c'est-à-dire le 7° des Gémeaux.
Le *chiffre* d'Ivan est le 1.

La *couleur* d'Ivan est le rouge.

Caractère type : sa capacité de résistance est capricieuse. Il peut faire des efforts extraordinaires, pour « craquer » soudain. Il est instable, imprévisible. Il se débarrasse sans remords de ceux qui ont le tort d'être sur son chemin.

Patronyme : Ivan se combine mal avec un nom commençant par un « an ».

Jacinthe

Fêtée le 30 janvier.

Etymologie : vient du grec « huakinthos ».

Historique : sainte Jacinthe de Mariscoti naquit à Vignarello en 1585. Frivole mais obéissante, elle entra au couvent et regretta sa vie passée pendant une bonne dizaine d'années pour ne plus penser enfin qu'à Dieu et devenir une des plus pieuses nonnes de son couvent. Elle mourut en 1640.

Botanique : la jacinthe est une plante à bulbe dont la hampe porte une grappe de fleurs élégantes, aux teintes vives, variant du violet au bleu, du rouge au rose et du jaune au blanc. Elles ont en outre un parfum suave et pénétrant.

Personnage célèbre : Jacinthe Giscard d'Estaing.

La *part de chance* de Jacinthe est à 144° sur le zodiaque, c'est-à-dire le 24° du Lion.
Le *chiffre* de Jacinthe est le 7.
La *couleur* de Jacinthe est le bleu.

Caractère type : elle est loyale et fière. C'est une femme sur qui on peut compter. Elle refuse la médiocrité. Elle veut que sa vie soit une réussite.

Patronyme : Jacinthe, prénom difficile à porter, se combine mal avec un nom commençant par « t » ou « in ».

Jack

Voir Jean, dont Jack est la forme anglo-saxonne.

Personnages célèbres : le romancier Jack London. L'invisible Jack l'Eventreur.

La *part de chance* de Jack est à 51° sur le zodiaque, c'est-à-dire le 21° du Taureau.
Le *chiffre* de Jack est le 7.
La *couleur* de Jack est le rouge.

Caractère type : amoureux de la vie, il a le sens de la beauté qui l'émeut souvent et le goût du plaisir en toutes choses. Il est possessif et lent à s'émouvoir.

Patronyme : Jack se combine mal avec un nom commençant par une consonne dure.

Jackie

Voir Jacqueline, dont Jackie est la forme anglo-saxonne.

Personnage célèbre : Jackie Onassis, ex-Kennedy.

La *part de chance* de Jackie est à 66° sur le zodiaque, c'est-à-dire le 6° des Gémeaux.
Le *chiffre* de Jackie est le 3.
La *couleur* de Jackie est le rouge.

Caractère type : souvent jolie, elle manque parfois de vraie féminité. Elle n'attire guère les hommes. Elle a de brusques sautes d'humeur. Elle juge les autres un peu vite.

Patronyme : Jackie se combine mal avec un nom commençant par « i » ou une consonne dure.

Jacob

Fêté le 20 décembre.

Etymologie : vient de l'hébreu « yacob » qui signifie trompeur, qui supplante.

Historique : Jacob était le fils de Rébecca et d'Isaac et le frère d'Esaü qu'il grugea comme on sait. Il dut fuir sa colère en Mésopotamie où il épousa successivement les deux filles de Laban : Lia et Rachel. Jacob retourna au pays de Chanaan avec ses deux femmes et ses troupeaux. C'est en cours de route que Jacob lutta avec l'Ange qui lui donna le nom d'Israël, ou celui qui lutte avec Dieu. Jacob se réconcilia avec Esaü et ses douze fils furent les douze patriarches d'où descendirent les douze tribus d'Israël.

Personnages célèbres : Jacob Héraclide, prince de Moldavie et aventurier du XVIe siècle. Le poète mystique Jacob Boehme. Le bibliophile Jacob.

La *part de chance* de Jacob est à 103° sur le zodiaque, c'est-à-dire le 13° du Cancer.
Le *chiffre* de Jacob est le 4.
La *couleur* de Jacob est le bleu.

Caractère type : il est très impressionnable et souvent hypocondriaque. Il est volontiers rêveur. Il est très à l'aise avec les autres : hommes, femmes ou enfants. Parfois, il prend ses désirs pour des réalités.

Patronyme : Jacob se combine mal avec un nom commençant par « b » ou « p ».

Jacqueline

Fêtée le 8 février.

Etymologie : voir Jacques.

Historique : la bienheureuse Jacqueline était une dame romaine de noble extraction et ayant fait un riche et noble mariage. Quand saint François d'Assise vint à Rome, ce fut elle qui l'accueillit et elle éprouva une telle amitié pour lui qu'il se mit désormais à l'appeler « Frère Jacqueline ». Veuve, elle vécut pieusement à Assise, non loin du tombeau de son saint et malicieux ami, et mourut là en 1274. Son corps repose dans la basilique près de la tombe de saint François qu'elle avait si bien gardée.

Personnages célèbres: Jacqueline de Bavière qui épousa successivement Jean de France, Jean IV, duc de Brabant et le duc de Gloucester. Jacqueline Pascal, sœur de Blaise. L'actrice Jacqueline Maillan.

La *part de chance* de Jacqueline est à 237° sur le zodiaque, c'est-à-dire le 27° du Scorpion.
Le *chiffre* de Jacqueline est le 7.
La *couleur* de Jacqueline est le bleu.

Caractère type: le prénom est clair, vif, alerte, très féminin-actif. Jacqueline aime séduire et faire du charme, elle est d'ailleurs souvent très attirante. Ses rancunes sont aussi tenaces que ses attachements. Elle cherche presque toujours à se faire aimer, mais on peut se demander si ce n'est pas pour s'assurer un esclave de plus. Elle est pratique, active. Elle peut faire de grandes choses à condition qu'il soit beaucoup exigé d'elle.

Patronyme: Jacqueline se combine mal avec un nom commençant par « n » ou « i ».

Jacques

Fêté le 25 juillet.

Etymologie: vient de l'hébreu « Ya'agôbh » c'est-à-dire Jacob, qui veut dire celui qui supplante.

Historique: saint Jacques le Majeur était le frère de saint Jean l'Evangéliste, comme lui fils de Zébédée et de Salomé. Comme lui aussi, il vécut d'abord à Capharnaüm et était pêcheur. Son caractère était impétueux. Saint Jean, son frère, saint Pierre et lui-même furent les apôtres favoris du Christ. Saint Jacques était là lorsqu'eut lieu la Transfiguration, comme il était là pendant l'agonie sur la Croix. Son caractère, volontiers rageur, le fit surnommer par le Maître « Fils du tonnerre ». C'est lui qui fit figure de principal apôtre dans l'Eglise primitive, plutôt que saint Pierre. Hérode Agrippa ne s'y trompa d'ailleurs pas, qui le fit exécuter à l'orée de la chrétienté, un des premiers si pas le premier. Saint Jacques fut décapité en 42. La légende veut que le corps de saint Jacques, transporté en Espagne, fut enterré dans un champs qu'une étoile mystérieuse indiqua à des paysans: le champ de l'étoile, campus stellae, Compostelle. On y construisit un sanctuaire où affluèrent les pèlerins. Ils ramenaient, comme preuve de leur pèlerinage, une coquille, que l'on appella coquille Saint-Jacques. Il ne ferait pas bon affirmer aux Espagnols que Saint-Jacques-de-Compostelle est « bâti » sur une légende.

D'autres saints et bienheureux ont porté le nom de Jacques. Citons d'abord le plus important, saint Jacques le Mineur, autre apôtre du Christ. Mineur parce que petit de taille, saint Jacques le Mineur était apparenté à Jésus puisqu'on l'appelle dans les Evangiles le « frère du seigneur ». Sa mère était sans doute une parente de la Vierge Marie. Il peut être considéré comme le premier évêque de Jérusalem. La tradition, qui n'est pas loin de la légende, veut qu'il ait été lapidé par les Juifs vers 66. Une de ses épîtres se trouve dans le Nouveau Testament. Elle est surtout morale. Il est fêté le 3 mai.

Citons aussi saint Jacques de la Marche, franciscain prédicateur très écouté en Europe centrale où il confondit les hérétiques. Menant une vie d'ascèse, il était fidèle à l'Eglise dans ses moindres détails. Il mourut en 1476. Il est fêté le 28 novembre. Citons enfin, parmi la cohorte de saints Jacques, le bienheureux Jacques de Voragine, mort en 1298, auteur de la fameuse Légende dorée et fêté le 13 juillet.

Personnages célèbres: deux rois d'Angleterre; deux rois d'Aragon; trois rois de Chypre, de Jérusalem et d'Arménie; sept rois d'Ecosse. Jacques des Baux, empereur latin d'Orient. Un empereur d'Haïti. Trois rois de Majorque. Jacques Baraddai, défenseur des monophysites. Jacques de Vitry, qui prêcha contre les Albigeois. Jacques, dit le Maître de Hongrie, chef de la croisade des pastoureaux. Jacques de Dixmude, pionnier de la pénétration belge au Congo. Jacques Cartier, qui prit possession du Canada au nom de François Ier. Le graveur Jacques Callot. Jacques Cœur, argentier de Charles VII. L'humaniste français Jacques Amyot. L'orateur sacré Jacques-Bénigne de Bossuet. Jacques Necker, financier et ministre de Louis XVI, père de Madame de Staël. Les compositeurs Giacomo Meyerbeer et Jacques Offenbach. Le philosophe-psychanalyste Jacques Lacan. L'écrivain Jacques Sternberg. Le biologiste Jacques Monod. Le chanteur belge Jacques Brel.

La *part de chance* de Jacques est à 82° sur le zodiaque, c'est-à-dire le 22° des Gémeaux.
Le *chiffre* de Jacques est le 4.
La *couleur* de Jacques est le rouge.

Caractère type : il éprouve presque toujours le besoin de mener deux activités de front, l'une le reposant de l'autre ou entraînant une stimulation nouvelle. Intelligent, s'exprimant avec facilité, maniant brillamment le paradoxe, il est souvent un écrivain ou un politicien habile. C'est un être doué et il travaille comme un « nègre » en laissant croire qu'il n'est qu'un dilettante.

Patronyme : Jacques se combine mal avec un nom commençant par une consonne dure.

Jean

Fêté le 27 décembre.

Etymologie : vient de l'hébreu « Jo » qui est l'abréviation de Javeh ou Jehovah, nom de Dieu, et de « hânan » qui veut dire : est miséricordieux.

Historique : saint Jean l'Apôtre ou l'Evangéliste était le frère de saint Jacques le Majeur. Avant d'être irrémédiablement conquis par Jésus, saint Jean était le disciple de saint Jean-Baptiste. Il faisait partie des trois apôtres préférés du Christ. C'est lui qui prépara avec Pierre le repas de la Cène. C'est lui que Jésus aimait peut-être plus que les autres puisqu'il lui confia sa mère avant de mourir. C'est encore lui qui reconnut le premier le Christ ressuscité. Il apparut comme un des chefs de l'Eglise naissante. Il se rendit à Ephèse où son tombeau a été retrouvé. Selon saint Irénée, saint Jean aurait été exilé à Pathmos sous Domitien. C'est dans cette île de la mer Egée qu'il aurait écrit son Apocalypse. Saint Jean composa aussi le

IVe Evangile et trois épîtres mystiques.

D'autres saints et bienheureux ont porté le nom de Jean. Citons en premier lieu saint Jean-Baptiste, le Précurseur, fils de Zacharie et d'Elisabeth, qui se rendit très tôt dans le désert pour prier et méditer. Quand il fut « mûr », il se rendit sur les bords du Jourdain et ameuta la foule des curieux en leur annonçant avec fougue l'imminence du Royaume de Dieu, mais en précisant qu'il n'était pas le Messie. C'est lui qui baptisa le Christ en le nommant « Agneau de Dieu ». Saint Jean-Baptiste, à quelque temps de là, vitupéra la conduite scandaleuse du roi Hérode Antipas, qui avait épousé la propre femme de son frère, Hérodiade. On connaît par l'opéra et les romans l'épisode de Salomé réclamant à Hérode la tête de saint Jean-Baptiste pour avoir dansé divinement. Ainsi fut fait. Il est fêté deux fois : le 24 juin et le 29 août.

Un autre saint Jean, plus proche de nous, est bien émouvant, c'est saint Jean Bosco qui, pauvre lui-même et fils de pauvres gens, se voua au service des enfants et des adolescents pauvres, comme il l'avait été. Don Bosco fonda à cet effet l'ordre des Salésiens, qui firent des miracles de générosité. Cette société de saint François de Sales devait connaître un essor prodigieux en Italie et même hors de ses frontières. Il mourut à Turin en 1888. Il est fêté le 31 janvier. Citons encore saint Jean Chrysostome, qui savait si bien se faire entendre par sa science plus peut-être que par son éloquence qui pourtant était grande, que ses fidèles le surnommèrent « bouche d'or » (chrysostomos en grec). Il s'efforça de lutter tant bien que mal contre la corruption dont son diocèse de Constantinople donnait l'exemple. Il fit de son mieux au milieu des intrigues, des meurtres, etc. Docteur de l'Eglise, il est un des Pères de l'Eglise d'Orient. Il mourut exilé, après des marches interminables, dans un petit village de Cappadoce en 407. Il est fêté le 13 septembre. On s'en voudrait d'oublier saint Jean de la Croix, qui devint confesseur au monastère des Carmélites dont sainte Thérèse d'Avila était la prieure. Il a laissé de très beaux poèmes mystiques. Il mourut en 1591 et est fêté le 14 décembre. Il est Docteur de l'Eglise. Saint Jean de Dieu, quant à lui fonda l'ordre des hospitaliers pour que les malades soient mieux traités dans les hôpitaux. Il n'hésita pas à mendier, « pauvre des pauvres » comme disait la foule. Il mourut à Grenade en 1550 et est fêté le 8 mars. Saint Jean Eudes fonda la congrégation de Jésus et Marie et la société de Notre-Dame-de-Charité-du-Refuge. Il fut un des initiateurs de la restauration du catholicisme au XVIIe siècle, du moins en France. Il mourut en 1680 et est fêté le 19 août. Saint Jean-Baptiste de la Salle, fondateur des Frères des écoles chrétiennes, mourut en 1719 et est fêté le 7 avril. Saint Jean-Marie-Baptiste Vianney, le fameux curé d'Ars, faisait de véritables miracles et attirait les foules tout en devant lutter pied à pied contre le démon. Il mourut en 1859. Il est fêté le 8 août. Citons saint Jean-François Régis, fêté le 16 juin; saint Jean Damascène, fêté le 4 décembre; saint Jean Berchmans, fêté le 14 août; saint Jean de Brébœuf, fêté le 16 mars; saint Jean de Capistran, fêté le 23 octobre; saint Jean Climaque, fêté le 30 mars; saint Jean de Matha, fêté le 8 février; le pape saint Jean Ier, fêté le 18 mai; saint Jean Leonardi, fêté le 8 octobre; etc.

Personnages célèbres: vingt-trois papes et un antipape. Deux rois de France. Jean sans Peur, duc de Bourgogne. Cinq ducs de Bretagne. Sept empereurs d'Orient. Un roi de Jérusalem. Quatre empereurs de Trébizonde. Jean sans Terre, roi d'Angleterre. Deux rois de Hongrie. Trois rois de Navarre. Cinq électeurs de Saxe. Trois rois de Suède. Des ducs, des comtes, etc. Jean d'Arras, qui fut dans son roman, au XIVe siècle, l'inventeur de Mélusine. Jean d'Auton, historiographe de Louis XII. Jean le Bel, chroniqueur savoureux du XIVe siècle. Jean Bodel, troubadour, auteur du Jeu de Saint-Nicolas, au XIIe siècle. Jean de Bruges, qui dessina pour Louis Ier d'Anjou les cartons de la Tenture de l'Apocalypse. Jean de Chelles, qui édifia au XIIIe siècle les portails nord et sud de Notre-Dame de Paris. Jean de Garlande, un des premiers théoriciens de la musique (début du XIIIe siècle). Jean de Holywood, qui résuma au XIIIe siècle les connaissances astronomiques des Arabes. Jean de Liège, du XIVe siècle, sculpteur de gisants. Jean de Meung qui écrivit au XIIIe siècle la seconde partie du Roman de la Rose. Jean d'Orbais, le premier architecte, au XIIIe siècle, de la cathédrale de Reims. Jean Renart, poète français du XIIIe siècle, auteur du très beau Lai de l'ombre. Johann Gensfleisch, dit Gutenberg, qui inventa la typographie, au XVe siècle. Les chroniqueurs Jean de Joinville et Jean Froissart. Jean de La Fontaine. Jean-Baptiste Poquelin, dit Molière. Jean Racine. Jean de La Bruyère. Jean-Sébastien Bach. Johannes Brahms. Johann Strauss.

Jean Anouilh. Jean Cocteau. Jean Giono. Jean Giraudoux. Jean Rostand. Jean Fourastié. Jean-Paul Sartre. Jean Guitton.

La *part de chance* de Jean est à 66° sur le zodiaque, c'est-à-dire le 6° des Gémeaux.
Le *chiffre* de Jean est le 3.
La *couleur* de Jean est le jaune.

Caractère type : il est habile et volontiers taquin. Il garde longtemps un visage et un corps d'adolescent, mais c'est un grand nerveux dont la résistance est capricieuse. Il peut fournir des efforts extraordinaires, mais au bout du compte il « craque ». Il a besoin de mener plusieurs activités de front, l'une stimulant l'autre ou le reposant. Il n'est ni jaloux ni possessif. Il est tendre, humain, amical ; son affectivité est intense. N'a-t-on pas dit que « La Passion selon saint Jean », de Bach, était la passion d'un homme, alors que « La Passion selon saint Matthieu » était celle d'un Dieu.

Patronyme : Jean se combine mal avec un nom commençant par « an ».

Jeanne

Fêtée le 30 mai.

Etymologie : voir Jean.

Historique : tout le monde connaît sainte Jeanne d'Arc. Fille de Jacques d'Arc et d'Isabelle Romée, elle naquit à Domrémy en 1412. Elle mena la vie d'une petite campagnarde mais habitée par une grande foi. Elle devait avoir treize ans lorsqu'elle entendit pour la première fois « ses voix », celles de saint Michel, de sainte Catherine et de sainte Marguerite. Elles lui disaient d'aller en France où elle lèverait le siège d'Orléans. On sait la suite : le voyage à Vaucouleurs, la rencontre mystérieuse avec le roi Charles VII, le « petit roi de Bourges », la victoire à Orléans sur les Anglais qu'elle voulait « bouter hors du royaume de France », le sacre de Charles VII à Reims, la capture de Jeanne à Compiègne par les Bourguignons, le jugement par l'Eglise représentée par Pierre Cauchon, évêque de Beauvais, enfin son supplice : elle fut brûlée vive sur la place du Vieux-Marché à Rouen et ses restes jetés en Seine. Elle mourut en 1431.

« Et Jeanne la bonne Lorraine
Qu'Anglais brûlèrent à Rouen... »

chantait Villon dans « La Ballade des Dames du Temps Jadis. Sainte Jeanne d'Arc est tout naturellement la patronne de la France.

D'autres saintes ou bienheureuses ont porté le nom de Jeanne. Citons entre autres sainte Jeanne de France, fille de Louis XI et épouse de Louis XII. Difforme, elle fut répudiée. Pieuse et charitable, elle fonda l'ordre de l'Annonciation. Elle mourut en 1505. Elle est fêtée le 4 février. Sainte Jeanne de Lestonnac, qui fonda l'ordre de Notre-Dame ou Compagnie de Marie, qui est le pendant pour les jeunes filles de la Compagnie de Jésus. Elle mourut en 1640. Elle est fêtée le 2 février. Sainte Jeanne-Françoise Frémiot de Chantal (voir Chantal).

Personnages célèbres : Jeanne de Navarre, reine de France, épouse de Philippe le Bel. Jeanne de Bourgogne, épouse de Philippe le Long, impliquée dans le scandale de la Tour de Nesle. Jeanne de Boulogne, reine de France, épouse de Jean II le Bon. Jeanne de Flandre, fille de Louis Ier, comte de Flandre. Jeanne de Bourbon, reine de France, épouse de Charles V. Deux reines de Naples. Deux reines de Castille, dont la seconde Jeanne la Folle était la mère de Charles Quint. Jeanne Seymour, reine d'Angleterre, troisième épouse de Henri VIII ; elle eut la « chance » de mourir en couches. Jeanne Grey, reine d'Angleterre détrônée et exécutée par Marie Tudor. Trois reines de Navarre. Jeanne Bécu, comtesse du Barry. L'actrice Jeanne Moreau.

La *part de chance* de Jeanne est à 121° sur le zodiaque, c'est-à-dire le 1° du Lion.
Le *chiffre* de Jeanne est le 4.
La *couleur* de Jeanne est le jaune.

Caractère type : elle est bien dans sa peau. Elle est souvent belle. Elle a une allure et un port de tête royaux. Elle est brillante, passionnée, idéaliste à l'extrême. Elle défend ses amis et ses idées avec enthousiasme. On ne peut nier son courage. Elle est loyale. On peut compter sur elle.

Patronyme : Jeanne se combine mal avec un nom commençant par « n ».

Jeanine

Voir Jeanne.

La *part de chance* de Jeanine est à 131° sur le zodiaque, c'est-à-dire le 11° du Lion.
Le *chiffre* de Jeanine est le 4.
La *couleur* de Jeanine est le jaune.

Caractère type : voir Jeanne. Le caractère est cependant plus adouci, un peu plus vivace, parfois sympathiquement farfelu.

Patronyme : Jeanine, qui s'orthographie aussi **Janine,** se combine mal avec un nom commençant par « n » ou « i ».

Jenny

Voir Jeanne, dont Jenny est le diminutif anglo-saxon.

La *part de chance* de Jenny est à 125° sur le zodiaque, c'est-à-dire le 5° du Lion.
Le *chiffre* de Jenny est le 5.
La *couleur* dc Jcnny cst lc jaunc.

Caractère type : voir Jeanne. Le caractère de Jenny est cependant plus alerte, plus imprévisible, s'appuyant cependant sur les caractéristiques propres aux Jeanne.

Patronyme : Jenny se combine mal avec un nom commençant par « i » ou « n ».

Jérémie

Fêté le 1er mai.

Etymologie : vient de l'hébreu et signifie : Dieu est haut.

Historique : Jérémie est un des quatre grands prophètes d'Israël. Il naquit à Anatoth vers 650. Il déconseilla au peuple de s'allier avec l'Egypte mais lui dit de se soumettre à Babylone, dont il prévoyait la domination. Il fut persécuté car il disait de se rendre aux Chaldéens. Ceux-ci conquirent en effet Jérusalem et la population fut exilée à Babylone. Ce n'était pas de gaieté de cœur qu'il adressait ses remontrances aux Juifs et prophétisait les châtiments qui les attendaient. Sa foi mystique et ses dons prophétiques admirables lui firent comprendre que la vraie religion était celle qui venait du cœur et non des institutions religieuses. La loi extérieure aux hommes devait faire place à une loi intérieure. Il serait mort en 580 lapidé par ses frères de race.

Personnages célèbres : Jérémie, chancelier de Charlemagne. Jérémie II, patriarche de Constantinople.

La *part de chance* de Jérémie est à 275° sur le zodiaque, c'est-à-dire le 5° du Capricorne.
Le *chiffre* de Jérémie est le 2.
La *couleur* de Jérémie est le rouge.

Caractère type : il a le sens des responsabilités ; si le destin ne lui en envoie pas, il s'en crée ou s'en invente.

Patronyme : Jérémie se combine mal avec un nom commençant par « i » ou « m », ou pire, par « mi ». Et il faut prendre garde, élémentairement, aux associations faciles avec « jérémier » ou « jérémiades ».

Jérôme

Fêté le 30 septembre.

Etymologie : vient du grec « hieros » qui veut dire sacré et « onoma » qui signifie nom.

Historique : saint Jérôme naquit en Dalmatie vers 345. Il fit de solides études à Rome. Après avoir séjourné quelque temps en Gaule, il partit pour la Terre sainte et en Syrie, devint ermite et apprit l'hébreu pour passer le temps. Revenu à Rome, le pape Damase le choisit comme secrétaire et confident. Il lui donna pour mission de traduire en latin le Nouveau Testament. Saint Jérôme réunissait des patriciennes romaines pour leur apprendre à lire convenablement la Bible. Il se fit beaucoup d'ennemis car il n'avait pas un caractère commode. Ceux-ci l'obligèrent à quitter Rome à la mort du pape. Paula, une des nobles Romaines qui était particulièrement pieuse et attachée au saint, l'accompagna dans son exil en Terre sainte. Ils fondèrent un monastère à Bethléem, où saint Jérôme composa une œuvre considérable. Il mourut à 91 ans, en 419.

D'autres saints et bienheureux ont porté le nom de Jérôme. Citons entre autres saint Jérôme Emilien, qui fut un homme d'une grande charité et qui fonda l'ordre des Somasques, du nom du village de Somasca où il réunit ses clercs. Mort en 1537, il est fêté le 8 février.

Personnages célèbres : Jérôme de Moravie, qui écrivit au XIIIe siècle le traité de musique le plus ancien qui nous soit parvenu. Jérôme de Prague, partisan de Jean Hus : il fut brûlé vif comme hérétique en 1416. Jérôme Bosch. L'historien français Jérôme Carcopino.

La *part de chance* de Jérôme est à 330° sur le zodiaque, c'est-à-dire le 30° du Verseau.
Le *chiffre* de Jérôme est le 3.
La *couleur* de Jérôme est le rouge.

Caractère type : le prénom est à résonance sombre, profonde, potentielle sans aucun éclatement. Jérôme est porté à se dissoudre dans un univers qui se trouve hors de lui, à se fondre dans l'inconnu. Son avidité est si grande qu'elle demeure insatisfaite. Son intelligence obéit à des mécanismes mystérieux dont la logique semble exclue.

Patronyme : Jérôme se combine mal avec un nom commençant par « m » ou « n ».

Jessica

Fêtée le 4 novembre.

Jessica est le diminutif féminin de Jessé (en hébreu : Dieu est) père de David. Jessé est souvent représenté comme la souche de « L'Arbre de Jessé » dont le faîte est le Christ.

La *part de chance* de Jessica est à 286° sur le zodiaque, c'est-à-dire le 16° du Capricorne.
Le *chiffre* de Jessica est le 3.
La *couleur* de Jessica est le bleu.

Caractère type : le prénom sonne net et clair. Sa résonance est active. Jessica est active et travailleuse, c'est une femme solide sur qui on peut compter. Peut-être un peu trop sérieuse aux yeux de certains...

Patronyme : Jessica se combine mal avec un nom commençant par « a » ou par une consonne dure.

Joachim

Fêté le 16 août.

Etymologie : vient de l'hébreu « jo - achim » qui signifie préparation du Seigneur.

Historique : saint Joachim était l'époux de sainte Anne, donc le père de la Vierge Marie.

D'autres saints et bienheureux ont porté le nom de Joachim. Citons entre autres le bienheureux Joachim de Flore, mystique italien, qui fonda une congrégation éphémère et laissa quelques écrits. Il mourut en 1202 et est fêté le 30 mars.

Personnages célèbres : deux rois de Juda et trois princes-électeurs de Brandebourg. Joachim du Bellay.

La *part de chance* de Joachim est à 159° sur le zodiaque, c'est-à-dire le 9° de la Vierge.
Le *chiffre* de Joachim est le 5.
La *couleur* de Joachim est le bleu.

Caractère type : il est souvent précis et raisonnable, amoureux de l'ordre et de la logique. Il travaille avec une efficacité exceptionnelle. Certaines faces du caractère proviendront de la prononciation du prénom durant l'enfance : « Joachim » (plus introverti) ou Joakimm (sonore et extraverti).

Patronyme : Joachim se combine mal avec un nom commençant par « in » ou « m ».

Joël

Fêté le 13 juillet.

Etymologie : vient de l'hébreu « jo - el » qui signifie Seigneur Dieu.

Historique : Joël était le fils aîné de Samuel. Il vivait vers 400 avant J.-C. Joël fut un des douze petits prophètes. Il laissa un minuscule ouvrage qui, dans une première partie, parle d'une invasion meurtrière de sauterelles, et dans une seconde partie, de la victoire définitive de Dieu et des Temps messianiques...

Personnage célèbre : Joël Holmès, le chanteur.

La *part de chance* de Joël est à 115° sur le zodiaque, c'est-à-dire le 25° du Cancer.
Le *chiffre* de Joël est le 6.
La *couleur* de Joël est le bleu.

Caractère type : il sait raconter des histoires comme personne et possède l'imagination la plus féconde qui soit.

Patronyme : Joël se combine mal avec un nom commençant par « l ».

Joëlle

Voir Joël.

La *part de chance* de Joëlle est à 150° sur le zodiaque, c'est-à-dire le 30° du Lion.
Le *chiffre* de Joëlle est le 5.
La *couleur* de Joëlle est le bleu.

Caractère type : elle parvient à vaincre ses angoisses par le dévouement. Attention, si elle reste centrée sur elle-même, elle devient acariâtre et vite insupportable. Si, par contre, elle s'ouvre au monde extérieur, elle trouve son équilibre et devient enfin « vivable ».

Patronyme : Joëlle se combine mal avec un nom commençant par « l ».

John

Voir Jean.

Personnages célèbres : John-Fitzgerald Kennedy. L'auteur dramatique John Ford. John Wayne, le célèbre « cow-boy » du cinéma américain.

La *part de chance* de John est à 138° sur le zodiaque, c'est-à-dire le 18° du Lion.
Le *chiffre* de John est le 2.
La *couleur* de John, est le jaune.

Caractère type : il est capable d'une noblesse extrême. Il est souvent généreux et idéaliste. Il possède un grand sens de la justice. Son intelligence est claire. Il est fait pour la réussite.

Patronyme : John se combine mal avec un nom commençant par « n ».

Johnny

Voir Jean, dont Johnny est le diminutif anglo-saxon.

Personnage célèbre : le chanteur Johnny Halliday.

La *part de chance* de Johnny est à 198° sur le zodiaque, c'est-à-dire le 18° du Verseau.
Le *chiffre* de Johnny est le 5.
La *couleur* de Johnny est le jaune.

Caractère type : il est très indépendant, il a horreur de toute forme de contrainte, il a le goût de l'expérience.

Patronyme : Johnny se combine mal avec un nom commençant par « i » ou « n ».

José

Voir Joseph, dont José est la forme hispanique.

Personnages célèbres : José Iturbi. Don José.

La *part de chance* de José est à 25° sur le zodiaque, c'est-à-dire le 25° du Bélier.
Le *chiffre* de José est le 4.
La *couleur* de José est le rouge.

Caractère type : il possède beaucoup de dynamisme. C'est un fonceur. Volontaire et courageux, il ne s'avoue jamais vaincu. Il a le cœur sur la main et le sens de l'amitié.

Patronyme : José se combine mal avec un nom commençant par « é », « ai » ou « s ».

Joseph

Fêté le 19 mars.

Etymologie : vient de l'hébreu « Yôsephyâh » qui signifie : Que Dieu ajoute !

Historique : saint Joseph eut bien du courage de croire sa fiancée Marie quand elle vint lui annoncer qu'elle était enceinte du « Fils de Dieu ». Il est vrai qu'un ange apparut au malheureux Joseph et lui dit de se réjouir et de prendre la Vierge Marie pour épouse. Il fut pour Jésus un bon père nourricier. C'est sous son toit que le Christ grandit et apprit peut-être le métier de son père terrestre : charpentier. Saint Joseph, le brave saint Joseph, est devenu le saint patron des charpentiers, des menuisiers et de tous les ouvriers du bois. On ne sait pratiquement rien de lui, ni de ce qu'il devint pendant la vie publique de son fils, ni où ni quand il mourut.

D'autres saints et bienheureux ont porté le nom de Joseph. Citons entre autres saint Joseph d'Arimathie, qui fit ensevelir Jésus dans son propre tombeau. Il est fêté le 17 mars. Saint Joseph Calasanz, qui fonda la congrégation des Ecoles pies pour éduquer les petits pauvres ; il mourut en 1648, dénoncé à l'Inquisition et traîné dans la boue. Il est fêté le 25 août. Saint Joseph de Copertino, qui lévitait au cours de ses extases et dont Blaise Cendrars aurait bien voulu faire le saint patron des aviateurs... Il mourut en 1663 et est fêté le 18 septembre.

Personnages célèbres : deux empereurs germaniques. Un archiduc d'Autriche. Un roi de Portugal. Joseph Bonaparte, roi de Naples, puis roi d'Espagne. Charles Joseph, prince de Ligne. Le comte Joseph de Maistre, homme politique et philosophe. Joseph Haydn. Joseph Bédier, le médiéviste. Johann-Joseph Fux, le compositeur allemand. François-Joseph Gossé, dit Gossec, le compositeur français. Joseph Jongen, le compositeur belge. Joseph Staline. Joseph Kessel.

La *part de chance* de Joseph est à 113° sur le zodiaque, c'est-à-dire le 23° du Cancer.
Le *chiffre* de Joseph est le 1.
La *couleur* de Joseph est le rouge.

Caractère type : il possède une fraîcheur d'âme qui le met à l'abri du vieillissement. Il éprouve violemment ce qu'il ressent et cela l'empêche de se dégager de son affectivité.

Patronyme : Joseph se combine mal avec un nom commençant par « f » ou « v ».

Joséphine

Voir Joseph.

Personnages célèbres : Joséphine de Beauharnais, impératrice des Français. Joséphine Baker. La grande-duchesse du Luxembourg, Joséphine.

La *part de chance* de Joséphine est à 178° sur le zodiaque,

c'est-à-dire le 28° de la Vierge.
Le *chiffre* de Joséphine est le 2.
La *couleur* de Joséphine est le rouge.

Caractère type : lorsqu'elle parvient à se débarrasser de ses côtés trop raisonnables et à surmonter sa méfiance, elle peut trouver un équilibre dans l'amour de ceux qui ont besoin d'elle. C'est la seule voie pour vaincre ses angoisses.

Patronyme : Joséphine se combine mal avec un nom commençant par « i » ou « n ».

Josette

Voir Joseph.

La *part de chance* de Josette est à 110° sur le zodiaque, c'est-à-dire le 20° du Cancer.
Le *chiffre* de Josette est le 4.
La *couleur* de Josette est le rouge.

Caractère type : c'est une lymphatique rêveuse qui éprouve parfois le besoin de travailler avec énergie. La maternité fait souvent d'elle un être plus responsable.

Patronyme : Josette se combine mal avec un nom commençant par « t ».

Josiane

Voir Joseph.

La *part de chance* de Josiane est à 6° sur le zodiaque, c'est-à-dire le 6° du Bélier.
Le *chiffre* de Josiane est le 1.
La *couleur* de Josiane est le rouge.

Caractère type : elle ne sait pas dire non tant qu'il s'agit de faire du bien à ceux qu'elle aime. C'est donc une mère exceptionnellement bonne.

Patronyme : Josiane se combine mal avec un nom commençant par « n » ou « a ».

Judith

Fêtée le 29 juin.

Etymologie : vient de l'hébreu « Juda » dont Judith est la forme féminine.

Historique : Judith, veuve de Manassé, décida de sauver son peuple qu'assiégeait Holopherne, général en chef des troupes de Nabuchodonosor. Elle réussit à se faire introduire dans la tente du grand chef, le séduisit, l'enivra et tandis qu'il cuvait son vin, lui coupa la tête. Les Juifs brandirent cette tête en attaquant les Babyloniens qui s'enfuirent.

La sainte Judith qui est fêtée le 29 juin ne ressemblait pas à l'héroïne de la Bible : elle était moniale et vivait recluse dans une cellule voisine de celle de sa cousine sainte Salomé, au monastère d'Ober Altaich au IXe siècle. C'est tout ce qu'on sait d'elle.

Personnage célèbre : Judith de Bavière, femme de Louis le Pieux et mère de Charles le Chauve.

La *part de chance* de Judith est à 78° sur le zodiaque, c'est-à-dire le 18° des Gémeaux.
Le *chiffre* de Judith est le 9.
La *couleur* de Judith est le bleu.

Caractère type : elle conserve longtemps un air de jeunesse. Elle est souvent jolie et ne manque pas d'esprit. Elle a fréquemment de brusques sautes d'humeur.

Patronyme : Judith se combine mal avec un nom commençant par « t ».

Jules

Fêté le 12 avril.

Etymologie : vient du latin « Julius » ou « Iulius » de la gens Julia, famille patricienne qui prétendait descendre de « Iule », fils d'Enée, donc descendant de Vénus.

Historique : saint Jules Ier fut pape de 337 à 352. Il était né à Rome vers 280. Successeur du pape Marc, il accueillit saint Athanase, chassé d'Alexandrie par les ariens. Saint Jules prit parti et combattit l'arianisme. Il réunit deux conciles pour les condamner. Il mourut en 352.

D'autres saints et bienheureux ont porté le nom de Jules.

Personnages célèbres : trois papes. Jules César. Jules Mansard. Jules Mazarin. Jules Barbey d'Aurevilly. Jules Michelet. Jules Renard. Jules Romains. Jules Laforgue. Jules Verne. Jules Massenet. Jules Supervielle.

La *part de chance* de Jules est à 321° sur le zodiaque, c'est-à-dire le 21° du Verseau.
Le *chiffre* de Jules est le 4.
La *couleur* de Jules est le rouge.

Caractère type : le prénom est « retenu », mais assez « coulant », de résonance solide. Jules est très indépendant et ne supporte aucun obstacle sur sa route. Il déteste d'ailleurs les chemins battus. D'esprit curieux, il veut tout connaître. C'est aussi un être sensible et bon qui a le sens de l'amitié.

Patronyme : Jules se combine mal avec un nom commençant par « l » ou « u ».

Julia

Voir Julie.

Personnages célèbres : la gens Julia. Julia, fille de César et femme de Pompée.

La *part de chance* de Julia est à 57° sur le zodiaque, c'est-à-dire le 27° du Taureau.
Le *chiffre* de Julia est le 9.
La *couleur* de Julia est le rouge.

Caractère type : elle est très souvent belle. Elle met tout en œuvre pour plaire. Elle est irrésistible... Avec ça, de la simplicité, de la franchise. Elle est fréquemment optimiste et joyeuse, comme son prénom !

Patronyme : Julia se combine mal avec un nom commençant par « a » ou « l ».

Julie

Fêtée le 22 mai.

Etymologie : voir Jules.

Historique : sainte Julie est avec sainte Dévote la patronne de la Corse. On sait peu de choses sur elle. Elle aurait été crucifiée en Corse pour avoir refusé de sacrifier aux dieux. Elle aurait vécu et serait morte au VIIe siècle.

D'autres saintes et bienheureuses ont porté le nom de Julie. Citons entre autres, sainte Julie Billiart, qui fonda avec une rescapée de la Terreur, l'Institut des Sœurs Notre-Dame, voué à l'éducation des enfants abandonnés. Elle fut guérie de sa paralysie des jambes grâce à des prières. Elle mourut en 1816. Elle est fêtée le 8 avril.

Personnages célèbres : Julie de Lespinasse. Julie Bernard ou Madame de Récamier.

La *part de chance* de Julie est à 61° sur le zodiaque, c'est-à-dire le 1° des Gémeaux.
Le *chiffre* de Julie est le 3.
La *couleur* de Julie est le rouge.

Caractère type : elle a de l'abattage et ne manque pas d'esprit. Elle est souvent fantasque. Le fond de sa nature, c'est l'enfance, avec quelque chose d'inachevé vers lequel elle tend.

Patronyme : Julie se combine mal avec un nom commençant par « i » ou « l ».

Julien

Fêté le 27 janvier.

Etymologie: vient du latin «Julianus», diminutif de «Julius».

Historique: saint Julien l'Hospitalier ne nous est connu que par la légende. Parricide malgré lui, saint Julien décida de se faire passeur d'hommes au bord d'un fleuve dangereux. Une nuit, il fit passer un lépreux, le vent se leva en tempête, la traversée fut terrible: le lépreux n'était autre que le Christ.

D'autres saints et bienheureux ont porté le nom de Julien. Citons entre autres saint Julien de Brioude, soldat romain converti, martyrisé en 304; il est fêté le 28 août. Saint Julien, premier évêque du Mans (IVe siècle); il est fêté le 27 janvier. Saint Julien, évêque de Tolède, qui présida quatre conciles et s'occupa de liturgie. Il est mort vers 690. Il est fêté le 8 mars.

Personnages célèbres: Julien l'Apostat, empereur romain. Julien d'Eclanum qui vitupérait saint Augustin et défendait le pélagianisme. Julien Gracq. Julien Green. Julien Sorel, le héros de «Le Rouge et le Noir» de Stendhal.

La *part de chance* de Julien est à 111° sur le zodiaque, c'est-à-dire le 21° du Cancer.
Le *chiffre* de Julien est le 8.
La *couleur* de Julien est le rouge.

Caractère type: le prénom est comme assourdi, comme «enroulé» sur lui-même, sans jaillissement extérieur. Julien est généralement un être plein de poésie. Son imagination est fertile. Ses réactions sont subjectives.

Patronyme: Julien se combine mal avec un nom commençant par «in».

Julienne

Fêtée le 19 juin.

Etymologie: voir Julien.

Historique: sainte Julienne Falconieri naquit à Florence en 1270. Elle prit très tôt l'habit des Servites et mena une vie d'ascèse et de charité. Elle fonda l'ordre des Mantellattes, ainsi dénommées parce que les religieuses portaient un long manteau distinctif. Cet ordre avait pour but l'aide aux malades et l'éducation des enfants pauvres. Sainte Julienne Falconieri mourut en 1341.

D'autres saintes et bienheureuses ont porté le nom de Julienne. Citons entre autres une martyre, plongée dans de l'eau bouillante puis décapitée à Nicomédie en 305. Elle est fêtée le 16 février. Sainte Julienne de Mont-Cornillon qui eut des visions extatiques dont le résultat fut l'institution de la fête du Corps du Christ. Elle mourut incomprise en 1258. Elle est fêtée le 5 avril.

La *part de chance* de Julienne est à 166° sur le zodiaque, c'est-à-dire le 16° de la Vierge.
Le *chiffre* de Julienne est le 9.
La *couleur* de Julienne est le rouge.

Caractère type : égocentriste, elle est insupportable, mais si elle s'ouvre au monde et se dévoue, elle échappe à ses angoisses et s'épanouit... comme la résonance de la dernière partie de ce prénom.

Patronyme : Julienne se combine mal avec un nom commençant par « n ».

Juliette

Fêtée le 30 juillet.

Etymologie : voir Jules.

Historique : sainte Juliette ou Julitte, veuve spoliée par une crapule qui la dénonça comme chrétienne, avoua sa foi et refusa de sacrifier aux dieux. Sur quoi, on la brûla. Elle mourut vers 303.

Personnages célèbres : la chanteuse Juliette Gréco. L'actrice italienne Giulietta Massina.

La *part de chance* de Juliette est à 146° sur le zodiaque, c'est-à-dire le 26° du Lion.
Le *chiffre* de Juliette est le 3.
La *couleur* de Juliette est le rouge.

Caractère type : elle n'est pas le moins du monde « popotte » ;

elle sait parler de sujets très ardus avec intelligence. D'ailleurs, écoutez la sonorité nette de son prénom, bien qu'un peu dure.

Patronyme : Juliette se combine mal avec un nom commençant par « l ».

Justin

Fêté le 1er juin.

Etymologie : vient du latin « justinus », forme de « justus » qui veut dire juste.

Historique : saint Justin était un philosophe malheureux, déçu par toutes les écoles qu'elles soient platoniciennes, stoïciennes, pythagoriciennes ou autres. Et il découvrit le christianisme : il fut convaincu, il était converti. Dès lors, il se mit à évangéliser. Il fut arrêté et décapité à Rome en 166.

D'autres saints et bienheureux ont porté le nom de Justin. Citons entre autres saint Justin de Jacobie, lazariste italien qui fut missionnaire en Ethiopie. Il est fêté le 31 juillet.

Personnages célèbres : deux empereurs d'Orient. L'historien Justin.

La *part de chance* de Justin est à 56° sur le zodiaque, c'est-à-dire le 26° du Taureau.
Le *chiffre* de Justin est le 3.
La *couleur* de Justin est le vert.

Caractère type : il est heureux de vivre et la beauté de la moindre chose l'émeut. Il est parfois possessif et jaloux. Les sonorités du prénom sont bien équilibrées, avec une extraversion sans exagération.

Patronyme : Justin se combine mal avec un nom commençant par « in ».

Justine

Fêtée autrefois le 26 septembre.

Etymologie : voir Justin.

Historique : sainte Justine et son compagnon saint Cyprien ne font plus partie du nouveau calendrier liturgique. Les preuves de leur martyre à Nicomédie se sont révélées insuffisantes. Mais la légende demeure...

D'autres saintes et bienheureuses ont porté le nom de Justine. Citons entre autres sainte Justine de Padoue, patronne de cette ville. Elle fut martyrisée au IVe siècle. Elle est fêtée le 7 octobre.

La *part de chance* de Justine est à 61° sur le zodiaque, c'est-à-dire le 1° des Gémeaux.
Le *chiffre* de Justine est le 8.
La *couleur* de Justine est le vert.

Caractère type : le prénom évidemment féminin de Justin, s'extravertit dans le « tine » final, après la syllabe retenue « jus ». Justine est souvent agressive. Elle a de l'esprit et ne résiste pas à un bon mot même s'il fait de la peine. Mais, cette créature fantasque, qui juge selon son humeur, est au fond une enfant ou une adolescente qui sent en elle quelque chose d'inachevé et qu'elle voudrait achever. Si elle y réussit, elle aura trouvé son équilibre.

Patronyme : Justine se combine mal avec un nom commençant par « n » ou « i ».

Karin

Voir Carine

La *part de chance* de Karin est à 281° sur le zodiaque, c'est-à-dire le 11° du Capricorne.
Le *chiffre* de Karin est le 8
La *couleur* de Karin est le vert.

Caractère type : elle prend les choses à la lettre. Elle ne sait pas tricher et ne comprend pas qu'on puisse le faire. Une injustice peut déclencher chez elle des colères violentes.

Patronyme : Karin se combine mal avec un nom commençant par « n » ou « i ».

Katia

Voir Catherine, dont Katia est un diminutif.

La *part de chance* de Katia est à 72° sur le zodiaque, c'est-à-dire le 12° des Gémeaux.
Le *chiffre* de Katia est le 6.
La *couleur* de Katia est le rouge.

Caractère type : capricieuse, elle aime avec spontanéité. Elle peut être une conseillère lucide et intuitive.

Patronyme : Katia se combine mal avec un nom commençant par « a » ou « ta ».

Katy

Voir Catherine.

La *part de chance* de Katy est à 71° sur le zodiaque, c'est-à-dire le 11° des Gémeaux.
Le *chiffre* de Katy est le 3.
La *couleur* de Katy est le rouge.

Caractère type : elle entre difficilement en contact avec les autres. Elle les juge souvent trop rapidement. Il y a au fond d'elle une adolescente inquiète voire angoissée qui sommeille.

Patronyme : Katy se combine mal avec un nom commençant par « i » ou « t ».

Kurt

Voir Conrad.

Personnages célèbres : le compositeur Kurt Weill, auteur de la musique de l'« Opéra de quat'sous ». L'acteur Curd Jurgens.

La *part de chance* de Kurt est à 266° sur le zodiaque, c'est-à-dire le 26° du Sagittaire.
Le *chiffre* de Kurt est le 7.
La *couleur* de Kurt est le violet.

Caractère type : le prénom est, au fond, trop court, peu musical, non-plénier. Il ne « débouche » sur rien, n'éclate pas malgré sa netteté. Kurt est perpétuellement insatisfait. Il veut toujours changer, intérieurement et extérieurement. C'est un éternel voyageur.

Patronyme : Kurt, qui s'orthographie également **Curd,** se combine mal avec un nom commençant par « t » ou une consonne dure.

Lambert

Fêté le 17 septembre.

Etymologie : vient du germain « land » qui veut dire pays et « behrt » qui signifie brillant.

Historique : saint Lambert fut évêque de Tongres-Maastricht à une époque particulièrement troublée du VIIe siècle. Il dut fuir devant les menaces d'Ebroïn, maire du palais de Neustrie. A la mort d'Ebroïn, saint Lambert revint à Liège. Il fit de son mieux pour réorganiser son vaste diocèse, mais il fut assassiné en 705, fort probablement sur l'ordre de Pépin de Herstal, dont il avait dénoncé l'inconduite.

D'autres saints et bienheureux ont porté le nom de Lambert. Citons entre autres un évêque de Lyon du VIIe siècle, mort en 688. Il est fêté le 14 avril.

Personnages célèbres : un roi d'Italie. Un marquis de Toscane. Lambert le Tort, poète français du XIIe siècle. Lambert d'Ardres, chroniqueur français des XIIe et XIIIe siècles.

La *part de chance* de Lambert est à 315° sur le zodiaque, c'est-à-dire le 15° du Verseau.
Le *chiffre* de Lambert est le 8.
La *couleur* de Lambert est le jaune.

Caractère type : sa pensée est très déliée et brille par son originalité. Il a le goût de l'expérience et veut tout connaître. Avec cela, il est incroyablement naïf.

Patronyme : Lambert se combine mal avec un nom commençant par « r » ou « b ».

Laure

Voir Laurent

Personnage célèbre : Laure, dame provençale qui inspira son « Canzionere » à Pétrarque.

La *part de chance* de Laure est à 242° sur le zodiaque, c'est-à-dire le 2° du Sagittaire.
Le *chiffre* de Laure est le 3.
La *couleur* de Laure est le vert.

Caractère type : elle ne veut pas être considérée comme une femme-objet. Elle a généralement plus de charme que de beauté. Elle s'intéresse à mille choses. Son esprit est avide d'apprendre. Ses projets sont souvent grandioses. C'est un beau prénom, plein de chaleur potentielle. Un prénom à sonorité de violoncelle !

Patronyme : Laure se combine mal avec un nom commençant par « r » ou « o ».

Laurence

Voir Laurent.

La *part de chance* de Laurence est à 297° sur le zodiaque,

c'est-à-dire le 27° du Capricorne.
Le *chiffre* de Laurence est le 7.
La *couleur* de Laurence est le vert.

Caractère type : on lui reproche d'être trop sérieuse et il est vrai qu'elle le paraît mais elle est sauvée par le sens de l'humour qui la défend contre sa sensibilité cachée.

Patronyme : Laurence se combine mal avec un nom commençant par « s » ou « en ».

Laurent

Fêté le 10 août.

Etymologie : vient du latin « laurus », laurier, ou de « laurentius » qui signifie : né à Laurentum.

Historique : saint Laurent était le premier des diacres sous Sixte II, c'est-à-dire qu'il était dépositaire des biens de l'Eglise. Il fut supplicié et mis à mort en 258, l'empereur Valérien ayant signé un décret selon lequel tous les responsables de l'Eglise devaient être exécutés. La légende s'est emparée de la passion de saint Laurent. Elle raconte qu'il avait distribué tous les biens de l'Eglise aux pauvres et que, sommé de les rendre, il était venu devant le préfet avec une foule d'éclopés et de mendiants ; il aurait dit alors : « Voilà les trésors de l'Eglise ! » Immédiatement capturé, il aurait été jeté sur un gril chauffé au rouge. Souffrant le martyre, il aurait eu le temps de plaisanter : « Tu as cuit un côté ! Retourne-moi et mange ! » C'est sublime mais c'est fort probablement légendaire. Saint Laurent en est devenu le patron des cuisiniers...

D'autres saints et bienheureux ont porté le nom de Laurent. Citons entre autres saint Laurent de Brindes, qui prêcha au XVIe siècle pour convertir les Juifs. Il mourut en 1619. Il est fêté le 27 juillet. Saint Laurent Justinien, premier patriarche de Venise. Il mourut en 1456. Il est fêté le 5 septembre.

Personnages célèbres : Laurent de Médicis, dit le Magnifique. Les écrivains Lawrence Sterne et Lawrence Durell. Lawrence d'Arabie.

La *part de chance* de Laurent est à 282° sur le zodiaque, c'est-

à-dire le 12° du Capricorne.
Le *chiffre* de Laurent est le 1.
La *couleur* de Laurent est le vert.

Caractère type : il est avide de tendresse. Il ne supporte pas d'être abandonné. Il est doué d'une bonne résistance nerveuse.

Patronyme : Laurent se combine mal avec un nom commençant par « an ».

Léa

Fêtée le 22 mars.

Etymologie : vient soit du latin « lea » qui signifie lionne, soit de l'hébreu « Lê âh » qui désigne une tête de vache.

Historique : sainte Léa provenait d'une riche famille romaine. Veuve, elle devint une des disciples de saint Jérôme. On ne sait pas si elle fut martyrisée. Elle mourut en 384.

La *part de chance* de Léa est à 36° sur le zodiaque, c'est-à-dire le 6° du Taureau.
Le *chiffre* de Léa est le 9.
La *couleur* de Léa est l'orangé.

Caractère type : elle est souvent fidèle aux traditions. Elle a des attaches paysannes et la terre n'aura pas de secrets pour elle. Elle est simple, directe et un peu mystérieuse.

Patronyme : Léa se combine mal avec un nom commençant par « a ».

Léo

Voir Léon.

Personnages célèbres : le compositeur Léo Delibes. Le chanteur-compositeur Léo Ferré.

La *part de chance* de Léo est à 105° sur le zodiaque, c'est-à-dire le 15° du Cancer.
Le *chiffre* de Léo est le 5.
La *couleur* de Léo est le vert.

Caractère type : il sait mettre son interlocuteur à l'aise et lui raconter des histoires de façon poétique.

Patronyme : Léo se combine mal avec un nom commençant par « o » ou « é ».

Léocadie

Fêtée le 9 décembre.

Etymologie : vient de « Leucadius » qui signifie habitant de l'île de Leucade.

Historique : sainte Léocadie fut martyrisée à Tolède sous Dioclétien, en 304. C'est tout ce qu'on sait de certain sur cette sainte qui est la patronne de Tolède.

La *part de chance* de Léocadie est à 145° sur le zodiaque, c'est-à-dire le 25° du Lion.
Le *chiffre* de Léocadie est le 9.
La *couleur* de Léocadie est le vert.

Caractère type : le prénom est parfaitement féminin, aux sonorités bien balancées. Léocadie aime s'entourer d'une cour d'admirateurs qui vantent sa beauté d'ailleurs réelle. Elle n'aime pas la médiocrité et veut réussir sa vie.

Patronyme : Léocadie se combine mal avec un nom commençant par « i » ou « d ».

Léon

Fêté le 10 novembre.

Etymologie : vient du latin « leo » qui veut dire lion.

Historique : saint Léon 1er le Grand était en mission en Gaule lorsqu'il apprit qu'on l'avait élu pape. Ce fut un pape remarquable. Il lutta de toutes ses forces contre les hérésies, notamment le manichéisme, et évita un schisme en Orient. Il réunit plusieurs conciles. Il définit de façon remarquable la christologie telle que l'Eglise de Rome la conçoit. Mais son haut fait est peut-être d'avoir convaincu Attila de ne pas envahir Rome et d'évacuer l'Italie. Il ne put s'opposer au sac de la Cité par les Vandales mais obtint cependant qu'ils ne touchent pas aux habitants. Il fut un pasteur universel, s'intéressant aussi bien à l'Eglise des Gaules qu'à celle de l'Afrique. Il mourut à la tâche en 461.

D'autres saints et bienheureux ont porté le nom de Léon. Citons entre autres le pape Léon II (il est fêté le 12 juin), le pape Léon III qui obligea Charlemagne à ceindre la couronne impériale. Il dut se débattre au milieu des intrigues et des complots. Il mourut en 816. Il est fêté le 12 juin. Léon IV, mort en 855 et fêté le 17 juillet. Le pape Léon IX, qui réforma du mieux qu'il put le clergé simoniaque et décadent. Il mourut en 1054 et est fêté le 19 avril.

Personnages célèbres : treize papes. Six princes et rois d'Arménie. Six empereurs d'Orient. Léon de Thessalonique, savant byzantin du IXe siècle. Léon l'Africain, géographe arabe du XVIe siècle. Léon Tolstoï. Léon Bloy. Léon Gambetta. Léon Daudet.

La *part de chance* de Léon est à 155° sur le zodiaque, c'est-à-dire le 5° de la Vierge.
Le *chiffre* de Léon est le 1.
La *couleur* de Léon est le vert.

Caractère type : il fait preuve de patience, d'exactitude, d'ingéniosité et de discernement. L'imprévu n'est pas son fort car il aime par dessus tout l'ordre et la logique. C'est un prénom « terrien » calme, solide.

Patronyme : Léon se combine mal avec un nom commençant par « on », « an » ou « un ».

Léonard

Fêté le 6 novembre.

Etymologie : vient du latin « leo » qui signifie lion, et, du germain « hard » qui veut dire fort.

Historique : saint Léonard fut ermite dans le Limousin. On ne sait rien de plus de ce saint. Au IXe siècle, on prétendit qu'il était le disciple de saint Remi et qu'il aurait fondé le monastère de Noblat, noyau de Saint-Léonard-de-Noblat. On dit aussi qu'il aurait été le parrain de Clovis. Les croisés ont eu une dévotion particulière pour ce saint énigmatique dont on ne sait même pas le siècle où il vécut.

D'autres saints et bienheureux ont porté le nom de Léonard.

Personnages célèbres : Léonard de Vinci. Léonard de Pise, mathématicien italien des XIIe et XIIIe siècles qui fit connaître à l'Occident la numérotation arabe, utilisée de nos jours. Leonard de Argensola, poète espagnol des XVIe et XVIIe siècles.

La *part de chance* de Léonard est à 360° sur le zodiaque, c'est-à-dire le 30° des Poissons.
Le *chiffre* de Léonard est le 6.
La *couleur* de Léonard est le vert.

Caractère type : toutes ses entreprises sont audacieuses. Il possède un dynamisme exceptionnel, de la volonté et du courage. Il a le sens de l'amitié virile.

Patronyme : Léonard se combine mal avec un nom commençant par « a » ou « r ».

Léonce

Fêté le 18 juin.

Etymologie : voir Léon.

Historique : saint Léonce était un soldat romain converti, et cette conversion lui valut d'être supplicié. Il mourut dans sa geôle. Quand ? Au début du IVe siècle. Où ? A Tripoli. C'est tout ce qu'on sait de précis.

La *part de chance* de Léonce est à 160° sur le zodiaque, c'est-à-dire le 10° de la Vierge.
Le *chiffre* de Léonce est le 9.
La *couleur* de Léonce est le vert.

Caractère type : il manque souvent d'imagination mais il est patient et logique, parfois minutieux à l'extrême.

Patronyme : Léonce se combine mal avec un nom commençant par « s » ou « on ».

Léone

Voir Léon.

La *part de chance* de Léone est à 160° sur le zodiaque, c'est-à-dire le 10° de la Vierge.
Le *chiffre* de Léone est le 6.
La *couleur* de Léone est le vert.

Caractère type : elle sait se faire accepter même par les êtres les plus méfiants à son égard. Elle force leur estime. Son dévouement n'a pas de bornes.

Patronyme : Léone se combine mal avec un nom commençant par « n » ou « o ».

Léonie

Voir Léon.

La *part de chance* de Léonie est à 170° sur le zodiaque, c'est-à-dire le 20° de la Vierge.
Le *chiffre* de Léonie est le 6.
La *couleur* de Léonie est le vert.

Caractère type : voir Léone.

Patronyme : Léonie se combine mal avec un nom commençant par « i », « n » ou « o ».

Léontine

Voir Léon.

La *part de chance* de Léontine est à 260° sur le zodiaque, c'est-à-dire le 20° du Sagittaire.
Le *chiffre* de Léontine est le 4.
La *couleur* de Léontine est le vert.

Caractère type : elle a plus de charme que de beauté, avec un côté racé. Elle ne se sent pas à l'aise dans un monde mené par les hommes. Elle veut se battre à armes égales.

Patronyme : Léontine se combine mal avec un nom commençant par « n » ou « i ».

Léopold

Fêté le 15 novembre.

Etymologie : vient du germain « liut » qui veut dire peuple et « bald » qui signifie courageux.

Historique : saint Léopold, margrave d'Autriche, épousa la veuve de Frédéric d'Hohenstaufen, c'est-à-dire la sœur de l'empereur d'Allemagne. Ils eurent dix-huit enfants, ce qui n'empêcha pas le saint margrave de gouverner avec tant de bonté qu'on l'appela le Père des pauvres. Il fonda des monastères, fit le bien et mourut pieusement en 1136. Saint Léopold est le patron de l'Autriche.

Personnages célèbres : deux empereurs germaniques. Trois rois des Belges. Des ducs d'Autriche, un prince de Bavière. Un grand-duc de Toscane. Léopold Sédar Senghor.

La *part de chance* de Léopold est à 289° sur le zodiaque, c'est-à-dire le 19° du Capricorne.

Le *chiffre* de Léopold est le 7.
La *couleur* de Léopold est le vert.

Caractère type : tout dans le passé le fascine. Il vit à peine dans le présent et l'avenir ne l'intéresse guère. Il est fait pour les travaux de longue haleine ; la lenteur et les difficultés ne le rebutent pas.

Patronyme : Léopold se combine mal avec un nom commençant par « d », « t » ou « l ».

Léopoldine

Voir Léopold.

Personnage célèbre : Léopoldine Mozart.

La *part de chance* de Léopoldine est à 354° sur le zodiaque, c'est-à-dire le 24° des Poissons.
Le *chiffre* de Léopoldine est le 8.
La *couleur* de Léopoldine est le vert.

Caractère type : elle est très intuitive. Elle « sent » très bien les êtres et les choses. Elle se réfugie parfois dans son monde intérieur quand quelque chose l'agresse.

Patronyme : Léopoldine, prénom difficile à porter, se combine mal avec un nom commençant par « n » ou « i ».

Liliane

Voir Elisabeth, dont Liliane est un diminutif.

Personnage célèbre : Liliane de Réthy, seconde épouse du roi Léopold III.

La *part de chance* de Liliane est à 136° sur le zodiaque, c'est-à-dire le 16° du Lion.
Le *chiffre* de Liliane est le 8.
La *couleur* de Liliane est l'orangé.

Caractère type : elle est souvent belle. C'est une séductrice. Elle est passionnée, brillante, artiste jusqu'au bout des ongles. Elle prend parti avec passion pour des idées qui lui sont chères ou pour des êtres qui ne le sont pas moins. C'est un prénom très musical, grâce aux deux « i » mouillés par les deux « l », et à l'ouverture finale sur le « a ».

Patronyme : Liliane se combine mal avec un nom commençant par « n ».

Line

Voir Adeline.

Personnage célèbre : Line Renaud.

La *part de chance* de Line est à 95° sur le zodiaque, c'est-à-dire le 5° du Cancer.
Le *chiffre* de Line est le 4.
La *couleur* de Line est le bleu.

Caractère type : le prénom est très (trop !) doux, un peu « hors du temps », comme brumeux... Line est souvent touchante. Elle a besoin qu'on la protège. Elle est parfois lunatique. C'est une grande rêveuse qui n'a que faire de la réalité.

Patronyme : Line se combine mal avec un nom commençant par « n » ou « i ».

Lise

Voir Elisabeth.

Personnage célèbre : l'actrice américaine Liz Taylor.

La *part de chance* de Lise est à 345° sur le zodiaque, c'est-à-dire le 15° des Poissons.
Le *chiffre* de Lise est le 9.
La *couleur* de Lise est l'orangé.

Caractère type : elle est faite pour le monde artistique.

Douce, rêveuse, elle a de petites manies innocentes.

Patronyme : Lise se combine mal avec un nom commençant par « s » ou « i ».

Loïc

Voir Louis, dont Loïc est la forme celtique.

La *part de chance* de Loïc est à 130° sur le zodiaque c'est-à-dire le 10° du Lion.
Le *chiffre* de Loïc est le 3.
La *couleur* de Loïc est le bleu.

Caractère type : il est souvent égocentrique, mais capable d'idéalisme et de générosité. Il est fait pour la réussite. Il exerce un ascendant très puissant sur « l'autre ».

Patronyme : Loïc, qui s'orthographie parfois **Loïk,** se combine mal avec un nom commençant par une consonne dure ou « i ».

Loïs

Voir Louis.

La *part de chance* de Loïs est à 50° sur le zodiaque, c'est-à-dire le 20° du Taureau.
Le *chiffre* de Loïs est le 1.
La *couleur* de Loïs est le bleu.

Caractère type : il s'organise en ayant soin de ménager ses forces, mais c'est un grand travailleur. Il aime la vie et se sent bien dans sa peau. La beauté, quelle qu'elle soit, a le don de l'émouvoir.

Patronyme : Loïs se combine mal avec un nom commençant par « s » ou « i ».

Lola

Voir Louise.

Personnage célèbre: la virtuose Lola Bobesco.

La *part de chance* de Lola est à 131° sur le zodiaque, c'est-à-dire le 11° du Lion.
Le *chiffre* de Lola est le 4.
La *couleur* de Lola est le rouge.

Caractère type: elle a un air conquérant, sûre de sa beauté. Elle s'enthousiasme pour des idées ou pour des êtres qu'elle aime. C'est une passionnée.

Patronyme: Lola se combine mal avec un nom commençant par « a », « l » ou « o ».

Lolita

Voir Louise.

Personnage célèbre: Lolita, héroïne scandaleuse d'un beau roman de Nabokov.

La *part de chance* de Lolita est à 181° sur le zodiaque, c'est-à-dire le 1° de la Balance.
Le *chiffre* de Lolita est le 6.
La *couleur* de Lolita est le rouge.

Caractère type: elle est souvent fine et gracieuse. Elle a des caprices qui coûtent cher et qu'elle sacrifie difficilement. Elle connaît, son charme aidant, de belles réussites.

Patronyme: Lolita se combine mal avec un nom commençant par « a » ou « t ».

Louis

Fêté le 25 août.

Etymologie : vient du germain « hlod » qui veut dire gloire et « wig » qui signifie bataille.

Historique : saint Louis IX naquit à Poissy en 1214. Il était le fils de Louis VIII et de Blanche de Castille. Il devint roi à 12 ans, mais sa mère conserva la régence jusqu'à sa majorité. Vers 1242, saint Louis devint effectivement roi et gouverna la France avec justice et bonté. Il était d'une piété hors du commun, portait cilice et jeûnait comme un ascète. Il rendait lui-même la justice sous un chêne à Vincennes. Sa sagesse était si grande que des princes voisins venaient demander son arbitrage. Il fonda de nombreuses institutions charitables comme les Quinze-Vingts et l'hospice des Filles-Dieu. C'est sous son règne que fut construite la Sainte-Chapelle. Il « inventa » le Parlement. Mais cet homme qui ne respirait que la paix voulut se croiser. Deux expéditions eurent lieu. Au cours de la première il fut fait prisonnier et rendu à la France contre une rançon colossale. Au cours de la seconde, il mourut de la peste à Tunis en 1270.

D'autres saints et bienheureux ont porté le nom de Louis. Citons entre autres saint Louis de Gonzague, qui fit vœu de chasteté à onze ans, entra chez les Jésuites et mourut à 22 ans, en 1591, en se dévouant pendant l'épidémie de peste. Il est fêté le 21 juin. Citons encore saint Louis-Marie Grignon de Montfort, qui fut un prédicateur original mais écouté et qui fonda la Congrégation hospitalière des Filles de la Sagesse et la Compagnie de Marie. Il mourut en 1716, non sans avoir écrit auparavant des cantiques. Il est fêté le 28 avril.

Personnages célèbres : quatre empereurs d'Occident. Dix-huit rois de France. Deux rois de Hongrie. Quatre rois de Sicile. Un roi d'Espagne. Un roi d'Etrurie. Deux comtes de Flandre. Deux ducs et deux rois de Bavière. Louis de Blois, mystique liégeois. Louis Pasteur. Louis Braille. Louis David. Louis Jouvet. Louis Armstrong. Ludwig van Beethoven. Luigi Bocchonini. Louis Pauwels. Luis de Villalerga. Louis Aragon.

La *part de chance* de Louis est à 56° sur le zodiaque, c'est-à-dire le 26° du Taureau.
Le *chiffre* de Louis est le 4.
La *couleur* de Louis est le rouge.

Caractère type : la sonorité du prénom est à la fois poétique, paysanne, et calme. Louis ne prend jamais une décision sur un coup de tête. Il est lent à s'émouvoir, malgré un abord chaleureux. Il attend de ses interlocuteurs qu'ils fassent leurs preuves. Il possède une grande puissance de travail, mais ne travaille pas à la légère. Il aime ce qui est beau.

Patronyme : Louis se combine mal avec un nom commençant par « i ».

Louise

Fêtée le 15 mars.

Etymologie : voir Louis.

Historique : sainte Louise de Marillac naquit à Paris en 1591. Mariée en 1613, veuve en 1625, elle rencontra saint François de Sales qui fut son premier guide spirituel. Le second fut saint Vincent de Paul ; celui-ci l'aida à fonder la congrégation des Filles de la Charité, qui ne portaient pas d'habits religieux mais s'habillaient comme de simples paysannes. Sainte Louise mourut en 1660. Sa congrégation a connu un grand développement.

D'autres saintes et bienheureuses ont porté le nom de Louise.

Personnages célèbres : Louise de Lorraine, triste épouse de Henri III. Louise de Guzman, reine du Portugal. Louise de Mecklembourg-Strelitz, reine de Prusse, épouse de Frédéric-Guillaume III. Louise-Marie de Gonzague, reine de Pologne, épouse du sot Ladislav IV puis de Jean-Casimir. Louise-Marie de France, fille de Louis XV ; elle se fit carmélite. Louise-Marie d'Orléans, reine des Belges, épouse de Léopold 1er. Louise-Ulrique, reine de Suède, épouse d'Adolphe-Frédéric. Louise de La Vallière, premières amours de Louis XIV. Louise Labé. Louise de Vilmorin.

La *part de chance* de Louise est à 61° sur le zodiaque, c'est-à-dire le 1° des Gémeaux.
Le *chiffre* de Louise est le 9.
La *couleur* de Louise est le vert.

Caractère type : elle cache au fond d'elle-même une adolescente inquiète qui se sent « inachevée » et qui pressent quelque chose au-delà d'elle-même Elle est rassurée quand on refuse d'entrer dans son jeu. Avec ça, capricieuse et fantasque.

Patronyme : Louise se combine mal avec un nom commençant par « s » ou « i ».

Luc

Fêté le 18 octobre.

Etymologie : vient du latin « lux » qui signifie lumière.

Historique : saint Luc était un médecin païen, né à Antioche. Il rencontra saint Paul sur son chemin et le suivit. Il rédigea vers 60 un des quatre Evangiles. Les Actes des Apôtres sont postérieurs de quelques années. Il mourut peut-être martyrisé en Achaïe à Patras.

D'autres saints et bienheureux ont porté le nom de Luc. Citons entre autres saint Luc le Jeune, ermite grec, mort en 946 et fêté le 6 février.

Personnage célèbre : Luc de Clapiers, marquis de Vauvenargues.

La *part de chance* de Luc est à 56° sur le zodiaque, c'est-à-dire le 26° du Taureau.
Le *chiffre* de Luc est lc 9.
La *couleur* de Luc est l'orangé.

Caractère type : il est réaliste. C'est un organisateur-né. Il est plutôt secret et lent à s'émouvoir. Il est souvent rancunier mais peut à la rigueur pardonner sans pourtant oublier.

Patronyme : Luc se combine mal avec un nom commençant par une consonne dure.

Lucas

Voir Luc.

La *part de chance* de Lucas est à 357° sur le zodiaque, c'est-à-dire le 27° des Poissons.
Le *chiffre* de Lucas est le 2.
La *couleur* de Lucas est l'orangé.

Caractère type : souvent il a l'air de ne rien faire ; c'est que son imagination travaille et peut aboutir à un coup de génie.

Patronyme : Lucas se combine mal avec un nom commençant par « a » ou une consonne dure.

Luce

Voir Lucie

La *part de chance* de Luce est à 61° sur le zodiaque, c'est-à-dire le 1° des Gémeaux.
Le *chiffre* de Luce est le 5.
La *couleur* de Luce est l'orangé.

Caractère type : elle ne peut souvent s'empêcher d'être agressive, de décocher un trait qui blessera. Elle a aussi des sautes d'humeur imprévisibles.

Patronyme : Luce se combine mal avec un nom commençant par « s » ou « u ».

Lucie

Fêtée le 13 décembre.

Etymologie : voir Luc.

Historique : sainte Lucie fut martyrisée à Syracuse. C'est tout ce qu'on sait d'elle car il ne faut pas ajouter foi à la Passion de sainte Lucie datant du IVe siècle. Mais on a retrouvé son tombeau avec une inscription formelle. Elle a bien existé.

D'autres saintes et bienheureuses ont porté le nom de Lucie. Citons entre autres sainte Lucie Filippini, qui fonda l'institut des Maîtresses pieuses. Elle mourut en 1732 et est fêtée le 25 mars.

Personnage célèbre : « Lucie de Lammermoor », opéra de Donizzetti, d'après un roman de Walter Scott.

La *part de chance* de Lucie est à 71° sur le zodiaque, c'est-à-dire le 11° des Gémeaux.
Le *chiffre* de Lucie est le 5.
La *couleur* de Lucie est l'orangé.

Caractère type : elle garde longtemps une ligne élégante. Elle est souvent jolie mais ce qui attire chez elle c'est son esprit, qu'elle a vif et acéré. Elle ferait tout pour un bon mot ou un trait décoché à qui voudrait l'aimer.

Patronyme : Lucie se combine mal avec un nom commençant par « i » ou « s ».

Lucien

Fêté le 7 janvier.

Etymologie : voir Luc.

Historique : saint Lucien fut initié très jeune aux saintes Ecritures. Il fut le premier à traduire la Bible en grec. Sous Dioclétien, il refusa de sacrifier aux dieux et fut exécuté en 312.

D'autres saints et bienheureux ont porté le nom de Lucien. Citons entre autres saint Lucien qui voulut évangéliser la Gaule mais, toujours sous Dioclétien, fut décapité près de Beauvais. Il est fêté le 8 janvier.

Personnages célèbres : trois papes. Lucien de Samosate, philosophe grec mort en 192. Lucien Leuwen, héros d'un roman de Stendhal. Lucien Bonaparte. Lucien Guitry.

La *part de chance* de Lucien est à 126° sur le zodiaque, c'est-à-dire le 6° du Lion.
Le *chiffre* de Lucien est le 1.
La *couleur* de Lucien est l'orangé.

Caractère type : il veut être compris mais c'est un égocentriste. Il est cependant capable de nobles sentiments et son intelligence claire et déliée l'aide souvent à réussir dans la vie.

Patronyme : Lucien se combine mal avec un nom commençant par « in ».

Lucienne

Voir Lucien.

La *part de chance* de Lucienne est à 181° sur le zodiaque, c'est-à-dire le 1° de la Balance.
Le *chiffre* de Lucienne est le 2.
La *couleur* de Lucienne est l'orangé.

Caractère type : elle met de l'élégance dans le moindre geste. Son corps est fait pour la danse. C'est une séductrice, mais elle ne manque pas d'esprit.

Patronyme : Lucienne se combine mal avec un nom commençant par « n ».

Lucile

Voir Lucie.

La *part de chance* de Lucile est à 131° sur le zodiaque, c'est-à-dire le 11° du Lion.
Le *chiffre* de Lucile est le 8.
La *couleur* de Lucile est l'orangé.

Caractère type : souvent belle et brillante, elle peut être très idéaliste. Elle sait défendre ses amis et ses idées.

Patronyme : Lucile se combine mal avec un nom commençant par « l ».

Lucrèce

Fêtée le 15 mars.

Etymologie : vient du latin « lucrator » qui signifie celui qui gagne.

Historique : sainte Lucrèce ou Léocritie fut exécutée à Cordoue par les musulmans, en 859.

Personnages célèbres : Lucrèce, épouse de Tarquin Collatin, fut séduite par Sextus, fils de Tarquin le Superbe. Prenant à témoin son père et son mari, elle s'immola d'un coup de poignard. Ce geste eut pour répercussion une révolte des Romains qui détrôna les Tarquins. Lucrèce Borgia, fille du pape Alexandre VI, belle et séduisante, fut une protectrice des arts, des sciences et des lettres.

La *part de chance* de Lucrèce est à 286° sur le zodiaque, c'est-à-dire le 16° du Capricorne.
Le *chiffre* de Lucrèce est le 4.
La *couleur* de Lucrèce est le bleu.

Caractère type : elle est parfois d'une grande séduction. Elle est active et travailleuse. Elle passe pour être trop sérieuse mais elle a le sens de l'humour. Ce prénom est très élégant, de sonorité ouverte.

Patronyme : Lucrèce se combine mal avec un nom commençant par « s ».

Ludmilla

Fêtée le 16 septembre.

Etymologie : vient du germain « liut » qui veut dire peuple et « mundo » qui signifie protection.

Historique : sainte Ludmilla, duchesse de Bohême aux IXe et Xe siècles, fut la mère de saint Wenceslas. Elle mourut en 921, assassinée par des nobles qui lui reprochaient son influence sur le gouvernement du duché.

Personnage célèbre : la danseuse Ludmilla Tchérina.

La *part de chance* de Ludmilla est à 151° sur le zodiaque, c'est-à-dire le 1° de la Vierge.
Le *chiffre* de Ludmilla est le 3.

La *couleur* de Ludmilla est le violet.

Caractère type : il faut qu'elle se dévoue pour échapper au train-train de l'existence ou à un confort trop doré.

Patronyme : Ludmilla se combine mal avec un nom commençant par « a » ou « l ».

Ludovic

Voir Louis.

Personnages célèbres : Ludovic Sforza dit le More, duc de Milan. L'écrivain Ludovic Halévy.

La *part de chance* de Ludovic est à 146° sur le zodiaque, c'est-à-dire le 26° du Lion.
Le *chiffre* de Ludovic est le 5.
La *couleur* de Ludovic est le bleu.

Caractère type : il possède un esprit de synthèse assez exceptionnel et il est très créatif. Parfois, il se laisse aller à des colères dévastatrices.

Patronyme : Ludovic se combine mal avec un nom commençant par une consonne dure.

Lutgarde

Fêtée le 16 juin.

Etymologie : vient du germain « liut » qui veut dire peuple et « gard » qui signifie maison.

Historique : sainte Lutgarde était une mystique qui voyait le Christ en Croix. Elle mena, chez les cisterciennes d'Aywières en Belgique, une vie humble et silencieuse, d'autant plus silencieuse qu'elle ne parlait pas un mot de français. Elle mourut en 1246.

La *part de chance* de Lutgarde est à 289° sur le zodiaque, c'est-à-dire le 19° du Capricorne.
Le *chiffre* de Lutgarde est le 7.

La *couleur* de Lutgarde est le violet.

Caractère type : elle prend les choses à la lettre. On lui reproche souvent son sérieux imperturbable. Elle garde une certaine distance au milieu de gens qui se réjouissent. Elle a parfois de l'humour. C'est ce qui la sauve.

Patronyme : Lutgarde se combine mal avec un nom commençant par « d », « r » ou une consonne dure.

Madeleine

Fêtée le 25 mai.

Etymologie : vient de l'hébreu « Magdala » nom du village d'où provenait Marie-Madeleine. Voir ce nom à Marie.

Historique : sainte Madeleine-Sophie Barat naquit dans une très modeste famille mais reçut une solide instruction, grâce à son frère l'abbé Barat. A Paris, son confesseur, le Père Varin, la poussa à fonder une congrégation. On l'appela les Dames du Sacré-Cœur. D'Amiens à Poitiers, puis dans le monde entier, cette congrégation allait connaître un grand essor. Sainte Madeleine mourut en 1865.

D'autres saintes et bienheureuses ont porté le nom de Madeleine.

Personnages célèbres : Madeleine de France, régente de Navarre. Les actrices Madeleine Robinson et Madeleine Renaud.

La *part de chance* de Madeleine est à 150° sur le zodiaque, c'est-à-dire le 30° du Lion.
Le *chiffre* de Madeleine est le 5.
La *couleur* de Madeleine est le violet.

Caractère type : si elle reste sans ouverture sur le monde, elle devient vite insupportable, considérant que sa vie est un gâchis. Par contre, si elle sort d'elle-même et se dévoue pour les autres, elle trouve son équilibre et s'épanouit.

Patronyme : Madeleine se combine mal avec un nom commençant par « n ».

Magali

Voir Marguerite dont Magali est la forme provençale.

Personnage célèbre : l'actrice Magali Noël.

La *part de chance* de Magali est à 85° sur le zodiaque, c'est-à-dire le 25° des Gémeaux.
Le *chiffre* de Magali est le 7.
La *couleur* de Magali est le vert.

Caractère type : elle a de l'abattage et ses bons mots sont incisifs, parfois cruels. Elle plaît en société. Elle est fantasque et souvent capricieuse.

Patronyme : Magali se combine mal avec un nom commençant par « i », « l » ou pire, « li ».

Manuel

Voir Emmanuel.

Personnage célèbre : Manuel de Falla.

La *part de chance* de Manuel est à 132° sur le zodiaque, c'est-à-dire le 12° du Lion.
Le *chiffre* de Manuel est le 3.
La *couleur* de Manuel est le rouge.

Caractère type : il ne supporte pas la médiocrité. Il est fait pour les vastes entreprises. Il est souvent égocentriste.

Patronyme : Manuel se combine mal avec un nom commençant par « l ».

Manuelle

Voir Emmanuelle.

La *part de chance* de Manuelle est à 167° sur le zodiaque, c'est-à-dire le 17° de la Vierge.

Le *chiffre* de Manuelle est le 2.
La *couleur* de Manuelle est le rouge.

Caractère type : elle force le respect lorsqu'elle se dévoue, et son dévouement est alors pour elle une façon de s'épanouir, loin d'une vie étriquée et trop bourgeoise.

Patronyme : Manuelle se combine mal avec un nom commençant par « l ».

Marc

Fêté le 25 avril.

Etymologie : vient du grec « martikos » qui signifie : consacré au dieu Mars.

Historique : saint Marc était considéré par saint Pierre comme son « fils », quoiqu'il n'ait pas fait partie des apôtres. En tout cas, il semble bien, d'après ce qu'il nous rapporte dans son Evangile, qu'il assista à l'arrestation de Jésus au jardin de Gethsémani. Il accompagna saint Paul et saint Barnabé lors de leur premier voyage pour évangéliser les gentils. En 63, saint Marc était à Rome. Puis il évangélisa à Alexandrie. Il est possible qu'il ait été martyrisé sous Trajan. Des Vénitiens emportèrent ses reliques et tout le monde connaît Saint-Marc de Venise, dont il est le patron.

D'autres saints et bienheureux ont porté le nom de Marc. Citons un pape mort en 336 et dont on ne sait presque rien. Il est fêté le 7 octobre.

Personnages célèbres : Marc-Antoine. Marc-Aurèle. Marco Polo. Mark Twain. Marc Chagall. Marc-Antoine Charpentier.

La *part de chance* de Marc est à 261° sur le zodiaque, c'est-à-dire le 21° du Sagittaire.
Le *chiffre* de Marc est le 8.
La *couleur* de Marc est le rouge.

Caractère type : il veut sans cesse se dépasser, aller plus loin et non seulement en lui-même mais sur la « terre ». Il est féru de philosophie, de théologie.

Patronyme : Marc se combine mal avec un nom commençant par une consonne dure.

Marcel

Fêté le 16 janvier.

Etymologie : voir Marc.

Historique : saint Marcel Ier fut pape sous Maxence, l'ennemi de Constantin. L'empereur régnant aurait exilé saint Marcel qui en serait mort en 309.

D'autres saints et bienheureux ont porté le nom de Marcel. Citons entre autres saint Marcel, évêque d'Apamée, qui fut brûlé vif pour avoir voulu détruire un temple dédié à Jupiter. Il mourut en 389. Il est fêté le 14 août. Saint Marcel l'Acémète, mort en 485 et fêté le 29 décembre.

Personnages célèbres : deux papes. Marcel Duchamp. Marcel Proust. Marcel Aymé. Marcel Pagnol. Marcel Jouhandeau. Marcel Carné. Le chanteur Marcel Amont.

La *part de chance* de Marcel est à 296° sur le zodiaque, c'est-à-dire le 26° du Capricorne.
Le *chiffre* de Marcel est le 7.
La *couleur* de Marcel est l'orangé.

Caractère type : le prénom est assez terne ; il ne « s'impose » pas. Marcel craint d'être rejeté. Son sens des responsabilités très aigu vient du fait qu'il veut être nécessaire, donc loin d'être rejeté, puisque indispensable.

Patronyme : Marcel se combine mal avec un nom commençant par « l ».

Marcelle

Fêtée le 31 janvier.

Etymologie : voir Marc.

Historique : sainte Marcelle était une jeune veuve romaine, issue d'une riche famille. Elle devint disciple de saint Jérôme qui la poussa à fonder une communauté de dames romaines vouées au Christ et à la charité. Elle mourut en 410.

La *part de chance* de Marcella est à 331° sur le zodiaque, c'est-à-dire le 1° des Poissons.
Le *chiffre* de Marcelle est le 6.
La *couleur* de Marcelle est l'orangé.

Caractère type: elle est d'un abord facile et agréable. C'est une « fille toute simple », très naturelle dans le sens large. Elle est souvent très intuitive. Elle est très attachée aux souvenirs de son enfance.

Patronyme: Marcelle se combine mal avec un nom commençant par « l ».

Marcellin

Fêté le 6 avril.

Etymologie: voir Marc.

Historique: saint Marcellin et saint Pierre (pas le Grand) étaient des exorcistes. Ils furent décapités en 304 sous Dioclétien.

La *part de chance* de Marcellin est à 26° sur le zodiaque, c'est-à-dire le 26° du Bélier.
Le *chiffre* de Marcellin est le 6.
La *couleur* de Marcellin est l'orangé.

Caractère type: il ne veut en aucun cas être vaincu par les événements. C'est un fonceur. Il est courageux. Son prénom est extraverti, de « pôle » masculin.

Patronyme: Marcellin se combine mal avec un nom commençant par « in », ou pire « lin ».

Marcelline

Fêtée le 17 juillet.

Etymologie : voir Marc.

Historique : sainte Marcelline était la sœur de saint Ambroise, à qui elle survécut. Elle reçut le voile des vierges des mains du pape Libère. Sa vie fut un exemple de piété et de charité. Elle vécut au IVe siècle.

Personnage célèbre : Marcelline Desbordes-Valmore, femme de lettres.

La *part de chance* de Marcelline est à 31° sur le zodiaque, c'est-à-dire le 1° du Taureau.
Le *chiffre* de Marcelline est le 2.
La *couleur* de Marcelline est l'orangé.

Caractère type : le prénom sonne de façon cristalline, bien équilibrée. Marcelline met tout en œuvre pour plaire et elle est souvent attrayante. Elle est d'un tempérament généralement robuste. Elle est souvent attachée aux traditions. Elle est un peu secrète mais elle a de la simplicité et une façon directe de parler et de s'occuper des autres.

Patronyme : Marcelline, qui s'orthographie parfois **Marceline,** se combine mal avec un nom commençant par « i » ou « n ».

Marguerite

Fêtée le 16 novembre.

Etymologie : vient du latin « margarita » qui signifie perle.

Historique : sainte Marguerite était la fille du prince anglais Edouard et vivait avec lui en exil en Hongrie. Elle put enfin fouler le sol de sa patrie à l'âge de dix ans et vivre à la cour de son grand-oncle saint Edouard le Confesseur. Mais ce dernier mourut bientôt et les Normands envahirent l'Angleterre. Elle dut fuir en Ecosse où elle épousa le roi Malcolm III. Ils eurent huit enfants. Parmi eux se trouvaient deux futurs saints : saint David et sainte Mathilde. Sainte Marguerite fonda des abbayes et s'efforça de régler le clergé écossais sur le clergé romain. Elle mourut en 1093.

D'autres saintes et bienheureuses ont porté le nom de Marguerite. Citons entre autres sainte Marguerite-Marie Alacoque qui eut la vision du Sacré-Cœur de Jésus. Traitée de folle, elle ne fut comprise que de la supérieure. Elle put voir de son vivant, avec quelle joie, le culte célébré au nom du Sacré-Cœur. Elle mourut en 1690. Elle est fêtée le 16 octobre.

Personnages célèbres : Marguerite de Provence, reine de France, épouse de Louis IX. Marguerite Stuart, petite fiancée délaissée par Louis XI. Marguerite d'York, duchesse de Bourgogne, épouse de Charles le Téméraire. Marguerite Valdemarsdotter, reine de Danemark. Marguerite-Thérèse, impératrice d'Allemagne, épouse de l'empereur Léopold Ier. Marguerite de Tarente, impératrice latine d'Orient. Trois comtesses de Flandre. Deux reines d'Angleterre. Deux reines d'Ecosse dont Marguerite Tudor qui épousa Jacques IV. Marguerite de Savoie, reine d'Italie très populaire, épouse d'Humberto Ier. Marguerite de Bourgogne, reine de Navarre, assassinée par son mari, le futur Louis X. Marguerite d'Angoulême, reine de Navarre, fille du prince poète Charles d'Orléans. Marguerite de Valois ou la reine Margot, reine de Navarre, épouse du futur Henri IV. Marguerite de Parme, gouvernante des Pays-Bas, sous les ordres de Philippe II. Marguerite d'Autriche, sans cesse veuve, et gouvernante des Pays-Bas, où elle favorisa les lettres et les arts. Marguerite, héroïne du « Faust » de Goethe. Marguerite Yourcenar. Marguerite Duras.

La *part de chance* de Marguerite est à 289° sur le zodiaque, c'est-à-dire le 19° du Capricorne.
Le *chiffre* de Marguerite est le 9.
La *couleur* de Marguerite est le vert.

Caractère type : elle a plus de charme que de vraie beauté mais peut être très séduisante. Elle veut qu'on l'aime telle qu'elle est. Elle refuse de tricher et elle est souvent orgueilleuse. C'est en tout cas une femme sur qui on peut compter.

Patronyme : Marguerite se combine mal avec un nom commençant par « t » ou « d ».

Maria

Fêtée le 6 juillet. Voir aussi Marie.

Etymologie : vient de l'hébreu « mar » qui signifie goutte et « yam » qui veut dire mer. Maryâm signifie donc : goutte de mer.

Historique : sainte Maria Goretti eut une existence vraiment désastreuse. Elevant seule six petits enfants, ses frères et sœurs, elle fut persécutée par un voisin qui voulut la violer. N'y parvenant pas, il la tua à coups de poinçon. Elle mourut en 1902.

Personnages célèbres : la cantatrice Maria Callas. L'actrice Maria Pacôme.

La *part de chance* de Maria est à 252° sur le zodiaque, c'est-à-dire le 12° du Sagittaire.
Le *chiffre* de Maria est le 6.
La *couleur* de Maria est le bleu.

Caractère type : elle a une très forte présence physique, plus charmante que vraiment belle. Elle aime se dépenser, car elle déteste l'oisiveté. Elle est avenante, maternelle, accueillante. Elle aime la société simple. C'est une femme de caractère.

Patronyme : Maria se combine mal avec un nom commençant par « a ».

Marianne

Fêtée le 17 février.

Etymologie : vient soit de Marie-Anne, soit de Mariamne, épouse malheureuse d'Hérode le Grand, puisqu'il l'assassina.

Historique : sainte Marianne ou Mariamne fut la sœur de saint Philippe. Sainte femme, elle mourut peut-être martyrisée au Ier siècle.

La *part de chance* de Marianne est à 307° sur le zodiaque, c'est-à-dire le 7° du Verseau.
Le *chiffre* de Marianne est le 3.

La *couleur* de Marianne est le bleu.

Caractère type : elle est pleine de contradictions, par exemple parfois ordonnée, parfois bohême, tantôt mesquine, tantôt capable de grands gestes, etc. Elle se veut en tout cas l'égale de l'homme et ne manque pas de courage pour y parvenir. Et, de plus, lorsque le prénom symbolise la République française...

Patronyme : Marianne se combine mal avec un nom commençant par « n ».

Marie

Fêtée le 1er janvier.

Etymologie : vient de l'hébreu « mar » qui veut dire goutte et « yâm » qui signifie mer.

Historique : sainte Marie, ou plutôt la sainte Vierge, fut la mère de Jésus. Son mari, le père nourricier du Fils de Dieu, était un humble charpentier, saint Joseph. Quand l'ange Gabriel annonça à Marie qu'elle serait la mère du Messie, elle s'écria que ce n'était pas possible, qu'elle était vierge. Saint Gabriel répondit qu'il serait conçu du Saint-Esprit. Rendant visite à sa cousine Elisabeth, celle-ci la salua : « Vous êtes bénie entre toutes les femmes et le fruit de vos entrailles est béni. » Marie répondit par ce beau poème qu'on appelle le Magnificat : « Mon âme magnifie le Seigneur, etc ». Puis, ce fut l'accouchement à Bethléem dans une étable, la présentation au Temple. La sainte Vierge ne réapparaît qu'épisodiquement au cours de la vie publique : aux noces de Cana et au pied de la Croix. Elle est l'occasion de nombreuses fêtes pour l'Eglise : l'Annonciation (le 25 mars), la Visitation (le 31 mai), l'Assomption (le 15 août), l'Immaculée-Conception (le 8 décembre) sans compter les fêtes locales.

D'autres saintes et bienheureuses ont porté le nom de Marie. Citons entre autres sainte Marie l'Egyptienne, une prostituée d'Alexandrie qui se retira au désert pour mener une vie terrifiante d'ascèse en guise de pénitence. Elle mourut en 422. Elle est fêtée le 2 avril. Sainte Marie Salomé, mère de saint Jacques le Majeur et de saint Jean. Elle faisait partie des « saintes femmes » qui assistèrent à l'agonie du Christ. Elle est fêtée le 22 octobre. La bienheureuse Marie d'Oignies qui vécut avec son époux dans la continence et vendit tous ses biens pour soigner les lépreux. Elle mourut en 1213. Elle est fêtée le 23 juin. Marie-Madeleine, la pécheresse repentie qui est peut-être la même que Marie de Béthanie et Marie de Magdala. Elle était au pied de la Croix et ce fut elle qui vit la première le Christ ressuscité et l'entendit parler. Elle est fêtée le 22 juillet. Sainte Marie-Madeleine de Pazzi, qui fut sous-prieure des Carmélites et mena une vie pieuse et d'une grande austérité, malgré des souffrances intolérables. Elle mourut en 1604. Elle est fêtée le 25 mai. Elle est la sainte patronne de Florence. Sainte Marie-Madeleine Postel, qui traversa la Révolution sans oublier l'Eglise et fonda ensuite la congrégation des Pauvres Filles de la Miséricorde, vouée notamment à l'enseignement. Elle mourut en 1846. Elle est fêtée le 16 juillet.

Personnages célèbres : Marie de Brabant, reine de France, épouse de Philippe le Hardi. Marie d'Anjou, reine de France, épouse de Charles VII. Marie d'Angleterre, reine de France, épouse de Louis XII. Marie de Médicis, reine de France, épouse de Henri IV. Marie-Thérèse d'Autriche, reine de France, épouse de Louis XIV. Marie Leszczynska, reine de France, épouse de Louis XV. Marie-Antoinette, reine de France, épouse de Louis XVI. Marie-Amélie de Bourbon, reine des Français, épouse de Louis-Philippe. Marie-Louise de Habsbourg-Lorraine, impératrice des Français, épouse de Napoléon Ier. Marie-Thérèse, archiduchesse d'Autriche et impératrice. Marie-Henriette de Habsbourg-Lorraine, reine des Belges, épouse de Léopold II. Deux impératrices byzantines. Huit reines d'Espagne. Marie Tudor, reine d'Angleterre, dite Marie la Sanglante, épouse de Philippe II d'Espagne. Marie de Lorraine, reine d'Ecosse, épouse de Jacques V et mère de Marie Stuart qui fut reine d'Ecosse à sept jours ; belle et cultivée, elle faisait l'admiration de tous ; Elisabeth la fit mettre à mort. Marie II Stuart, reine d'Angleterre, épouse de Guillaume III. Marie de Modène, reine d'Angleterre, épouse de Jacques II. Marie, reine de Hongrie. Marie-Caroline, reine de Naples. Marie-Casimire, reine de Pologne. Cinq reines de Portugal. Deux impératrices de Russie. Deux reines de Sicile. Marie Mancini, amour fervent de Louis XIV, contrecarré par Mazarin ; Marie Mancini mourut misérablement. Marie de France, poétesse française du XIIe siècle. Marie de Rabutin-Chantal marquise de Sévigné. Marie Curie. Marie Noël. Marie Gevers. Les actrices Marie Dorval et Marie Dubois.

La *part de chance* de Marie est à 266° sur le zodiaque, c'est-à-dire le 26° du Sagittaire.
Le *chiffre* de Marie est le 1.
La *couleur* de Marie est le bleu.

Caractère type: souvent plus charmante que belle, elle baisse rarement les yeux. Elle est sûre d'elle, fière et déborde de vitalité. Elle ne comprend pas la paresse. Elle est parfois impatiente et exigeante, surtout dans sa lutte féministe, car plus qu'une autre, consciente de ses responsabilités, elle veut être l'égale de l'homme. Le prénom est — évidemment — porteur d'un vaste symbolisme. Il ne se prête à aucune déformation, à aucune moquerie. C'est un très beau prénom.

Patronyme: Marie se combine mal avec un nom commençant par « i » ou pire, par « ri ».

Marielle

Voir Marie.

La *part de chance* de Marielle est à 321° sur le zodiaque, c'est-à-dire le 21° du Verseau.
Le *chiffre* de Marielle est le 3.
La *couleur* de Marielle est le bleu.

Caractère type: elle est à la fois paradoxale et velléitaire, ce qui contraste avec sa volonté de liberté et de réussite.

Patronyme: Marielle se combine mal avec un nom commençant par « l ».

Mariette

Voir Marie.

La *part de chance* de Mariette est à 356° sur le zodiaque, c'est-à-dire le 26° des Poissons.
Le *chiffre* de Mariette est le 1.
La *couleur* de Mariette est le bleu.

Caractère type : elle est souvent très douce et portée à rêver. Elle a parfois de petites manies. Elle est généralement peu agressive mais sait se cuirasser contre les peines. Au fond, un caractère joyeux, assez superficiel.

Patronyme : Mariette se combine mal avec un nom commençant par « t ».

Marion

Voir Marie.

Personnage célèbre : Marion Delorme.

La *part de chance* de Marion est à 11° sur le zodiaque, c'est-à-dire le 11° du Bélier.
Le *chiffre* de Marion est le 7.
La *couleur* de Marion est le bleu.

Caractère type : elle est saine, énergique et droite. Elle fait beaucoup pour les autres. C'est souvent une bonne mère.

Patronyme : Marion se combine mal avec un nom commençant par « on », « un » ou « in ».

Marius

Fêté autrefois le 19 janvier.

Etymologie : vient du latin « mare » qui signifie mer.

Historique : saint Marius, mis au ban du nouveau calendrier, aurait été un noble persan, venu avec sa famille à Rome, pour trouver des confesseurs. Chrétiens, ils auraient été martyrisés. Cette histoire se serait passée sous Claude II le Gothique. Saint Marius serait mort en 270.

D'autres saints et bienheureux ont porté le nom de Marius.

Personnages célèbres : Marius, général romain et consul sept fois. « Marius », le héros de Marcel Pagnol.

La *part de chance* de Marius est à 197° sur le zodiaque, c'est-à-dire le 17° de la Balance.
Le *chiffre* de Marius est le 9.
La *couleur* de Marius est le bleu.

Caractère type : il a besoin qu'on l'approuve et ne supporte pas d'être mis à l'écart. Il veut se faire aimer et par tous les moyens. Il craint les gens agressifs, les mots blessants.

Patronyme : Marius se combine mal avec un nom commençant par « s » ou « u ». Le prénom est difficile à porter : il est trop provençal et rappelle inévitablement la trilogie de Pagnol, avec les plaisanteries qui peuvent en dériver.

Marjorie

Voir Marguerite.

La *part de chance* de Marjorie est à 176° sur le zodiaque, c'est-à-dire le 26° de la Vierge.
Le *chiffre* de Marjorie est le 8.
La *couleur* de Marjorie est le vert.

Caractère type : elle trouve son équilibre lorsqu'elle se dépasse en se dévouant pour ceux qu'elle aime.

Patronyme : Marjorie se combine mal avec un nom commençant par « i », ou pire, par « ri ».

Marlène

Voir Marie et Hélène.

Personnages célèbres : les actrices Marlène Dietrich et Marlène Jobert.

La *part de chance* de Marlène est à 331° sur le zodiaque, c'est-à-dire le 1° des Poissons.

Le *chiffre* de Marlène est le 5.
La *couleur* de Marlène est le jaune.

Caractère type : elle possède un système de défense très efficace contre les agressions de tout genre : son monde intérieur où elle trouve la paix. C'est une grande rêveuse.

Patronyme : Marlène se combine mal avec un nom commençant par « n » ou « é ».

Marthe

Fêtée le 29 juillet.

Etymologie : vient de l'araméen « mâr » qui signifie seigneur.

Historique : sainte Marthe avait-elle raison de récriminer tandis que sa sœur Marie-Madeleine était assise aux pieds de Jésus alors qu'elle devait préparer le repas ? Avait-elle raison de reprocher au Seigneur de ne pas s'être hâté à la mort de son frère saint Lazare ? Les Evangiles disent que non. Mais sainte Marthe avait bien de la patience. Elle est devenue, pour ses qualités d'hôtesse, la patronne des ménagères et des hôteliers. La légende veut qu'elle soit venue en Provence et qu'elle ait terrassé le dragon, appelé Tarasque.
D'autres saintes et bienheureuses ont porté le nom de Marthe.

Personnage célèbre : l'actrice Marthe Mercadier.

La *part de chance* de Marthe est à 294° sur le zodiaque, c'est-à-dire le 24° du Capricorne.
Le *chiffre* de Marthe est le 2.
La *couleur* de Marthe est le bleu.

Caractère type : c'est une femme stable sur qui on peut compter. Elle paraît souvent trop sérieuse car elle a une attitude un peu distante. Elle ne parvient pas à s'intégrer à un groupe joyeux. Mais elle a le sens de l'humour.

Patronyme : Marthe se combine mal avec un nom commençant par « t ».

Martial

Fêté le 30 juin.

Etymologie : vient du latin « martius » qui signifie guerrier.

Historique : saint Martial fut envoyé en Gaule pour évangéliser les païens. Il se fixa dans le Limousin. Cela se passait vers 250.

D'autres saints et bienheureux ont porté le nom de Martial.

Personnages célèbres : Martial, poète latin, auteur de savoureuses épigrammes. Il mourut vers 104. Martial d'Auvergne, écrivain français des XVe et XVIe siècles.

La *part de chance* de Martial est à 322° sur le zodiaque, c'est-à-dire le 22° du Verseau.
Le *chiffre* de Martial est le 2.
La *couleur* de Martial est le vert.

Caractère type : il a une grande curiosité d'esprit et sa pensée ne manque pas d'originalité. Il a horreur du tout venant. Il est difficile de porter ce prénom si la personnalité ne correspond pas à l'adjectif « martial » !

Patronyme : Martial se combine mal avec un nom commençant par « l ».

Martin

Fêté le 11 novembre.

Etymologie : vient du latin « martius » qui signifie guerrier.

Historique : saint Martin naquit à Sabaria, en Hongrie, vers 315. Militaire, fils de militaire, il faisait partie de la garde impériale. A Amiens, où il était en garnison, il donna la moitié de son vaste manteau à un pauvre mendiant. La nuit suivante, le Christ lui apparut portant le manteau partagé. Cela suffit pour le convertir et il quitta l'armée pour rencontrer saint Hilaire. Après quelques péripéties, il fonda un monastère à Ligugé. Son prestige grandit et son nom se répandit dans toute la Gaule. Il fut élu évêque de Tours. Il envoya des missionnaires dans tout le pays. Saint Martin mourut à Candes en 397. Il fut enterré à Tours où son tombeau devint un centre de pèlerinage.

D'autres saints et bienheureux ont porté le nom de Martin. Citons entre autres le pape Martin Ier qui combattit le monothélisme et dut en souffrir mille maux. Il mourut en 655. Il est fêté le 13 avril.

Personnages célèbres : cinq papes. Martin l'Humaniste, roi d'Aragon. Martin le Jeune, roi de Sicile. Martin Luther. Martin Heidegger. Martin Gray. Martin Luther King.

La *part de chance* de Martin est à 341° sur le zodiaque, c'est-à-dire le 11° des Poissons.
Le *chiffre* de Martin est le 3.
La *couleur* de Martin est le jaune.

Caractère type : plus mystique que sensuel, il s'oriente souvent vers l'Eglise, soit pour y faire une carrière honorifique, soit pour se retirer du monde. Il a plus qu'un autre le sens de la publicité, car il sait lire à l'intérieur de son prochain.

Patronyme : Martin se combine mal avec un nom commençant par « in », « un » ou « on ».

Martine

Fêtée le 30 janvier.

Etymologie : voir Martin.

Historique : sainte Martine fut une martyre du IIIe siècle. Elle est la patronne de Rome.

Personnages célèbres : Martine, impératrice byzantine. L'actrice Martine Carol.

La *part de chance* de Martine est à 346° sur le zodiaque, c'est-à-dire le 16° des Poissons.
Le *chiffre* de Martine est le 8.
La *couleur* de Martine est le jaune.

Caractère type : elle ne cherche jamais à tenir tête à un interlocuteur. Elle possède un monde bien à elle, un refuge intérieur où elle attend que passent toutes les tempêtes. Elle est parfois capricieuse.

Patronyme : Martine se combine mal avec un nom commençant par « n » ou « i ».

Marylène

Voir Marie et Hélène. Marylène est, comme Marlène, une contraction de Marie-Hélène.

La *part de chance* de Marylène est à 341° sur le zodiaque, c'est-à-dire le 11° des Poissons.
Le *chiffre* de Marylène est le 5.
La *couleur* de Marylène est le bleu.

Caractère type : elle est plus intuitive qu'intelligente. Sa gentillesse et son charme, que pimente un certain mystère, en font une séductrice, mais sans le côté « sexy » qu'on pourrait croire attaché à ce terme. Elle est agréable à vivre.

Patronyme : Marylène se combine mal avec un nom commençant par « n » ou « nè ».

Marylin

Voir Marie et Line.

Personnage célèbre : Marylin Monroë.

La *part de chance* de Marylin est à 341° sur le zodiaque, c'est-à-dire le 11° des Poissons.
Le *chiffre* de Marylin est le 2.
La *couleur* de Marylin est le bleu.

Caractère type : voir Martine.

Patronyme : Marylin se combine mal avec un nom commençant par « n » ou « i ».

Marylise

Voir Marie et Lise.

La *part de chance* de Marylise est à 236° sur le zodiaque, c'est-à-dire le 26° du Scorpion.
Le *chiffre* de Marylise est le 3.
La *couleur* de Marylise est le bleu.

Caractère type : elle peut être envoûtante. Elle aime se faire aimer. Elle parvient parfois à réduire certains êtres en esclavage.

Patronyme : Marylise se combine mal avec un nom commençant par « s » ou « i ».

Maryvonne

Voir Marie et Yvonne.

La *part de chance* de Maryvonne est à 62° sur le zodiaque, c'est-à-dire le 2° des Gémeaux.
Le *chiffre* de Maryvonne est le 1.
La *couleur* de Maryvonne est le bleu.

Caractère type : elle a le caractère fantasque et difficile, elle peut rompre une amitié ou un amour sur un coup de tête.

Patronyme : Maryvonne se combine mal avec un nom commençant par « n » ou « o ».

Maryse

Voir Marie.

Personnage célèbre : Maryse Choisy.

La *part de chance* de Maryse est à 196° sur le zodiaque, c'est-à-dire le 16° de la Balance.
Le *chiffre* de Maryse est le 9.
La *couleur* de Maryse est le bleu.

Caractère type : avec son prénom « glissant » et onctueux, elle est bâtie pour la danse. Elle est habile de son corps comme de ses sentiments. Elle a l'esprit curieux. Elle est souvent intelligente et cultivée.

Patronyme : Maryse se combine mal avec un nom commençant par « s » ou « i ».

Mathilde

Fêtée le 14 mars.

Etymologie : vient du germain « maht » qui veut dire honneur et « hild » qui signifie combat.

Historique : sainte Mathilde était l'épouse du roi d'Allemagne Henri l'Oiseleur. Pendant que son mari guerroyait, elle élevait ses cinq enfants et menait une vie pieuse et charitable. L'un de ses fils devait devenir l'empereur germanique, Otton Ier le Grand, époux de sainte Adélaïde. Il n'aimait pas sa mère. Elle se retira donc au monastère de Quedlinburg, qu'elle avait fondé avec d'autres. Elle y mourut en 968, non sans avoir eu la grande joie de se réconcilier avec son fils Otton.

Personnages célèbres : Mathilde, reine d'Angleterre, épouse de Henri Ier. Mathilde ou Mahaut de Flandre, épouse de Guillaume II le Bâtard, duc de Normandie, conquérant de l'Angleterre. Mathilde, comtesse de Toscane, qui reçut le pape Grégoire VII et l'empereur Henri IV à Canossa. Mathilde, impératrice du Saint Empire, puis reine d'Angleterre. Mathilde, comtesse d'Artois. La princesse Mathilde, fille de Jérôme Bonaparte.

La *part de chance* de Mathilde est à 138° sur le zodiaque, c'est-à-dire le 18° du Lion.
Le *chiffre* de Mathilde est le 9.
La *couleur* de Mathilde est le jaune.

Caractère type : elle aime les responsabilités. Elle est active, curieuse de tout, consciencieuse et perfectionniste.

Patronyme : Mathilde se combine mal avec un nom commençant par « d » ou « l ».

Matthias

Fêté le 14 mai.

Etymologie : vient de l'hébreu « matith » qui veut dire don et « yâh » qui signifie Yahveh ou Dieu.

Historique : saint Matthias était un des plus fidèles disciples du Christ. Il fut choisi pour remplacer Judas parmi les apôtres. Il aurait été martyrisé à Colchis.

Personnages célèbres : Matthias Sandorf, le héros d'un roman de Jules Verne. Mathias, empereur germanique. Mathias Ier Corvin, roi de Hongrie.

La *part de chance* de Matthias est à 80° sur le zodiaque, c'est-à-dire le 20° des Gémeaux.
Le *chiffre* de Matthias est le 2.
La *couleur* de Matthias est le jaune.

Caractère type : le prénom est très solide, retenu dans sa puissance. Matthias éprouve le besoin de mener plusieurs activités simultanément, dont l'une le repose de l'autre ou le stimule.

Patronyme : Matthias se combine mal avec un nom commençant par « s » ou « a ».

Matthieu

Fêté le 21 septembre.

Etymologie : voir Matthias.

Historique : saint Matthieu, qui s'appelait aussi Lévi, était un employé au péage du roi Hérode. C'était un publicain. Il était à Capharnaüm dans son bureau ouvert, quand Jésus lui dit : « Suis-moi ». Et il le suivit. Avant de partir définitivement, il offrit un banquet d'adieu à ses proches et les pharisiens s'étonnèrent de voir Jésus fréquenter de telles gens. Jésus leur répondit : « Ce ne sont pas les bien portants qui ont besoin du médecin, mais les malades ; je ne suis pas venu appeler les justes, mais les pécheurs ». Matthieu devint donc un des douze apôtres. Il écrivit le premier Evangile. La tradition veut qu'il soit mort martyr.

Personnages célèbres: Mathieu Cantacuzène, empereur byzantin. Matthieu du Rémois, cardinal français, qui fit reconnaître Innocent II par Louis VI. Matthieu d'Edesse, chroniqueur arménien. Matthieu d'Acquasparta, théologien italien. Matthieu de Cracovie, évêque de Worms.

La *part de chance* de Matthieu est à 150° sur le zodiaque, c'est-à-dire le 30° du Lion.
Le *chiffre* de Matthieu est le 7.
La *couleur* de Matthieu est le jaune.

Caractère type: il aime l'ordre, l'exactitude, la patience. Il sait faire preuve d'ingéniosité et de discernement.

Patronyme: Matthieu se combine mal avec un nom commençant par «e», «u» ou «eu».

Maud

Voir Mathilde, dont Maud est une contraction, comme Mahaut.

Personnage célèbre: Maud Frère.

La *part de chance* de Maud est à 51° sur le zodiaque, c'est-à-dire le 21° du Taureau.
Le *chiffre* de Maud est le 3.
La *couleur* de Maud est le vert.

Caractère type: le prénom est assez artificiel, «fabriqué». Maud est souvent gaie. Elle rit facilement. Elle a une façon d'être très directe. Elle est généralement très féminine. Et parfois très belle.

Patronyme: Maud se combine mal avec un nom commençant par «d» ou «o».

Maurice

Fêté le 22 septembre.

Etymologie : vient du latin « maurus » qui veut dire Maure.

Historique : saint Maurice fut massacré à la fin du IIIe siècle, à la tête de soldats romains convertis au christianisme. Cet événement aurait eu lieu dans le Valais, dans une ville qui s'appelle aujourd'hui Saint-Maurice, à quelques kilomètres de Martigny. La ville grandit autour d'une abbaye fondée par saint Théodore au IVe siècle.

D'autres saints et bienheureux ont porté le nom de Maurice.

Personnages célèbres : un empereur byzantin. Un électeur de Saxe. Maurice de Nassau, stadhouder de Hollande et de Zélande. Maurice, comte et maréchal de Saxe. Maurice de Craon, poète du XIIIe siècle. Maurice de Sully, évêque de Paris, qui fit construire Notre-Dame. Maurice Barrès. Maurice Ravel. Maurice Maeterlinck. Maurice Chevalier.

La *part de chance* de Maurice est à 276° sur le zodiaque, c'est-à-dire le 6° du Capricorne.
Le *chiffre* de Maurice est le 7.
La *couleur* de Maurice est le violet.

Caractère type : le prénom est assez terne dans ses sonorités sans éclat. Maurice a surtout besoin qu'on l'aime. Il craint d'être abandonné. Il peut, s'il le veut, acquérir la sérénité.

Patronyme : Maurice se combine mal avec un nom commençant par « s ».

Max

Voir Maximilien, dont Max est le diminutif.

Personnages célèbres : Max Jacob. Max Linder. Max Ophüls. Max Reger. Max Gallo.

La *part de chance* de Max est à 101° sur le zodiaque, c'est-à-dire le 11° du Cancer.
Le *chiffre* de Max est le 2.
La *couleur* de Max est l'orangé.

Caractère type : il possède une imagination débordante. Il a la spontanéité de l'enfance. Il travaille plus qu'il ne le laisse paraître. Ses réactions sont très subjectives.

Patronyme : Max se combine mal avec un nom commençant par « k » ou « s ».

Maxime

Fêté le 13 août.

Etymologie : vient du latin « maximus » qui signifie : le plus grand.

Historique : saint Maxime de Chrysopolis, dit le Confesseur naquit à Constantinople en 580. Il était premier secrétaire d'Héraclius, mais il abandonna sa charge pour devenir moine. Il attaqua violemment le monothélisme et en paya les conséquences : il fut emprisonné, torturé et mourut de ses blessures en 662.

D'autres saints et bienheureux ont porté le nom de Maxime. Citons entre autres un évêque de Riez, mort en 460 et fêté le 27 novembre. Saint Maxime, martyr du IIIe siècle, fêté le 14 avril.

Personnages célèbres : Maximus, empereur romain, qui fut lapidé par le peuple. Maxime de Tyr et Maxime d'Ephèse, philosophes grecs du IVe siècle ; ce dernier était conseiller de l'empereur Julien. Maxime l'Haghiorite, moine et humaniste russe du XVIe siècle. Maxime Gorki.

La *part de chance* de Maxime est à 156° sur le zodiaque, c'est-à-dire le 6° de la Vierge.
Le *chiffre* de Maxime est le 2.
La *couleur* de Maxime est l'orangé.

Caractère type : il ne se contente pas du tout venant : il est très exigeant en amitié et en amour. C'est un homme dont l'exactitude est proverbiale. Il est très ordonné.

Patronyme : Maxime se combine mal avec un nom commençant par « m ».

Maximilien

Fêté le 12 mars.

Etymologie : voir Maxime.

Historique : saint Maximilien était fils de militaire. Lui était objecteur de conscience parce qu'il était chrétien. Il fut jugé coupable et décapité. Il mourut en 295 à 21 ans.

D'autres saints et bienheureux ont porté le nom de Maximilien. Citons un évêque de Lorch au Wurtemberg. Il refusa de sacrifier aux dieux et fut exécuté en 283. Il est fêté le 12 octobre.

Personnages célèbres : deux empereurs germaniques. Deux électeurs et deux rois de Bavière. Maximilien, archiduc d'Autriche et empereur du Mexique où il fut fusillé. Maximilien de Béthune, duc de Sully, qui échappa de peu à la Saint-Barthélemy. Maximilien Robespierre.

La *part de chance* de Maximilien est à 216° sur le zodiaque, c'est-à-dire le 6° du Scorpion.
Le *chiffre* de Maximilien est le 1.
La *couleur* de Maximilien est l'orangé.

Caractère type : son intelligence et vive est pénétrante. Il aime le secret. Il s'intéresse souvent aux sciences occultes. Un très beau prénom !

Patronyme : Maximilien se combine mal avec un nom commençant par « in » ou « lin ».

Maximilienne

Voir Maximilien.

La *part de chance* de Maximilienne est à 271° sur le zodiaque, c'est-à-dire le 1° du Capricorne.
Le *chiffre* de Maximilienne est le 2.
La *couleur* de Maximilienne est l'orangé.

Caractère type : elle est incapable de mentir, de tricher. Elle donne l'apparence de ne pas savoir s'amuser. Elle ne manque pas de sensibilité et se sauve par l'humour.

Patronyme : Maximilienne se combine mal avec un nom commençant par « n ».

Mélanie

Fêtée le 31 décembre.

Etymologie : vient du grec « melas, melanos » qui veut dire noir.

Historique : sainte Mélanie la Jeune était la petite fille de Mélanie l'ancienne qui avait déjà fondé un monastère à Jérusalem. Sainte Mélanie la Jeune persuada son mari Pinianus de distribuer leur énorme fortune aux pauvres et d'aller vivre près de saint Augustin une vie pieuse et ascétique. Ce qu'ils firent. Puis, sainte Mélanie, devenue veuve, se retira dans un monastère sur le mont des Oliviers. Elle y mourut en 439.

Personnage célèbre : la psychanalyste Mélanie Klein.

La *part de chance* de Mélanie est à 131° sur le zodiaque, c'est-à-dire le 11° du Lion.
Le *chiffre* de Mélanie est le 5.
La *couleur* de Mélanie est l'orangé.

Caractère type : elle est courageuse dans l'adversité. Elle est aussi très loyale. Son intelligence lui permet d'aborder les sujets les plus ardus. Elle a souvent de l'ambition.

Patronyme : Mélanie se combine mal avec un nom commençant par « i », « n » ou pire, « ni ».

Mercédès

Fêtée le 15 août.

Etymologie : vient de l'espagnol « Maria de los mercedes », qui veut dire Marie des remerciements.

La *part de chance* de Mercédès est à 219° sur le zodiaque ; c'est-à-dire le 9° du Scorpion.
Le *chiffre* de Mercédès est le 9.
La *couleur* de Mercédès est le jaune.

Caractère type : elle a des « pouvoirs » sur les autres qu'elle « envoûte » facilement. Elle est très courageuse et sait se taire quand il faut. Elle ignore la tiédeur. C'est une passionnée qui effraie souvent les hommes.

Patronyme : Mercédès se combine mal avec un nom commençant par « s » ou « é ».

Michel

Fêté le 29 septembre.

Etymologie : vient de l'hébreu « Mi Kha'El » qui veut dire : qui est comme Dieu ? C'est une question, non une affirmation.

Historique : saint Michel l'Archange est le protecteur d'Israël, le chef des armées célestes. C'est ainsi qu'il apparaît la première fois dans l'Ancien Testament, livre de Daniel. Ce même chef des anges terrasse le Dragon dans l'Apocalypse de saint Jean. Saint Michel, patron de l'Eglise romaine, apparut plusieurs fois au cours de son histoire : à saint Grégoire le Grand, au sommet du château Saint-Ange, à un berger au sommet du mont Gargano en Apulie, au Mont-Saint-Michel et à Jeanne d'Arc pour l'aider à accomplir sa mission. Saint Michel est le patron de la France.

D'autres saints et bienheureux ont porté le nom de Michel. Citons entre autres saint Michel Garicoïts, qui fonda la congrégation des Prêtres du Sacré-Cœur de Jésus. On les appela les bétharramites. Il mourut en 1863 et est fêté le 14 mai.

Personnages célèbres : huit empereurs byzantins. Deux grands-ducs et un tsar de Russie. Un roi de Pologne. Un roi de Portugal. Un roi de Roumanie. Un prince de Serbie. Michel de L'Hospital. Michel-Ange. Michel Eyquem de Montaigne. Miguel de Cervantès. Michel Le Tellier, marquis de Louvois. Michel Ney, duc d'Elchingen. Michel de Saint-Pierre. Michel de Ghelderode. Mikhaïl Lermontov, poète russe. L'acteur Michel Auclair.

La *part de chance* de Michel est à 113° sur le zodiaque, c'est-

à-dire le 23° du Cancer.
Le *chiffre* de Michel est le 5.
La *couleur* de Michel est le rouge.

Caractère type : il possède une imagination fertile qui en fait un excellent conteur. C'est souvent un touche-à-tout, avec une intelligence brillante. Il « sent » bien les êtres et les choses, mais il reste comme en dehors.

Patronyme : Michel se combine mal avec un nom commençant par « l ».

Michèle

Voir Michel.

Personnages célèbres : les actrices Michèle Morgan et Michèle Mercier.

La *part de chance* de Michèle est à 118° sur le zodiaque, c'est-à-dire le 28° du Cancer.
Le *chiffre* de Michèle est le 2.
La *couleur* de Michèle est le rouge.

Caractère type : elle est intelligente et douée mais a tendance à rêver la réalité plus qu'à la voir telle qu'elle est. Elle aime l'embellir par d'innocents mensonges. La maternité modifie souvent son être profond et la rend plus responsable et parfois autoritaire. Et la rêverie se dissipe...

Patronyme : Michèle se combine mal avec un nom commençant par « l » ou « é ».

Micheline

Voir Michel.

Personnage célèbre : l'actrice Micheline Dax.

La *part de chance* de Micheline est à 178° sur le zodiaque, c'est-à-dire le 28° de la Vierge.
Le *chiffre* de Micheline est le 6.
La *couleur* de Micheline est le rouge.

Caractère type : elle ne parvient à soulager son angoisse profonde qu'en se dévouant pour ceux qu'elle aime. Si elle reste enfermée en elle-même, elle devient insupportable.

Patronyme : Micheline se combine mal avec un nom commençant par « n » ou « i ».

Milène

Voir Marie et Hélène.

Personnage célèbre : l'actrice Mylène Demongeot.

La *part de chance* de Milène est à 140° sur le zodiaque, c'est-à-dire le 20° du Lion.
Le *chiffre* de Milène est le 4.
La *couleur* de Milène est le jaune.

Caractère type : elle est capable de faire face avec courage si le destin lui est contraire. Elle est fière et loyale. Son intelligence lui permet d'aborder tous les sujets.

Patronyme : Milène se combine mal avec un nom commençant par « n » ou « é ».

Mireille

Voir Marie.

Etymologie : vient du provençal « Mirèio », nom inventé par Frédéric Mistral et qui dériverait de Marie, c'est du moins ce qu'il disait à son brave curé.

Personnages célèbres : Mireille, l'héroïne du poème de Mistral. L'actrice Mireille Darc. La chanteuse Mireille Mathieu. La chanteuse-compositeur Mireille.

La *part de chance* de Mireille est à 330° sur le zodiaque, c'est-à-dire le 30° du Verseau.
Le *chiffre* de Mireille est le 2.
La *couleur* de Mireille est le rouge.

Caractère type : elle n'est pas agressive. Elle est simple. Elle ne cherche jamais à tenir tête même si elle est dans son droit. Elle a souvent de l'intuition.

Patronyme : Mireille se combine mal avec un nom commençant par « l ».

Monique

Fêtée le 27 août.

Etymologie : vient du grec « monos » qui veut dire seul.

Historique : sainte Monique naquit à Tagaste en 332. Elle était berbère et chrétienne. Son fils, saint Augustin, la fit souffrir par ses dépravations et son adhésion au manichéisme. Quelle joie dut être la sienne lorsqu'elle apprit que son diable de fils s'était converti. Elle exulta lorsqu'elle put assister à son baptême. C'est lui qui fut à son chevet à Ostie lorsqu'elle mourut en 387.

La *part de chance* de Monique est à 281° sur le zodiaque, c'est-à-dire le 11° du Capricorne.
Le *chiffre* de Monique est le 4.
La *couleur* de Monique est le bleu.

Caractère type : elle est très active et ne supporte pas l'oisiveté. C'est une femme sur qui on peut compter. Elle a de l'humour mais peut piquer de violentes colères lorsqu'elle se rend compte qu'on s'est joué d'elle.

Patronyme : Monique se combine mal avec un nom commençant par une consonne dure.

Muriel

Voir Marie, dont elle est une forme normande.

La *part de chance* de Muriel est à 291° sur le zodiaque, c'est-à-dire le 21° du Capricorne.
Le *chiffre* de Muriel est le 6.
La *couleur* de Muriel est le vert.

Caractère type : on la dit trop sérieuse, car elle n'est pas très expansive mais elle peut se montrer spontanée avec des gens dont elle « sent » l'authenticité. Elle n'aime pas le « monde » mais les êtres isolément, avec qui elle peut converser cœur à cœur.

Patronyme : Muriel se combine mal avec un nom commençant par « l ».

Myriam

Voir Marie, dont Myriam est la forme hébraïque.

Personnage célèbre : la chanteuse Myriam Makeba.

La *part de chance* de Myriam est à 301° sur le zodiaque, c'est-à-dire le 1° du Verseau.
Le *chiffre* de Myriam est le 7.
La *couleur* de Myriam est le bleu.

Caractère type : elle surmonte ses contradictions qui sont nombreuses en fréquentant des esprits doués d'intelligence et de bonté. A leur contact, elle s'efforce d'approfondir ses problèmes et de les résoudre.

Patronyme : Myriam se combine mal avec un nom commençant par « m ».

Nadia

Fêtée le 18 septembre.

Etymologie : vient du slave « nadiejda » qui veut dire espérance.

Historique : sainte Nadège fut martyrisée à Rome sous Hadrien.

La *part de chance* de Nadia est à 66° sur le zodiaque, c'est-à-dire le 6° des Gémeaux.
Le *chiffre* de Nadia est le 2.
La *couleur* de Nadia est le rouge.

Caractère type : elle a de la répartie. Elle est volontiers moqueuse. Elle change souvent d'humeur et on ne pourrait en dire la raison. Elle est généralement capricieuse.

Patronyme : Nadia se combine mal avec un nom commençant par « a ».

Nadine

Voir Nadia.

La *part de chance* de Nadine est à 120° sur le zodiaque, c'est-à-dire le 30° du Cancer.
Le *chiffre* de Nadine est le 2.
La *couleur* de Nadine est le rouge.

Caractère type : elle défend ses amis et ses idées avec fougue. Elle est capable de tout oser, par ambition ou si le destin contrarie ses plans. C'est une passionnée.

Patronyme : Nadine se combine mal avec un nom commençant par « n » ou « i ».

Nathalie

Fêtée le 1er décembre.

Etymologie : vient du latin « natalis » qui signifie natal.

Historique : sainte Nathalie était la femme de saint Adrien. Elle partagea son martyre à Nicomédie au IVe siècle. Une autre sainte Nathalie, femme de saint Aurèle, fut martyrisée avec lui à Cordoue en 852. Elle est fêtée le 27 juillet.

Personnages célèbres : l'écrivain Nathalie Sarraute. Les actrices Nathalie Delon et Nathalie Wood.

La *part de chance* de Nathalie est à 145° sur le zodiaque, c'est-à-dire le 25° du Lion.
Le *chiffre* de Nathalie est le 7.
La *couleur* de Nathalie est le bleu.

Caractère type : le prénom sonne sérieux, stable ; les sonorités sont nettes, puis prolongées. Ce prénom est équilibré. Nathalie a le goût d'apprendre et en a les qualités : l'intelligence, la mémoire et la curiosité.

Patronyme : Nathalie se combine mal avec un nom commençant par « i », ou pire, par « li ».

Nathanaël

Etymologie : vient de l'hébreu et signifie : Dieu donne. Nom d'un apôtre du Christ, probablement saint Barthélemy.

La *part de chance* de Nathanaël est à 186° sur le zodiaque, c'est-à-dire le 6° de la Balance.
Le *chiffre* de Nathanaël est le 4.
La *couleur* de Nathanaël est le bleu.

Caractère type : le prénom rebondit en cascade dans les trois premières syllabes, puis « s'étale » sur la dernière. C'est une sonorité curieuse mais agréable. Nathanaël est conciliant et habile. C'est un parfait diplomate. Il est parfois hésitant et conformiste.

Patronyme : Nathanaël se combine mal avec un nom commençant par « l ».

Nelly

Voir Hélène.

La *part de chance* de Nelly est à 125° sur le zodiaque, c'est-à-dire le 5° du Lion.
Le *chiffre* de Nelly est le 5.
La *couleur* de Nelly est le rouge.

Caractère type : elle est intègre et loyale. Elle est nette et claire comme son prénom. C'est une femme sur qui on peut compter. Elle est souvent perfectionniste.

Patronyme : Nelly se combine mal avec un nom commençant par « i » ou « l ».

Nestor

Fêté le 26 février.

Etymologie : vient du grec « Nestor » qui dérive d'un mot signifiant : « qui rentre heureusement chez soi ».

Mythologie : Nestor était roi de Pylos et il échappa au massacre de sa famille grâce à l'intervention d'Héraclès. Les dieux compatissants lui accordèrent une longévité exceptionnelle, si bien qu'il figurait dans le camp des Grecs au moment de la guerre de Troie. Il y tenait des discours très sages mais interminables.

Historique : saint Nestor était évêque de Magydos en Pamphylie, (Turquie). C'est là que la persécution de Dèce le surprit ainsi que ses ouailles. Il invita ceux-ci à s'enfuir et resta seul chrétien dans la ville. Il fut crucifié et sur sa croix il exhorta la foule à prier. Son discours fut si éloquent que les païens lui obéirent. Il mourut en 251.

D'autres saints et bienheureux ont porté le nom de Nestor.

La *part de chance* de Nestor est à 305° sur le zodiaque, c'est-à-dire le 5° du Verseau.
Le *chiffre* de Nestor est le 1.
La *couleur* de Nestor est le bleu.

Caractère type : il est très indépendant, un peu « retenu » comme la sonorité du prénom. L'originalité de son esprit le conduit hors des chemins battus. Il aime aller à la découverte.

Patronyme : Nestor se combine mal avec un nom commençant par « r », ou pire, par « or ».

Nicolas

Fêté le 6 décembre.

Etymologie : vient du grec « niké » qui signifie victoire et « laos » qui veut dire peuple.

Historique : saint Nicolas était évêque de Myre en Lycie, province d'Asie mineure. Il mourut en prison dans son diocèse lors de la persécution de Dioclétien au IVᵉ siècle. La légende s'est emparée de ce saint et mille récits plus invraisemblables et plus beaux les uns que les autres en sont nés. Le plus connu est celui de la résurrection de trois enfants qu'un aubergiste avait égorgés et cachés dans son saloir. Saint Nicolas est le patron des écoliers dans nos pays du moins. Il est le saint patron de la Russie.

D'autres saints et bienheureux ont porté le nom de Nicolas. Citons entre autres saint Nicolas de Flue, Suisse, père de dix enfants, combattant contre les Autrichiens et menant une vie de paysan, qui se fit ermite avec le consentement de son épouse et se cacha dans une montagne du canton d'Unterwald; découvert par les habitants du pays, ceux-ci le persuadèrent de revenir à Rauft dans la plaine, où ils lui construisirent une cabane; il y mena une vie d'ascèse en prodiguant ses prières et ses conseils. Il mourut en 1487 et est fêté le 21 mars.

Personnages célèbres: cinq papes et un antipape. Deux Tsars. Un roi du Monténégro. Nicolas de Cusa, théologien et savant allemand. Nicolas Flamel. Nicolas Boileau-Despréaux. Nicolas Copernic. Nicolas Fouquet. Nicolas Poussin. Nicolas Chamfort. Nicolas Gogol.

La *part de chance* de Nicolas est à 121° sur le zodiaque, c'est-à-dire le 1° du Lion.
Le *chiffre* de Nicolas est le 9.
La *couleur* de Nicolas est le rouge.

Caractère type: il ne supporte pas la médiocrité. Ses projets sont souvent grandioses et aboutissent parfois...

Patronyme: Nicolas se combine mal avec un nom commençant par « a » ou « l ».

Nicole

Voir Colette ou Nicolas.

Personnages célèbres: l'actrice Nicole Courcel.

La *part de chance* de Nicole est à 185° sur le zodiaque, c'est-à-dire le 5° de la Balance.

Le *chiffre* de Nicole est le 3.
La *couleur* de Nicole est le rouge.

Caractère type : elle renonce difficilement à ses caprices. Elle aime être aimée. L'amour est la « chose » essentielle de sa vie. Elle souhaite toujours le mariage. Elle croit à l'unité durable du couple.

Patronyme : Nicole se combine mal avec un nom commençant par « l » ou « o ».

Ninon

Fêtée le 15 décembre.

Etymologie : vient peut-être du latin « nonna » qui veut dire religieuse.

Historique : sainte Ninon ou Nino fut une chrétienne de grande vertu, célèbre en Géorgie.

Personnage célèbre : Ninon de Lenclos.

La *part de chance* de Ninon est à 230° sur le zodiaque, c'est-à-dire le 20° du Scorpion.
Le *chiffre* de Ninon est le 3.
La *couleur* de Ninon est le rouge.

Caractère type : elle envoûte les hommes par une espèce de magnétisme. Elle travaille contre vents et marées. Elle est très endurante. Elle sait se taire quand il le faut.

Patronyme : Ninon se combine mal avec un nom commençant par « on », « un » ou « in ».

Noé

Fêté le 10 novembre.

Etymologie : vient de l'hébreu « noah » qui signifie repos.

Historique : Noé descendait de Seth. Les hommes étaient devenus si mauvais que Dieu décida de les faire périr dans le

Déluge. Seul Noé restait un homme juste. Dieu lui permit de construire un vaisseau où il embarqua avec les siens et un couple de tous les animaux. Quand les eaux se retirèrent, l'Arche de Noé aborda au mont Ararat. Noé planta un vignoble et s'enivra. Ivresse bien pardonnable après tant de soucis... Il est le patron des armateurs et des vignerons.

La *part de chance* de Noé est à 125° sur le zodiaque, c'est-à-dire le 5° du Lion.
Le *chiffre* de Noé est le 7.
La *couleur* de Noé est le violet.

Caractère type : il possède une intelligence très vive et très claire, capable de remarquables synthèses. Il est parfois autoritaire. Il est bâti pour la réussite.

Patronyme : Noé se combine mal avec un nom commençant par « é » ou « o ». Mais le prénom peut prêter à des plaisanteries de mauvais goût étant donné sa résonance « biblique ».

Noël

Fêté le 25 décembre.

Etymologie : vient de « natalis » qui veut dire né.

Historique : on ne connaît pas la date de la nativité de Jésus, mais il semble que les papes aient voulu, en choisissant le 25 décembre, détourner les païens du culte de la victoire du jour sur la nuit, c'est-à-dire du solstice d'hiver, en lui donnant un sens chrétien, la victoire du Soleil de Justice, c'est-à-dire celle du Christ sur les ténèbres. En Occident, Noël était fêté le 25 décembre dès 354,

Des saints et des bienheureux ont porté le nom de Noël. Citons entre autres saint Noël Chabanel, jésuite parti évangéliser les Indiens et qui fut assassiné par un Huron. Il mourut en 1649 et est fêté le 19 octobre.

Personnages célèbres : les acteurs Noël-Noël et Noël Roquevert.

La *part de chance* de Noël est à 155° sur le zodiaque, c'est-à-dire le 5° de la Vierge.
Le *chiffre* de Noël est le 1.

La *couleur* de Noël est le rouge.

Caractère type : c'est — malgré tout — un prénom évoquant l'hiver en même temps que la grande fête chrétienne. Noël est pudique et aime le silence. Il est exigeant envers lui comme envers les autres. Il est pointilleux.

Patronyme : Noël se combine mal avec un nom commençant par « l ».

Noëlle

Voir Noël.

La *part de chance* de Noëlle est à 190° sur le zodiaque, c'est-à-dire le 10° de la Balance.
Le *chiffre* de Noëlle est le 9.
La *couleur* de Noëlle est le rouge.

Caractère type : elle est faite pour la danse. Elle est souvent cultivée et en tout cas intelligente. Elle ne veut en aucun cas être une femme-objet. Elle adore apprendre.

Patronyme : Noëlle se combine mal avec un nom commençant par « l ».

Noémie

Etymologie : vient du grec et signifie « gracieuse ». Voir Grâce.

La *part de chance* de Noémie est à 180° sur le zodiaque, c'est-à-dire le 30° de la Vierge.
Le *chiffre* de Noémie est le 7.
La *couleur* de Noémie est le bleu.

Caractère type : elle a en effet beaucoup de grâce et de souplesse. Elle est généralement intelligente et aime la vie mondaine, les réceptions avec des invités triés sur le volet.

Patronyme : Noémie se combine mal avec un nom commençant par « i », « m » ou pire « mi ».

Norbert

Fêté le 6 juin.

Etymologie : vient du germain « north » qui veut dire nord et « behrt » qui signifie brillant.

Historique : saint Norbert naquit à Xanthen en Rhénanie vers 1080. Noble et parent de princes allemands, il mena une vie frivole et mondaine malgré sa prébende de chanoine, puis sa charge de chapelain à la cour de l'empereur Henri V. Un jour il fut frappé par la foudre et désarçonné au propre comme au figuré ; il changea du tout au tout et mena une existence de moine itinérant. Ayant obtenu du pape Gélase II le droit d'évangéliser, il prêcha la bonne parole dans le Hainaut et le Brabant. Puis il se rendit à Laon, où il fonda le monastère des Prémontrés, du nom du lieu. Les Norbertins devaient connaître une grande extension mais leur fondateur devint évêque de Magdebourg, élu par le peuple qui s'y connaissait en hommes pieux. Norbert intervint dans une affaire d'Eglise assez embrouillée : deux papes se présentaient chacun comme le vrai pontife, Anaclet II et Innocent II. C'est ce dernier qui s'imposa, grâce notamment à l'intervention de saint Norbert auprès de l'empereur. Saint Norbert mourut épuisé en 1134...

La *part de chance* de Norbert est à 207° sur le zodiaque, c'est-à-dire le 27° de la Balance.
Le *chiffre* de Norbert est le 2.
La *couleur* de Norbert est le violet.

Caractère type : il est conciliant et intelligent. C'est un habile diplomate. Il pèse toujours le pour et le contre.

Patronyme : Norbert se combine mal avec un nom commençant par « r ».

Octave

Fêté le 20 novembre.

Etymologie : vient du latin « octavus » qui veut dire huitième.

Historique : saint Octave était un soldat romain converti qui fut martyrisé à Turin au IIIe siècle.

Personnages célèbres : Octave, nom d'Auguste avant son adoption par César. Octave Mirbeau.

La *part de chance* d'Octave est à 142° sur le zodiaque, c'est-à-dire le 22° du Lion.
Le *chiffre* d'Octave est le 3.
La *couleur* d'Octave est le bleu.

Caractère type : le prénom est sérieux, calme, un peu provincial. C'est un prénom « respectable » et souvent respecté. Octave exerce un très grand ascendant sur les autres. C'est qu'il est intelligent, capable de noblesse et d'idéalisme. Il a un sens inné de la justice.

Patronyme : Octave se combine mal avec un nom commençant par « v », « f » ou « a ».

Octavie

Voir Octave.

Personnages célèbres : Octavie, épouse malheureuse de Marc-Antoine. Octavie, épouse malheureuse de Néron.

La *part de chance* d'Octavie est à 152° sur le zodiaque, c'est-à-dire le 2° de la Vierge.
Le *chiffre* d'Octavie est le 2.
La *couleur* d'Octavie est le bleu.

Caractère type : le prénom est terne, sans éclat aucun. Octavie est une épouse consciencieuse et dévouée mais, presque trop parfaite, elle ennuie souvent.

Patronyme : Octavie se combine mal avec un nom commençant par « i », « v », ou pire, « vi ».

Odette

Fêtée le 20 avril.

Etymologie : vient du germain « odo » qui veut dire richesse.

Historique : la bienheureuse Odette naquit dans le Brabant. Elle avait fait, très jeune, vœu de chasteté. Ses parents voulant la marier, elle se coupa le nez. Elle entra alors au monastère dont elle devint prieure. Elle mourut en 1158.

Personnages célèbres : Odette de Champdivers, qui adoucit la folie de Charles VI le Fou. L'actrice Odette Joyeux.

La *part de chance* d'Odette est à 164° sur le zodiaque, c'est-à-dire le 4° du Lion.
Le *chiffre* d'Odette est le 6.
La *couleur* d'Odette est le jaune.

Caractère type : elle défend ses amis et ses idées avec une ardeur qu'explique la passion qu'elle met en tout. Elle « bondit »... comme la sonorité de son prénom.

Patronyme : Odette se combine mal avec un nom commençant par « t ».

Odile

Fêtée le 14 décembre.

Etymologie : voir Odette.

Historique : sainte Odile fonda le monastère de Hohenburg dans le Bas-Rhin. C'est à peu près tout ce qu'on sait de cette sainte, mais il y a la légende. Née aveugle, son père voulut la tuer. Mais sa mère la confia à une servante qui l'emmena chez l'évêque bavarois Ehrard ; celui-ci lui humectant les yeux avec l'eau de baptême lui aurait fait recouvrer la vue. Son père, à cette nouvelle, se serait converti et aurait fondé pour elle le monastère d'Hohenburg ou mont Sainte-Odile. On y croit ou on n'y croit pas. Elle est la patronne de l'Alsace.

Personnage célèbre : l'actrice Odile Versois.

La *part de chance* d'Odile est à 119° sur le zodiaque, c'est-à-dire le 29° du Cancer.
Le *chiffre* d'Odile est le 9.
La *couleur* d'Odile est le vert.

Caractère type : elle est fortement fixée à son enfance et si elle ne parvient pas à s'en détacher, elle cherchera éternellement l'être idéalisé qui n'existe que dans ses rêves.

Patronyme : Odile se combine mal avec un nom commençant par « l » ou « i ».

Olaf

Fêté le 29 juillet.

Etymologie : vient du germain « odo » qui signifie richesse.

Historique : saint Olaf II Haraldsson commença son existence comme Viking, puis il se convertit et rétablit la royauté en Norvège qu'il s'efforça de christianiser. Son action ne fut pas du goût de tous et il dut s'exiler en Russie. De retour en Norvège, il combattit Knud le Grand et en mourut en 1030. Il fut considéré comme un héros national.

Personnages célèbres : six rois de Norvège. Deux rois de Danemark.

La *part de chance* d'Olaf est à 181° sur le zodiaque, c'est-à-dire le 1° de la Balance.
Le *chiffre* d'Olaf est le 7.
La *couleur* d'Olaf est le violet.

Caractère type : le prénom est viril et net, à consonance « noble ». Olaf ne supporte pas l'agressivité, encore moins l'hostilité. Il est conciliant et intelligent.

Patronyme : Olaf se combine mal avec un nom commençant par « f » ou « v ».

Olga

Fêtée le 11 juillet.

Etymologie : vient du scandinave et signifie : heureuse.

Historique : sainte Olga naquit vers 890. Elle épousa le prince Igor. Devenue veuve, elle fut régente pendant la minorité de son fils Sviatoslav. Elle se convertit au christianisme et fit de son mieux pour convaincre son peuple d'en faire autant. Elle mourut en 969.

Personnage célèbre : Olga Constantinovna, reine de Grèce, épouse de Georges Ier.

La *part de chance* d'Olga est à 104° sur le zodiaque, c'est-à-dire le 14° du Cancer.
Le *chiffre* d'Olga est le 8.
La *couleur* d'Olga est le rouge.

Caractère type : elle est intelligente, douée d'imagination et de sens poétique. Mais elle a tendance à se laisser aller à la rêverie. Plus qu'une autre, elle a besoin d'être encadrée.

Patronyme : Olga se combine mal avec un nom commençant par « a » ou une consonne dure.

Olivia

Fêtée le 5 mars.

Etymologie : vient du latin « oliva » qui signifie olive.

Historique : sainte Olive ou Olivia fut déportée à treize ans par les Sarrazins. Elle fut mise à mort pour sa trop grande vertu, au IXe siècle à Tunis.

Personnage célèbre : l'actrice Olivia de Haviland.

La *part de chance* d'Olivia est à 127° sur le zodiaque, c'est-à-dire le 7° du Lion.
Le *chiffre* d'Olivia est le 5.
La *couleur* d'Olivia est le jaune.

Caractère type : elle est souvent aussi belle que passionnée.

Elle ne supporte pas qu'on touche à ses àmis ou qu'on ose mettre en doute ses idées. Et elle défend les uns et les autres avec la même fougue. Elle a un tempérament d'artiste.

Patronyme : Olivia se combine mal avec un nom commençant par « a » ou « v ».

Olivier

Fêté le 12 juillet.

Etymologie : voir Olivia. La Chanson de Roland fit beaucoup pour ce prénom : Olivier était le fidèle compagnon de Roland.

Historique : le bienheureux Olivier Plunket naquit en Irlande en 1626. Il fit ses études à Rome et fut nommé, à son retour au pays natal, évêque d'Armagh et primat d'Irlande. Il avait 40 ans. Déjà le sang coulait dans les petites guerres que se livraient catholiques et protestants. Il fut accusé de complot contre l'Angleterre. Conduit à Londres, il fut condamné à être « pendu, vidé et démembré ». Ainsi fut fait en 1681.

Personnages célèbres : Olivier Le Daim. Olivier de Serres. Olivier Cromwell. Oliver Hardy. Le compositeur Olivier Messiaen. Le journaliste Olivier Todd.

La *part de chance* d'Olivier est à 331° sur le zodiaque, c'est-à-dire le 1° des Poissons.
Le *chiffre* d'Olivier est le 9.
La *couleur* d'Olivier est le jaune.

Caractère type : il se fie plus à l'intuition qu'à l'intelligence. La logique n'est d'ailleurs pas son fort.

Patronyme : Olivier se combine mal avec un nom commençant par « é » ou « v ».

Omer

Fêté le 9 septembre.

Etymologie : vient du germain « odo » qui signifie richesse et « mar » qui veut dire célèbre.

Historique : saint Omer, né en Normandie, après avoir été moine au monastère colombaniste de Luxeuil, fut nommé évêque de Thérouanne, au milieu de peuplades redevenues païennes. Saint Omer, aidé de saint Bertin, réévangélisa le pays et assura son développement économique. Il fonda sur l'Aa le monastère de Sithiu, noyau de la ville de Saint-Omer. Il mourut aveugle vers 670. Il avait rempli sa mission.

La *part de chance* d'Omer est à 315° sur le zodiaque, c'est-à-dire le 15° du Verseau.
Le *chiffre* d'Omer est le 6.
La *couleur* d'Omer est le rouge.

Caractère type : il est intelligent et plein d'humour. Il a une sainte horreur des contraintes et veut tout connaître.

Patronyme : Omer se combine mal avec un nom commençant par « r » ou « m ».

Onésime

Fêté le 16 février.

Etymologie : vient du grec « onesimos » qui veut dire utile.

Historique : saint Onésime était l'esclave d'un riche chrétien. Il s'enfuit à Rome où il devint le disciple de saint Paul. Celui-ci persuada le maître de saint Onésime de l'affranchir et il devint peut-être évêque. Il est le patron des domestiques.

La *part de chance* d'Onésime est à 120° sur le zodiaque, c'est-à-dire le 30° du Cancer.
Le *chiffre* d'Onésime est le 8.
La *couleur* d'Onésime est le vert.

Caractère type : il a un sens profond de la justice. C'est un idéaliste dont l'intelligence est souvent remarquable.

Patronyme : Onésime se combine mal avec un nom commençant par « m » ou « i ».

Oscar

Fêté le 3 février.

Etymologie : vient du germain « Osovan », nom d'une divinité, et « gari » qui veut dire lance.

Historique : saint Oscar ou Anschaire était moine à Corbie, lorsqu'on l'envoya évangéliser le Danemark et la Suède. Il fit de son mieux et ce fut un succès. On le nomma alors évêque de Hambourg. Il mourut en 865.

Personnages célèbres : deux rois de Suède et de Norvège. Oscar Wilde. L'Oscar du cinéma américain.

La *part de chance* d'Oscar est à 231° sur le zodiaque, c'est-à-dire le 21° du Scorpion.
Le *chiffre* d'Oscar est le 2.
La *couleur* d'Oscar est le jaune.

Caractère type : si le but en vaut la peine à ses yeux, il est capable de travailler nuit et jour, d'user sa santé même pour une tâche ingrate et obscure.

Patronyme : Oscar se combine mal avec un nom commençant par « r » ou « a », ou une consonne dure.

Oswald

Fêté le 5 août.

Etymologie : vient du germain « osth » qui veut dire : est, et « wald » qui signifie forêt.

Historique : saint Oswald était roi de Northumbrie. Il fit évangéliser son pays et fut tué au combat en 642.

D'autres saints et bienheureux ont porté le nom d'Oswald. Citons entre autres un archevêque d'York qui mourut en 992 et est fêté le 29 février.

La *part de chance* d'Oswald est à 51° sur le zodiaque, c'est-à-dire le 21° du Taureau.
Le *chiffre* d'Oswald est le 2.
La *couleur* d'Oswald est le bleu.

Caractère type : il adore la vie et se laisse émouvoir par tout ce qui est beau. Mais il sait se passer du superflu.

Patronyme : Oswald se combine mal avec un nom commençant par « d », « t » ou « l ».

Pablo

Voir Paul

Personnages célèbres : Pablo Picasso. Pablo Neruda. Pablo Casals.

La *part de chance* de Pablo est à 183° sur le zodiaque, c'est-à-dire le 3° de la Balance.
Le *chiffre* de Pablo est le 1.
La *couleur* de Pablo est le jaune.

Caractère type : il aime la beauté. C'est souvent un artiste ou un esthète. Parfois, il est hésitant mais conciliant.

Patronyme : Pablo se combine mal avec un nom commençant par « o » ou « l ».

Paola

Voir Paule.

Personnage célèbre : Paola, princesse de Liège.

La *part de chance* de Paola est à 182° sur le zodiaque, c'est-à-dire le 2° de la Balance.
Le *chiffre* de Paola est le 9.
La *couleur* de Paola est le bleu.

Caractère type : elle est gracieuse. Elle met de l'élégance dans le moindre geste. Elle est souvent intelligente.

Patronyme : Paola se combine mal avec un nom commençant par « a » ou « l ».

Pascal

Fêté le 17 mai.

Etymologie : vient du latin « pasqualis » qui veut dire : relatif à la fête de Pâques.

Historique : saint Pascal naquit à Torre Hermosa, dans la province d'Aragon, en 1540. Simple berger, mais voué à Dieu, humble et pieux, il devint franciscain et se consacra aux menues besognes du monastère. Doux avec les autres, dur avec lui-même, il mourut en 1592.

D'autres saints et bienheureux ont porté le nom de Pascal. Citons entre autres saint Pascal Ier, pape mort en 824. C'est lui qui couronna Lothaire. Il est fêté le 11 février.

Personnages célèbres : deux papes et un antipape, qui canonisa Charlemagne. Le chanteur Pascal Lainé.

La *part de chance* de Pascal est à 52° sur le zodiaque, c'est-à-dire le 22° du Taureau.
Le *chiffre* de Pascal est le 7.
La *couleur* de Pascal est l'orangé.

Caractère type : il a le goût du plaisir et l'amour de la beauté. Son défaut est souvent la jalousie. Il est assez secret.

Patronyme : Pascal se combine mal avec un nom commençant par « l » ou « a ».

Pascale

Voir Pascal.

Personnage célèbre : l'artiste Pascale Audret.

La *part de chance* de Pascale est à 57° sur le zodiaque, c'est-à-dire le 27° du Taureau.
Le *chiffre* de Pascale est le 3.
La *couleur* de Pascale est l'orangé.

Caractère type : elle est généralement très robuste. Elle possède une façon d'être simple, directe et bon-enfant.

Patronyme : Pascale se combine mal avec un nom commençant par « l » ou « a ».

Patrice

Voir Patrick.

Personnage célèbre : Patrice de la Tour du Pin.

La *part de chance* de Patrice est à 356° sur le zodiaque, c'est-à-dire le 26° des Poissons.
Le *chiffre* de Patrice est le 9.
La *couleur* de Patrice est l'orangé.

Caractère type : on le trouve souvent mystérieux et détenteur de pouvoirs occultes tant il sent bien les êtres et les choses. Il s'oriente parfois vers la vie monastique.

Patronyme : Patrice se combine mal avec un nom commençant par « s » ou « i ».

Patricia

Voir Patrick.

Personnage célèbre : l'écrivain Patricia Highsmith.

La *part de chance* de Patricia est à 2° sur le zodiaque, c'est-à-dire le 2° du Bélier.
Le *chiffre* de Patricia est le 5.
La *couleur* de Patricia est l'orangé.

Caractère type : le prénom sonne généreusement. Patricia est capable de se couper en quatre pour ceux qu'elle aime et sait pardonner les offenses.

Patronyme : Patricia se combine mal avec un nom commençant par « a » ou « s ».

Patrick

Fêté le 17 mars.

Etymologie : vient du latin « patricius » qui signifie patricien, noble, aristocrate.

Historique : saint Patrick était le fils d'un décurion de l'empire romain. Enlevé très jeune par des pirates irlandais, il devint un humble berger et la prière lui donna le courage de supporter sa condition. Après six ans de cette vie pieuse et austère, il réussit à s'enfuir en Gaule où il devint prêtre. Il fut alors le disciple de saint Germain d'Auxerre. Saint Patrick, nommé évêque, retourna en Irlande et, bravant tous les dangers, évangélisa le pays, fondant des églises et des monastères. Il mourut en 461. Il est le saint patron de l'Irlande.

D'autres saints et bienheureux ont porté le nom de Patrick.

Personnage célèbre : l'écrivain Patrick Cauvin.

La *part de chance* de Patrick est à 11° sur le zodiaque, c'est-à-dire le 11° du Bélier.
Le *chiffre* de Patrick est le 6.
La *couleur* de Patrick est l'orangé.

Caractère type : dynamique comme son prénom, volontaire et courageux, il ne supporte pas d'être battu dans quelque domaine que ce soit. Parfois, il entre dans de violentes colères lorsqu'il se rend compte qu'il a été joué. Il se veut viril par dessus tout.

Patronyme : Patrick se combine mal avec un nom commençant par une consonne dure.

Paul

Fêté le 29 juin.

Etymologie : vient du latin « paulus » qui veut dire faible.

Historique : saint Paul naquit à Tarse, en Turquie, vers 5 ou 15. Son premier nom était Saül, qui vient de l'hébreu

« Shâ'ûl » signifiant « obtenu par la prière ». Il était donc Juif, mais citoyen romain et pharisien. C'est ainsi qu'il assista sans broncher à la lapidation de saint Etienne. Il fut même un persécuteur des chrétiens, mais chevauchant sur le chemin de Damas, il vit le Christ, après avoir été désarçonné par une force surnaturelle. Juif hellénisé, il se consacra à l'évangélisation des gentils du monde hellénique. Il osa même parler devant l'Aréopage à Athènes. Ses voyages sont nombreux et en partie relatés dans les Actes des Apôtres. Les épîtres de saint Paul nous racontent les premiers pas de l'Eglise hors du monde juif, domaine réservé à saint Pierre. Plusieurs fois prisonnier, plusieurs fois libéré : n'était-il pas citoyen romain ? — il continua sa « campagne ». Mais, sous Néron, les choses se gâtèrent et il fut condamné à avoir la tête tranchée. Il mourut à Ostie en 67.

D'autres saints et bienheureux ont porté le nom de Paul. Citons entre autres saint Paul de la Croix, fondateur de la congrégation des Passionistes qui propagea le culte de la Passion du Christ ; il mourut en 1775 et est fêté le 19 octobre. Saint Paul, évêque de Constantinople, qui fut étranglé par des ariens ; il mourut vers 351 et est fêté le 7 juin. Saint Paul Ier pape de 757 à 767, année de sa mort ; il est fêté le 28 juin. Saint Paul Miki, japonais missionnaire qui périt avec ses frères en Dieu, crucifié, en 1597, à Nagasaki ; il est fêté le 6 février.

Personnages célèbres : cinq papes. Un empereur de Russie. Un roi de Grèce. Paolo Caliari, dit Véronèse. Paul Cézanne. Paul Gauguin. Paul Valéry. Paul Verlaine. Paul Claudel, Paul Morand. Paul Eluard.

La *part de chance* de Paul est à 117° sur le zodiaque, c'est-à-dire le 27° du Cancer.
Le *chiffre* de Paul est le 5.
La *couleur* de Paul est le rouge.

Caractère type : il est doué d'une imagination exceptionnelle et possède une excellente mémoire. Il y a chez lui une fraîcheur d'âme qui le protège d'un vieillissement prématuré.

Patronyme : Paul se combine mal avec un nom commençant par « l » ou « o ».

Paula

Voir Paule.

La *part de chance* de Paula est à 118° sur le zodiaque, c'est-à-dire le 28° du Cancer.
Le *chiffre* de Paula est le 6.
La *couleur* de Paula est le rouge.

Caractère type : c'est une lymphatique qui passe par des phases de travail acharné. Elle ment parfois mais pour embellir la réalité à laquelle elle préfère ses rêveries.

Patronyme : Paula se combine mal avec un nom commençant par « a » ou « l ».

Paule

Fêtée le 8 octobre.

Etymologie : Voir Paul.

Historique : sainte Paule naquit à Rome en 347. Elle descendait de l'illustre général Paul-Emile. Veuve, elle vécut pieusement et charitablement. Ayant rencontré saint Jérôme, elle le suivit en Terre sainte, où elle fonda un monastère à Bethléem. Elle s'y retira avec une de ses filles et y mourut en 404.

La *part de chance* de Paule est à 122° sur le zodiaque, c'est-à-dire le 2° du Lion.
Le *chiffre* de Paule est le 1.
La *couleur* de Paule est le rouge.

Caractère type : elle est souvent très belle. Son port de tête royal suscite des admirateurs. Elle est passionnée. Parfois, elle aime jouer de son charme pour parvenir à ses fins.

Patronyme : Paule se combine mal avec un nom commençant par « l » ou « o ».

Paulette

Voir Paule.

Personnage célèbre : l'actrice Paulette Godard.

La *part de chance* de Paulette est à 207° sur le zodiaque, c'est-à-dire le 27° de la Balance.
Le *chiffre* de Paulette est le 1.
La *couleur* de Paulette est le rouge.

Caractère type : c'est souvent une femme intelligente et cultivée qui sait se dévouer pour les autres... s'ils ont du talent. Elle aime généralement les mondanités.

Patronyme : Paulette se combine mal avec un nom commençant par « t ».

Pauline

Voir Paule.

Personnages célèbres : Pauline Bonaparte. Pauline, personnage du « Polyeucte » de Corneille. La chanteuse Pauline Julien.

La *part de chance* de Pauline est à 182° sur le zodiaque, c'est-à-dire le 2° de la Balance.
Le *chiffre* de Pauline est le 6.
La *couleur* de Pauline est le rouge.

Caractère type : elle ne veut à aucun prix être traitée comme une femme-objet. Elle est gracieuse, intelligente et souvent cultivée. Elle est généralement consciencieuse.

Patronyme : Pauline se combine mal avec un nom commençant par « n », « i » ou « ni ».

Philippe

Fêté le 3 mai.

Etymologie : vient du grec « philos » qui signifie ami et « hippos » qui veut dire cheval.

Historique : saint Philippe fut l'un des premiers apôtres. Il était né à Bethsaïde, non loin du lac de Tibériade. Il joua un rôle important dans la conversion de saint Barthélemy et dans le miracle de la Multiplication des pains. Au cours de la Cène, il fit cette demande sublime à Jésus : « Seigneur, montre-nous le Père, et cela nous suffit ». Saint Philippe mourut peut-être martyrisé à Hiérapolis.

D'autres saints et bienheureux ont porté le nom de Philippe. Citons entre autres saint Philippe l'Evangéliste, un des premiers diacres de l'Eglise naissante. Il convertit Simon le Magicien. Il serait mort martyr à Tralles. Il est fêté le 6 juin. Saint Philippe Néri, célèbre pour sa gaieté et sa charité, fonda l'Oratoire. Avec ses oratoriens, il rendit Rome plus chrétienne. Il mourut en 1595. Il est fêté le 26 mai. Saint Philippe Benizzi de l'ordre des Servites, qui refusa successivement l'archevêché de Florence et le siège pontifical. Il mourut en 1285. Il est fêté le 23 août.

Personnages célèbres : cinq rois de Macédoine. Quatre empereurs latins. Six rois de France. Cinq rois d'Espagne. Philippe, duc d'Edimbourg, mari de la reine d'Angleterre. Philippe d'Orléans, le Régent ; Philippe Fabre d'Eglantine. Philippe Soupault. L'acteur et chanteur Philippe Clay. Philippe Gaubert. Jean-Philippe Rameau. Georg Philipp Telemann. Philippe de Vitry. Philippe de Champaigne.

La *part de chance* de Philippe est à 303° sur le zodiaque c'est-à-dire le 3° du Verseau.
Le *chiffre* de Philippe est le 1.
La *couleur* de Philippe est le vert.

Caractère type : il a un esprit très original et très indépendant. Il a horreur des contraintes. Il a le sens de l'amitié.

Patronyme : Philippe se combine mal avec un nom commençant par « p » ou « b ».

Pierre

Fêté le 29 juin.

Etymologie: vient du grec «petros» qui veut dire pierre.

Historique: saint Pierre était pêcheur à Capharnaüm. Il fut un des premiers apôtres du Christ et le Premier dans la hiérarchie. Il s'appelait de son vrai nom Simon bar Iona, qui veut dire: Simon fils de Jean. Mais Jésus l'appela Képha qui, en araméen, veut dire pierre: «Tu es Pierre et sur cette pierre je bâtirai mon Eglise». C'était désigner l'humble pêcheur comme le futur chef de la chrétienté naissante et le premier pape. Saint Pierre fut le témoin de la Transfiguration et de la plupart des miracles du Christ. On connaît l'épisode du reniement et son désespoir. Mais ce fut lui qui annonca le premier la Résurrection aux Juifs. Il évangélisa à Jérusalem et à Antioche où il avait fui la persécution d'Hérode Agrippa. Puis il alla à Rome où il fut crucifié la tête en bas, en 64 sous Néron. La basilique du Vatican est bâtie sur son tombeau.

D'autres saints et bienheureux ont porté le nom de Pierre. Citons entre autres saint Pierre d'Alcantara qui fonda, avec quelques frères mineurs, un sous-ordre franciscain plus austère. Il mourut en 1562; il est fêté le 19 octobre. Saint Pierre d'Arbuès, inquisiteur assassiné en 1440; il est fêté le 17 septembre. Saint Pierre Canisius, qui fut très applaudi au Concile de Trente et fonda le collège de Fribourg. Il mourut en 1597 et est fêté le 21 décembre. Saint Pierre Célestin qui fonda une colonie d'ermites, les Célestins, et fut élu pape à 80 ans. Quatre mois plus tard, il abdiquait et retournait à sa solitude, mais Boniface VIII le fit incarcérer, lui assurant ainsi une nouvelle solitude. Il mourut en 1296. Il est fêté le 21 mai. Saint Pierre Claver, qui se dévoua auprès des esclaves noirs en Amérique du Sud. Il mourut en 1654. Il est fêté le 9 septembre. Saint Pierre Damien qui réforma la vie des moines et celle du clergé. Il fut évêque d'Ostie. Il mourut en 1072. Il est fêté le 21 février. Saint Pierre l'Ermite, prédicateur de la première Croisade. Il mourut en 1115. Il est fêté le 8 juillet. Saint Pierre Fourier, qui fonda la congrégation de Notre-Dame. Il mourut en 1640. Il est fêté le 9 décembre.

Personnages célèbres: quatre rois d'Aragon. Deux empereurs du Brésil. Trois tsars de Russie. Deux rois de Chypre et de Jérusalem. Un tsar et un roi de Bulgarie. Deux rois de Sicile. Pierre de Chelles, maître d'œuvre à Notre-Dame de Paris au XIVe siècle. Pierre de la Croix, compositeur de la seconde moitié du XIIIe siècle. Pierre de Montreuil, grand architecte du temps de saint Louis qui construisit peut-être la Sainte Chapelle. Pierre de Saint-Cloud, auteur du Roman de Renart. Pierre Corneille. Pierre Curie. Pierre Caron de Beaumarchais. Peter Benoît. Pierre Boulez. Pietro-Antonio Locatelli. Pierre Louÿs. Pietro Mascagni. Pierre de Ronsard. Pierre-Paul Rubens. Pietro Scarlatti. Piotr Illitch Tchaïkovski. Pierre Teilhard de Chardin. Pierre Mac-Orlan. Pierre Seghers.

La *part de chance* de Pierre est à 140° sur le zodiaque, c'est-à-dire le 20° du Lion.
Le *chiffre* de Pierre est le 8.
La *couleur* de Pierre est le jaune.

Caractère type : ardent, généreux, il est doué d'un sens profond de la justice. Il est toujours animé de bons sentiments. Son intelligence est limpide. Il possède un remarquable esprit de synthèse. Son ascendant sur les autres est très fort. C'est souvent un idéaliste.

Patronyme : Pierre se combine mal avec un nom commençant par « r ».

Pierrette

Voir Pierre.

Personnage célèbre : la comédienne Pierrette Bruno.

La *part de chance* de Pierrette est à 25° sur le zodiaque, c'est-à-dire le 25° du Bélier.
Le *chiffre* de Pierrette est le 8.
La *couleur* de Pierrette est le jaune.

Caractère type : elle ne sait pas dire non, dès qu'il s'agit de se dévouer non seulement pour ses proches mais pour son prochain. Elle fait bien entendu une mère excellente.

Patronyme : Pierrette se combine mal avec un nom commençant par « t ».

Pol

Voir Paul.

Personnage célèbre : l'artiste Pol Bury.

La *part de chance* de Pol est à 180° sur le zodiaque, c'est-à-dire le 30° de la Vierge.
Le *chiffre* de Pol est le 7.
La *couleur* de Pol est le rouge.

Caractère type : il est intelligent et habile. C'est un fin diplomate. C'est souvent un artiste, amateur de belles choses.

Patronyme : Pol se combine mal avec un nom commençant par « l » ou « o ».

Priscilla

Fêtée le 16 janvier.

Etymologie : vient du latin « priscus » qui veut dire ancien.

Historique : sainte Priscilla donna son nom à une catacombe, à Rome. C'est tout ce qu'on sait d'elle.

La *part de chance* de Priscilla est à 321° sur le zodiaque, c'est-à-dire le 21° du Verseau.
Le *chiffre* de Priscilla est le 1.
La *couleur* de Priscilla est le bleu.

Caractère type : c'est un nid de contradictions mais elle ne change pas d'opinion sur une chose : l'égalité avec l'homme et elle se bat pour l'acquérir.

Patronyme : Priscilla se combine mal avec un nom commençant par « a ».

Prosper

Fêté le 25 juin.

Etymologie : vient du latin « prosperus » qui signifie florissant.

Historique : saint Prosper était un laïc marié. Il prit parti pour saint Augustin dans la querelle qui l'opposait aux semi-pélagiens. Il publia des ouvrages pour appuyer ses dires. Il est probable qu'il devint le secrétaire du pape. Il mourut vers 455.

Personnage célèbre : Prosper Mérimée.

La *part de chance* de Prosper est à 215° sur le zodiaque, c'est-à-dire le 5° du Scorpion.
Le *chiffre* de Prosper est le 8.
La *couleur* de Prosper est le vert.

Caractère type : il possède une grande énergie, une vive intelligence, de la perspicacité mais aussi un avis tranchant.

Patronyme : Prosper se combine mal avec un nom commençant par « r ».

Quentin

Fêté le 31 octobre.

Etymologie : vient du latin « quintinus » qui signifie cinquième.

Historique : saint Quentin naquit peut-être à Rome. Il faisait en tout cas partie des missionnaires venus d'Italie pour évangéliser la région d'Amiens. Il fut fort probablement décapité dans cette ville vers 285. Saint Eloi retrouva son corps dans la cité de Vermand, l'actuelle Saint-Quentin.

Personnages célèbres : Quentin Metzys. Maurice Quentin de Latour. Quentin Durward, le héros de Walter Scott.

La *part de chance* de Quentin est à 261° sur le zodiaque, c'est-à-dire le 21° du Sagittaire.
Le *chiffre* de Quentin est le 1.
La *couleur* de Quentin est le bleu.

Caractère type : il est toujours prêt à s'occuper des affaires d'autrui pour les débrouiller, parfois efficacement. Avec ça, l'être le plus gentil et le plus gai qui soit.

Patronyme : Quentin se combine mal avec un nom commençant par « in » ou « un ».

Rachel

Fêtée le 15 janvier.

Etymologie : vient de l'hébreu et signifie brebis.

Historique : Rachel était la fille cadette de Laban, l'oncle de Jacob chez qui ce dernier s'était réfugié pour fuir la colère d'Esaü. Jacob aimait Rachel qui était plus belle que sa sœur Lia. C'est cependant celle-ci que Laban donna comme épouse à Jacob après que celui-ci eût travaillé sept ans. Il « remit ça » pour avoir la main de Rachel et put l'épouser après quatorze ans de labeur.

Personnage célèbre : Elisa Félix, dite Rachel.

La *part de chance* de Rachel est à 264° sur le zodiaque, c'est-à-dire le 24° du Sagittaire.
Le *chiffre* de Rachel est le 2.
La *couleur* de Rachel est l'orangé.

Caractère type : la résonance du prénom est profondément féminine ; elle est souvent belle mais son charme est plus opérant que sa beauté. Elle a un côté raisonneur qui peut agacer, mais elle est capable d'une grande générosité.

Patronyme : Rachel se combine mal avec un nom commençant par « l » ou une consonne chuintante.

Rainier

Fêté le 17 juin.

Etymologie : vient du germain « ragin » qui signifie conseil.

Historique : le bienheureux Rainier était un joueur de lyre.

Il se fit ermite en Palestine et opéra des miracles à Pise. Il mourut en 1160.

Personnages célèbres : trois princes de Monaco.

La *part de chance* de Rainier est à 116° sur le zodiaque, c'est-à-dire le 26° du Cancer.
Le *chiffre* de Rainier est le 3.
La *couleur* de Rainier est le rouge.

Caractère type : le prénom est calme, assez puissant ; Rainier sait mettre son interlocuteur en confiance. Subjectif, il ressent très fort les êtres et les événements. Il travaille toujours plus qu'il n'en a l'air.

Patronyme : Rainier se combine mal avec un nom commençant par « é » ou « i ».

Raoul

Fêté le 21 juin.

Etymologie : vient du germain « rad » qui signifie conseil, et « wulf » qui veut dire loup.

Historique : saint Raoul fut archevêque de Bourges et patriarche des Aquitaines, le premier en titre. Il fonda plusieurs monastères et laissa des instructions pour ses fidèles. Il mouru 866.

D'autres saints et bienheureux ont porté le nom de Raoul. Citons entre autres le bienheureux Raoul Milner, protestant converti au catholicisme et qui le paya de sa tête en 1591. Il est fêté le 7 juillet.

Personnages célèbres : Raoul, duc de Bourgogne et roi de France à la mort de Robert Ier. Raoul de Caen, Chroniqueur du XIIe siècle. Raoul de Houdan, poète du début du XIIIe siècle. Raoul Follereau. Raoul Dufy.

La *part de chance* de Raoul est à 307° sur le zodiaque, c'est-à-dire le 7° du Verseau.
Le *chiffre* de Raoul est le 4.
La *couleur* de Raoul est l'orangé.

Caractère type : très indépendant, il ne supporte aucune contrainte. Il est foncièrement bon et se fait beaucoup d'amis.

Patronyme : Raoul se combine mal avec un nom commençant par « l » ou « ou ».

Raphaël

Fêté le 29 septembre.

Etymologie : vient de l'hébreu et signifie : guérison du Seigneur, ou mieux : Dieu nous guérit.

Historique : saint Raphaël l'archange est nommé plusieurs fois dans le Livre de Tobie. Il prit la forme humaine pour accompagner Tobie le Jeune et son épouse Sara jusqu'à Ragès. Là, il expliqua à Tobie le Jeune comment guérir Tobie l'Ancien de sa cécité. Il dit alors : « Je suis Raphaël, l'un des sept qui sont toujours prêts dans la gloire du Seigneur ».

Personnage célèbre : Raphaël Sanzio, dit Raphaël.

La *part de chance* de Raphaël est à 325° sur le zodiaque, c'est-à-dire le 25° du Verseau.
Le *chiffre* de Raphaël est le 7.
La *couleur* de Raphaël est le jaune.

Caractère type : sa pensée est pleine d'originalité. Il est curieux de tout, mais au fond c'est un naïf.

Patronyme : Raphaël se combine mal avec un nom commençant par « l ».

Raymond

Fêté le 7 janvier.

Etymologie : vient du germain « ragin » qui signifie conseil, et « mundo » qui veut dire protection.

Historique : saint Raymond naquit au château de Penafort, près de Barcelone, en 1180. Docteur en droit canonique, il se fit Dominicain et devint à Rome le confesseur du pape Grégoire IX. De retour à Barcelone, il fut nommé général de l'ordre des Dominicains mais préféra se démettre de ses fonctions après deux ans, par humilité. Il voulut évangéliser les Maures et fonda avec saint Pierre Nolasque l'ordre de Notre-Dame-de-la-Merci. Il écrivit plusieurs ouvrages de théologie. Il mourut en 1275.

D'autres saints et bienheureux ont porté le nom de Raymond. Citons entre autres saint Raymond Donnat, qui faisait partie de l'ordre de Notre-Dame-de-la-Merci et à ce titre essaya de racheter des captifs aux Musulmans. Ne pouvant payer la somme demandée, il se livra aux infidèles. Il mourut en 1240. Il est fêté le 31 août. Le bienheureux Raymond Lulle, théologien mystique et alchimiste qui laissa un ouvrage curieux : l'Ars Magna. Il mourut en 1316. Il est fêté le 3 juillet.

Personnages célèbres : deux princes d'Antioche. Cinq comtes de Barcelone. Sept comtes de Toulouse. Quatre comtes de Tripoli. Raymond Poincaré. Raymond Radiguet. Ramon Gomez de la Serna. Raymond Roussel. Raymond Rouleau.

La *part de chance* de Raymond est à 15° sur le zodiaque, c'est-à-dire le 15° du Bélier.
Le *chiffre* de Raymond est le 9.
La *couleur* de Raymond est le bleu.

Caractère type : très dynamique, il ne s'avoue jamais vaincu. Toutes ses réactions sont spontanées. Il a le culte de la virilité et il entend qu'on le respecte en tant que mâle.

Patronyme : Raymond se combine mal avec un nom commençant par « on », ou pire « mon » ou « non ».

Raymonde

Voir Raymond.

La *part de chance* de Raymonde est à 20° sur le zodiaque, c'est-à-dire le 20° du Bélier.
Le *chiffre* de Raymonde est le 5.

La *couleur* de Raymonde est le bleu.

Caractère type : elle aime séduire malgré son comportement un peu viril. Endurante, elle est aussi très énergique.

Patronyme : Raymonde se combine mal avec un nom commençant par « d » ou « on ».

Régine

Fêtée le 7 septembre.

Etymologie : vient du latin « regina » qui veut dire reine.

Historique : sainte Régine ou sainte Reine eut une très belle légende de martyre, mais si son aventure d'humble bergère se refusant à un païen qui la fit exécuter à Alésia ne résiste pas à un examen approfondi des documents, il n'en reste pas moins qu'elle a laissé son nom à Alésia (Alise-Sainte-Reine).

Personnage célèbre : la chanteuse Régine.

La *part de chance* de Régine est à 273° sur le zodiaque, c'est-à-dire le 3° du Capricorne.
Le *chiffre* de Régine est le 4.
La *couleur* de Régine est le rouge.

Caractère type : elle ne triche jamais et ne comprend pas que les autres puissent le faire. Elle n'est pas frivole et on la dit trop sérieuse, alors qu'elle a le sens de l'humour.

Patronyme : Régine se combine mal avec un nom commençant par « n » ou « i ».

Régis

Fêté le 16 juin.

Etymologie : vient du latin « rex, regis », qui veut dire roi.

Historique : saint Jean-François Régis était un jésuite de l'Aude. Il mena une vie de forçat pour évangéliser les paysans du Velais et du Vivarais. Il mourut dans une avalanche en 1640.

Personnage célèbre : François-Régis Bastide.

La *part de chance* de Régis est à 158° sur le zodiaque, c'est-à-dire le 8° de la Vierge.
Le *chiffre* de Régis est le 4.
La *couleur* de Régis est le rouge.

Caractère type : patient, ingénieux, exact jusqu'à la méticulosité, il possède une vive intelligence qui peut lui permettre de réaliser de grandes choses.

Patronyme : Régis se combine mal avec un nom commençant par « s » ou « i ».

Remi

Fêté le 15 janvier.

Etymologie : vient du latin « remedius » qui veut dire : celui qui utilise des remèdes.

Historique : saint Remi eut le privilège de baptiser Clovis et 3000 Francs, à Reims en 498, après la victoire du roi sur les Alamans à Tolbiac. Il fut certainement aidé par Clotilde pour lui apprendre le catéchisme et pour le préparer à la cérémonie. Saint Remi vécut très vieux. Il mourut vers 530.
D'autres saints et bienheureux ont porté le nom de Remi.

Personnages célèbres : Remi d'Auxerre, théologien mort vers 908. Remy de Gourmont. Remy Chauvin.

La *part de chance* de Remi est à 255° sur le zodiaque, c'est-à-dire le 15° du Sagittaire.
Le *chiffre* de Remi est le 9.
La *couleur* de Remi est l'orangé.

Caractère type : il trouve son équilibre s'il parvient à concilier ses instincts avec sa vie intellectuelle, son besoin de liberté avec son goût de l'ordre.

Patronyme : Remi se combine mal avec un nom commençant par « i » ou « mi ».

Renaud

Fêté le 17 septembre.

Etymologie : vient du germain « ragin » qui signifie conseil, et « waltan » qui veut dire commander, gouverner.

Historique : saint Renaud, moine à Soissons, préféra la vie érémitique à son couvent. Il vécut dans la forêt de Craon, puis dans la forêt de Mélinais dans la Sarthe. Il y mourut en 1103.

Personnages célèbres : Renaud de Châtillon, prince d'Antioche, qui fut un aventurier et un pillard. Renaud de Montauban, le cadet des quatre fils Aymon.

La *part de chance* de Renaud est à 266° sur le zodiaque, c'est-à-dire le 26° du Sagittaire.
Le *chiffre* de Renaud est le 9.
La *couleur* de Renaud est le bleu.

Caractère type : le prénom est « potentiel », comme en attente. Il ne possède aucune extraversion sonore. Renaud est un insatisfait qui ne tient pas en place, qui désire toujours être ailleurs et être différent.

Patronyme : Renaud se combine mal avec un nom commençant par « o » ou « nau ».

René

Fêté le 12 novembre.

Etymologie : vient du latin « renatus » qui signifie né une deuxième fois, re-né.

Historique : saint René fut-il évêque à Sorrente ou à Angers ? Etait-ce le même ? Le culte exista très tôt en Anjou et en Campanie. Alors, on le garde.

D'autres saints et bienheureux ont porté le nom de René. Citons entre autres saint René Goupil, jésuite martyrisé par les Iroquois en 1642. Il est fêté le 19 octobre.

Personnages célèbres : le bon roi René Ier d'Anjou. René II, duc de Lorraine et de Bar. René Descartes. René Réaumur. René Laënnec. René Bazin. René Clair. René Coty.

La *part de chance* de René est à 260° sur le zodiaque, c'est-à-dire le 20° du Sagittaire.
Le *chiffre* de René est le 6.
La *couleur* de René est le bleu.

Caractère type : bien que non extraverti, le prénom est net, avec une chute sur la dernière syllabe. C'est un prénom qui demanderait à « éclater » davantage dans une troisième syllabe commençant par un **l**, un **b**, un **p.** René ne supporte pas d'être limité ni dans le temps, ni dans l'espace, ni intérieurement.

Patronyme : René se combine mal avec un nom commençant par « é », ou pire « né ».

Renée

Voir René.

Personnage célèbre : Renée de France, fille d'Anne de Bretagne et de Louis XII.

La *part de chance* de Renée est à 265° sur le zodiaque, c'est-à-dire le 25° du Sagittaire.
Le *chiffre* de Renée est le 6.
La *couleur* de Renée est le bleu.

Caractère type : elle est charmante plus que belle, élégante et racée. Elle s'intéresse à beaucoup de choses et son avidité intellectuelle est bien souvent insatiable. Et cependant contrairement à René, le prénom est « fermé » par un **e** final adouci.

Patronyme : Renée se combine mal avec un nom commençant par « é » ou « né ».

Richard

Fêté le 3 avril.

Etymologie : vient du germain « rik » qui veut dire roi et « hart » qui signifie dur, fort.

Historique : saint Richard naquit près de Worcester vers 1197. Etudiant pauvre mais brillant, il collectionna les diplômes à Oxford, Paris et Bologne. Revenu en Angleterre, il fut nommé successivement chancelier de l'université d'Oxford, puis évêque de Chichester, malgré le roi Henri III contre lequel il dut constamment lutter pour défendre les droits de l'Eglise. Il eut une action très positive sur le clergé dont il réforma les mœurs et mena une vie pieuse et charitable. Il mourut en 1253.

D'autres saints et bienheureux ont porté le nom de Richard.

Personnages célèbres : trois rois d'Angleterre dont Richard Ier Cœur de Lion. Trois ducs de Normandie. Richard Wagner. Richard Strauss. Le philanthrope Richard Wallace. L'écrivain Richard Wright.

La *part de chance* de Richard est à 83° sur le zodiaque, c'est-à-dire le 23° des Gémeaux.
Le *chiffre* de Richard est le 7.
La *couleur* de Richard est le rouge.

Caractère type : il se plie à toutes les circonstances mais est souvent instable. Il est généralement intelligent et a la parole facile.

Patronyme : Richard se combine mal avec un nom commençant par « r ».

Robert

Fêté le 29 avril.

Etymologie : vient du germain « hrod » qui veut dire gloire et « behrt » qui signifie brillant.

Historique : saint Robert naquit près de Troyes en Champagne vers 1025. Moinillon à 15 ans, il devint, très jeune, prieur de son monastère bénédictin, mais la réforme qu'il voulait introduire ne plut pas à ses moines. Il les quitta donc et devint le supérieur d'une bande d'ermites dans la forêt de Molesme. A la vie austère du début succéda le laisser-aller, la communauté prospérant cependant grâce aux dons des seigneurs voisins. Une nouvelle fois, saint Robert, « claqua la porte » et alla fonder Cîteaux en observant la règle de saint Benoît. Mais le pape le renvoya à Molesme où il mourut sans doute un peu déçu en 1110.

D'autres saints et bienheureux ont porté le nom de Robert. Citons entre autres saint Robert Bellarmin, jésuite, neveu du pape Marcel II, professeur de théologie au collège des Jésuites de Louvain puis au Collège romain. Brillant orateur, il écrivit aussi des ouvrages importants. Archevêque de Capoue, il fut rappelé plusieurs fois comme théologien particulier du pape. En bref, un saint doué, brillant et très intelligent. Il mourut en 1621. Il est fêté le 17 septembre.

Personnages célèbres : deux rois de France. Trois rois d'Ecosse. Deux empereurs latins de Constantinople. Trois comtes de Flandre. Deux ducs de Normandie. Robert le Diable, héros de poèmes du Moyen Age. Robert de Boron, écrivain du XIIe siècle. Robert Schumann. Robert Stevenson. Robert Merle. Robert Sabatier. Roberto Benzi. Le poète Robert Burns.

La *part de chance* de Robert est à 157° sur le zodiaque, c'est-à-dire le 7° de la Vierge.
Le *chiffre* de Robert est le 6.
La *couleur* de Robert est le rouge.

Caractère type : il sait se dévouer mais il fait preuve d'une certaine méfiance. Il ne se contente pas de n'importe quoi. Il est pourtant patient. Il craint souvent d'être trahi, en amitié comme en amour.

Patronyme : Robert se combine mal avec un nom commençant par « r ».

Roberte

Voir Robert.

La *part de chance* de Roberte est à 162° sur le zodiaque, c'est-à-dire le 12° de la Vierge.
Le *chiffre* de Roberte est le 2.
La *couleur* de Roberte est le rouge.

Caractère type: elle a souvent une attitude effacée. Elle parvient à dépasser l'angoisse fondamentale de son existence en se dévouant pour les siens et pour son prochain.

Patronyme: Roberte se combine mal avec un nom commençant par « t » ou « r ».

Rodolphe

Fêté le 21 juin.

Etymologie: vient du germain « hrod » qui veut dire gloire et « wulf » qui signifie loup.

Historique: saint Rodolphe était le fils d'un comte de Cahors. Grâce à l'appui de Charles le Chauve, il fut nommé évêque de Bourges. Il assista à plusieurs conciles et fonda des abbayes. Il mourut en 866.

D'autres saints et bienheureux ont porté le nom de Rodolphe.

Personnages célèbres: deux empereurs germaniques. Trois rois de Bourgogne. Rodolphe de Habsbourg, archiduc d'Autriche, héros malheureux du drame mystérieux de Mayerling. Rudolf Valentino.

La *part de chance* de Rodolphe est à 107° sur le zodiaque, c'est-à-dire le 17° du Cancer.
Le *chiffre* de Rodolphe est le 3.
La *couleur* de Rodolphe est le bleu.

Caractère type: il reste longtemps dépendant. Il y a chez lui une sorte de passivité devant les événements. Mais c'est un être délicat et rêveur, féru de poésie et plein d'imagination.

Patronyme : Rodolphe se combine mal avec un nom commençant par « f » ou « v ».

Roger

Fêté le 30 décembre.

Etymologie : vient du germain « hrod » qui veut dire gloire et « gari » qui signifie lance.

Historique : saint Roger fut évêque de Cannes au début du XIIe siècle. C'est tout ce qu'on sait de lui.

D'autres saints et bienheureux ont porté le nom de Roger.

Personnages célèbres : un prince d'Antioche. Des comtes de Foix. Deux comtes de Sicile. Roger de la Fresnaye. Roger Martin du Gard. Roger Vailland.

La *part de chance* de Roger est à 118° sur le zodiaque, c'est-à-dire le 28° du Cancer.
Le *chiffre* de Roger est le 9.
La *couleur* de Roger est le rouge.

Caractère type : il met tout de suite à l'aise et raconte des histoires qu'il invente souvent, car il est plein d'imagination. C'est un être sensible et rêveur.

Patronyme : Roger se combine mal avec un nom commençant par « é » ou « gé ».

Roland

Fêté le 15 septembre.

Etymologie : vient du germain « hrod » qui veut dire gloire et « nand » qui signifie courageux.

Historique : saint Roland était un ermite italien, célèbre par son austérité. Vêtu de feuilles et de coquillages, il restait plusieurs heures debout sur une seule jambe à méditer et prier. On le retrouv^ complètement épuisé en 1386, il accepta un peu de bouillon d'un prêtre qui voulait le confesser... mais de quoi. Et il mourut.

D'autres saints et bienheureux ont porté le nom de Roland.

Personnages célèbres : le héros de la chanson de Roland. Roland de Lassus.

La *part de chance* de Roland est à 355° sur le zodiaque, c'est-à-dire le 25° des Poissons.
Le *chiffre* de Roland est le 1.
La *couleur* de Roland est le vert.

Caractère type : idéaliste à l'extrême, il sent les êtres et les choses mieux qu'un autre. Il a aussi le sens du public.

Patronyme : Roland se combine mal avec un nom commençant par « an ».

Rolande

Fêtée le 13 mai.

Etymologie : vient du germain « hrod » qui veut dire gloire et « land » qui signifie pays, ou « nand » qui veut dire courageux.

Historique : sainte Rolande vécut au VIIIe ou au XIe siècle. Promise à un prince écossais, mais ayant fait vœu de chasteté, cette fille d'un prince Lombard préféra à un époux la retraite d'un monastère à Cologne.

La *part de chance* de Rolande est à 360° sur le zodiaque, c'est-à-dire le 30° des Poissons.
Le *chiffre* de Rolande est le 6.
La *couleur* de Rolande est le vert.

Caractère type : même fatiguée, elle travaille, elle se surmène facilement à ce régime. Elle fait une mère admirable.

Patronyme : Rolande se combine mal avec un nom commençant par « d » ou « an ».

Romain

Fêté le 28 février.

Etymologie : vient du latin « romanus » qui signifie romain.

Historique : saint Romain aurait bien voulu vivre en ermite mais des disciples vinrent à lui. Son frère, saint Lupicin, les précéda. Les deux saints, devant tant de futurs moines, choisirent la seule solution qui s'imposait : fonder des monastères ; l'un devint la ville de Saint-Lupicin, l'autre celle de Saint-Claude. Cette histoire se passait au IVe siècle. Saint Romain mourut en 463.

D'autres saints et bienheureux ont porté le nom de Romain. Citons entre autres ce soldat romain, converti par le martyre de saint Laurent ; il fut martyrisé à son tour en 258 et est fêté le 9 août. Un évêque de Rouen, mort en 639 et fêté le 23 octobre.

Personnages célèbres : quatre empereurs d'Orient. Les écrivains Romain Rolland et Romain Gary.

La *part de chance* de Romain est à 11° sur le zodiaque, c'est-à-dire le 11° du Bélier.
Le *chiffre* de Romain est le 7.
La *couleur* de Romain est le rouge.

Caractère type : il est parfois violent mais toujours pour la bonne cause. C'est une sorte d'aventurier au sens noble du terme.

Patronyme : Romain se combine mal avec un nom commençant par « in », ou pire, par « min ».

Rosa

Voir Rose

Personnages célèbres : Rosa Bonheur. Rosa Luxembourg.

La *part de chance* de Rosa est à 211° sur le zodiaque, c'est-à-dire le 1° du Scorpion.
Le *chiffre* de Rosa est le 8.

La *couleur* de Rosa est le bleu.

Caractère type : le prénom est « ouvert » sur le deuxième syllabe. Rosa est intelligente et possède un jugement pénétrant. Elle « sent » le mensonge et l'intention cachée.

Patronyme : Rosa se combine mal avec un nom commençant par « a » ou une consonne sifflante.

Rosalie

Fêtée le 4 septembre.

Etymologie : vient du latin « rosa » qui veut dire rose.

Historique : sainte Rosalie choisit de vivre seule sur le mont Pellegrino, près de Palerme. Ses reliques découvertes en 1624 délivrèrent les environs de la peste. Elle est la patronne de Palerme et même de la Sicile. Elle mourut vers 1170.

La *part de chance* de Rosalie est à 256° sur le zodiaque, c'est-à-dire le 16° du Sagittaire.
Le *chiffre* de Rosalie est le 7.
La *couleur* de Rosalie est le bleu.

Caractère type : elle n'a pas de complexe d'infériorité vis-à-vis de l'homme dont elle veut être l'égale en tout.

Patronyme : Rosalie se combine mal avec un nom commençant par « i » ou « li ».

Rose

Fêtée le 23 août.

Etymologie : vient du latin « rosa » qui veut dire rose.

Historique : sainte Rose de Lima naquit dans cette ville en 1586. Elle entra dans le tiers ordre de Saint-Dominique où elle vécut dans l'austérité et la pénitence. Elle ne récolta que l'incompréhension. Des expériences mystiques achevèrent de la faire exclure. Elle finit ses jours en recluse dans une cabane. Elle mourut en 1617. Elle est la patronne de l'Amérique.

D'autres saintes et bienheureuses ont porté le nom de Rose. Citons entre autres sainte Rose de Viterbe, franciscaine recluse, à qui on attribue des miracles. Elle mourut en 1253 et est fêtée le 6 mars.

La *part de chance* de Rose est à 215° sur le zodiaque, c'est-à-dire le 5° du Scorpion.
Le *chiffre* de Rose est le 3.
La *couleur* de Rose est le bleu.

Caractère type : malgré son nom « floral », elle ignore la tiédeur des sentiments et ses rancunes sont féroces. Elle a de l'autorité et de la séduction. Elle se sent à l'aise parmi les difficultés.

Patronyme : Rose se combine mal avec un nom commençant par « s » ou « o ».

Roseline

Fêtée le 17 janvier.

Etymologie : vient du latin « rosa » qui signifie rose, et du germain « lind » qui veut dire doux.

Historique : la bienheureuse Roseline passa de la chartreuse de saint Bertrand à celle de Celle-Roubaud en Provence où elle devint prieure, une prieure charitable et qui aurait fait des miracles. Elle mourut en 1329.

La *part de chance* de Roseline est à 310° sur le zodiaque, c'est-à-dire le 10° du Verseau.
Le *chiffre* de Roseline est le 7.
La *couleur* de Roseline est le bleu.

Caractère type : elle est déconcertante. C'est un nid de contradictions. Avec un peu de jugeotte, elle parvient cependant à s'imposer. Elle a un besoin viscéral de liberté.

Patronyme : Roseline, qui s'orthographie aussi **Roselyne,** se combine mal avec un nom commençant par « n » ou « i ».

Rosine

Voir Rose.

La *part de chance* de Rosine est à 275° sur le zodiaque, c'est-à-dire le 5° du Capricorne.
Le *chiffre* de Rosine est le 8.
La *couleur* de Rosine est le bleu.

Caractère type : le prénom est légèrement douceâtre, effacé, sans saveur. Rosine cherche toujours à se rendre indispensable par crainte d'être rejetée, de ne pas être aimée.

Patronyme : Rosine se combine mal avec un nom commençant par « n » ou « si ».

Sabine

Fêtée le 29 août.

Etymologie : vient du latin « Sabina » qui veut dire Sabine, appartenant au peuple des Sabins. L'enlèvement des Sabines est un haut fait de l'histoire semi-légendaire des premiers temps de Rome.

Historique : sainte Sabine et son esclave Séraphie auraient été martyrisées près de Rome vers 127. C'est du moins ce que dit la légende du VIe siècle. Il est plus que probable que sainte Sabine était une noble dame romaine qui mit ses propriétés à la disposition des chrétiens ; on bâtit à cet endroit une église qui conserva le nom de la bienfaitrice.

D'autres saintes et bienheureuses ont porté le nom de Sabine.

La *part de chance* de Sabine est à 8° sur le zodiaque, c'est-à-dire le 8° du Bélier.
Le *chiffre* de Sabine est le 5.
La *couleur* de Sabine est le bleu.

Caractère type : c'est un prénom à sonorité combative. Sabine pour peu que la cause soit juste, se dévoue corps et âme. C'est une passionnée qui donne beaucoup.

Patronyme : Sabine se combine mal avec un nom commençant par « n » ou « bi ».

Sabrina

Voir Sabine.

La *part de chance* de Sabrina est à 204° sur le zodiaque, c'est-à-dire le 24° de la Balance.
Le *chiffre* de Sabrina est le 1.
La *couleur* de Sabrina est le rouge.

Caractère type : intelligente et cultivée, elle aspire à former un couple durable, dans le mariage bien entendu. Le prénom est solidement charpenté.

Patronyme : Sabrina se combine mal avec un nom commençant par « a », « n », ou pire, « na ».

Samuel

Fêté le 20 août.

Etymologie : vient de l'hébreu et signifie : obtenu de Dieu.

Historique : Samuel, voué très jeune au service de l'Arche d'alliance, fut un prophète important qui réforma les mœurs des Hébreux et fonda la première monarchie israélite en sacrant Saül. Lorsque celui-ci fut devenu à moitié fou, Samuel choisit son successeur en cachette et le sacra : c'était David. Cela se passait environ onze siècles avant Jésus-Christ.

Des saints et des bienheureux ont porté le nom de Samuel. Citons entre autres un martyr du IVe siècle fêté le 16 février.

Personnages célèbres : un tsar de Bulgarie. Le poète Samuel Butler. Samuel Pisar.

La *part de chance* de Samuel est à 22° sur le zodiaque, c'est-à-dire le 22° du Bélier.
Le *chiffre* de Samuel est le 8.
La *couleur* de Samuel est le rouge.

Caractère type : il est capable de tout risquer pour une cause qu'il juge valable, ou simplement pour aider un ami.

Patronyme : Samuel, prénom très répandu chez les israélites et les protestants, se combine mal avec un nom commençant par « l ».

Sara

Fêtée le 9 octobre.

Etymologie : vient de l'hébreu « Sarah » qui veut dire princesse.

Historique : Sara était l'épouse d'Abraham. Ils se désolaient de ne pas avoir d'enfant. A 99 ans, alors qu'il se reposait aux chênes de Mambré, trois envoyés de Dieu lui promirent que Sara aurait un fils dans un an. Sara, qui avait tout entendu, se mit à rire en elle-même : « Vieille comme je suis, se dit-elle, connaîtrai-je l'amour ? Et mon maître est vieux aussi ». Elle avait tort de rire et Isaac naquit un an plus tard, comme l'avaient dit les anges.

L'autre Sara de l'Ancien Testament avait eu sept maris morts successivement. On attribuait ces morts suspectes à l'intervention diabolique du démon Asmodée. Elle devint l'épouse de Tobie le Jeune qui survécut grâce à l'intervention de saint Raphaël l'archange.

Une troisième Sara est vénérée par les Gitans aux Saintes-Maries-de-la-Mer. Sara était la servante noire de Marie-Madeleine, de Marie Jacobé et de Salomé.

Des saintes et des bienheureuses ont porté le nom de Sara.

Personnages célèbres : l'actrice Sarah Bernard et la chanteuse Sarah Vaughan.

La *part de chance* de Sara est à 142° sur le zodiaque, c'est-à-dire le 22° du Lion.
Le *chiffre* de Sara est le 3.
La *couleur* de Sara est le rouge.

Caractère type : elle est passionnée, pleine de vitalité et courageuse. C'est souvent une artiste ou une idéaliste.

Patronyme : Sara se combine mal avec un nom commençant par « a » ou « ra ».

Sébastien

Fêté le 20 janvier.

Etymologie : vient du grec « sebastos » qui signifie honoré.

Historique : saint Sébastien, martyr romain, mort en 288, a donné naissance à une belle légende. Cet Apollon chrétien, officier de la garde de Dioclétien, aurait été percé de flèches pour s'être converti. A demi mort, il aurait été recueilli par Irène, une chrétienne. S'étant présenté, une fois guéri, devant l'empereur pour le confondre, il aurait été cette fois massacré à coups de gourdin. Son corps jeté dans les égouts aurait été découvert par une autre chrétienne, Lucile, qui l'aurait enseveli dans la catacombe de la Via Appia, où fut élevée la basilique en son nom.

D'autres saints et bienheureux ont porté le nom de Sébastien.

Personnages célèbres : un roi de Portugal. Sébastien Le Prestre, seigneur de Vauban. Sébastien del Piombo. L'écrivain Sebastien Japrisot.

La *part de chance* de Sébastien est à 353° sur le zodiaque, c'est-à-dire le 23° des Poissons.
Le *chiffre* de Sébastien est le 4.
La *couleur* de Sébastien est le bleu.

Caractère type : très pieux et souvent mystique, il se réfugie dans un monastère ou préfère l'Eglisc avcc scs honneurs et son decorum.

Patronyme : Sébastien se combine mal avec un nom commençant par « in » ou « tien ».

Sébastienne

Voir Sébastien.

La *part de chance* de Sébastienne est à 48° sur le zodiaque, c'est-à-dire le 18° du Taureau.
Le *chiffre* de Sébastienne est le 5.
La *couleur* de Sébastienne est le bleu.

Caractère type : très féminine, elle est parfois attachée aux traditions. Sa façon d'être est directe.

Patronyme : Sébastienne se combine mal avec un nom commençant par « n ».

Selma

Voir Anselme.

Personnage célèbre : L'écrivain Selma Lagerlöf.

La *part de chance* de Selma est à 16° sur le zodiaque, c'est-à-dire le 16° du Bélier.
Le *chiffre* de Selma est le 5.
La *couleur* de Selma est le violet.

Caractère type : les métiers d'homme ne l'effraient pas et elle y réussit souvent très bien. Elle aime se battre pour une cause juste même et surtout si c'est une cause perdue.

Patronyme : Selma se combine mal avec un nom commençant par « a » ou « ma ».

Serge

Fêté le 8 septembre.

Etymologie : vient probablement de l'étrusque qui aurait donné « sergius » en latin, nom de signification obscure.

Historique : saint Serge Ier fut pape de 687 à 701. S'étant imposé par sa piété et sa compétence à l'aristocratie et au clergé, il eut un règne exceptionnel. Il mit fin au schisme d'Aquilée et envoya des missionnaires en Angleterre. C'est lui qui introduisit l'« Agnus Dei » dans la messe et fit célébrer les fêtes mariales de l'Annonciation, de la Dormition, de la Nativité et de la Purification. Il mourut en 701.

D'autres saints et bienheureux ont porté le nom de Serge. Citons entre autres saint Serge de Radonège, qui vécut au milieu des paysans, devint un moine célèbre que l'on allait consulter pour aplanir les différends entre princes russes et qui fonda des monastères, dont le plus important est celui de la Sainte-Trinité, près de Moscou ; il mourut en 1392 et est fêté le 26 septembre. Saint Serge, inséparable de saint Bacchus, et, comme lui, martyrisé à Rosapha en Syrie, à la fin du IIIe siècle. Il est fêté le 7 octobre.

Personnages célèbres : quatre papes. Un patriarche de Constantinople. Un patriarche de Moscou. Serge Diaghilev. Serge Prokofiev. Le danseur Serge Lifar.

La *part de chance* de Serge est à 153° sur le zodiaque, c'est-à-dire le 3° de la Vierge.
Le *chiffre* de Serge est le 9.
La *couleur* de Serge est le rouge.

Caractère type : il travaille avec beaucoup d'efficacité. Il est précis, parfois minutieux jusqu'à la maniaquerie. Il a généralement une culture très vaste et très éclectique.

Patronyme : Serge se combine mal avec un nom commençant par « j ».

Séverin

Fêté le 8 janvier.

Etymologie : vient du latin « severus » qui veut dire grave.

Historique : saint Séverin fut un saint sans origines qui apparut dans les montagnes du Norique où sa grande piété et son immense charité en imposèrent aux Barbares qui se convertirent. Il mourut vers 482.

D'autres saints et bienheureux ont porté le nom de Séverin. Citons entre autres un ermite qui vivait au bord de la Seine et que visita saint Cloud avant de se confiner à son tour dans la solitude. Il mourut vers 555 et est fêté le 27 novembre. L'église Saint-Séverin à Paris aurait été construite sur sa tombe.

La *part de chance* de Séverin est à 216° sur le zodiaque, c'est-à-dire le 6° du Scorpion.

Le *chiffre* de Séverin est le 2.
La *couleur* de Séverin est l'orangé.

Caractère type : les obstacles le stimulent. Tout projet, tout travail, toute entreprise même extravagante sont pour lui un défi à relever.

Patronyme : Séverin se combine mal avec un nom commençant par « in » ou « rin ».

Séverine

Voir Séverin.

La *part de chance* de Séverine est à 221° sur le zodiaque, c'est-à-dire le 11° du Scorpion.
Le *chiffre* de Séverine est le 7.
La *couleur* de Séverine est l'orangé.

Caractère type : peu d'êtres sont aussi envoûtants qu'elle. Elle a de la personnalité. Elle aime faire du charme. Elle a souvent un jugement très pénétrant. Elle aime relever les défis de l'existence. Elle les surmonte généralement.

Patronyme : Séverine se combine mal avec un nom commençant par « n » ou « ni ».

Sheila

Voir Cécile.

Personnages célèbres : la chanteuse Sheila. Sheila Winter.

La *part de chance* de Sheila est à 354° sur le zodiaque, c'est-à-dire le 24° des Poissons.
Le *chiffre* de Sheila est le 9.
La *couleur* de Sheila est le rouge.

Caractère type : c'est une « bonne » fille, d'humeur généralement égale. Les difficultés intérieures la font se replier sur elle-même.

Patronyme : Sheila se combine mal avec un nom commençant par « a » ou « la ».

Sidonie

Fêtée le 21 août.

Etymologie : vient du latin « sidonius » qui veut dire : originaire de Sidon.

Historique : il n'existe pas de sainte Sidonie mais un saint Sidoine Apollinaire, qui devint évêque de Clermont, après s'être marié, avoir eu trois enfants et mené une existence de « gentleman-farmer ». Comme évêque, il s'efforça de défendre l'Auvergne contre les Wisigoths. Il a laissé une œuvre littéraire importante. Il mourut en 489.

D'autres saints et bienheureux ont porté le nom de Sidoine.

La *part de chance* de Sidonie est à 79° sur le zodiaque, c'est-à-dire le 19° des Gémeaux.
Le *chiffre* de Sidonie est le 3.
La *couleur* de Sidonie est le violet.

Caractère type : elle reste une enfant ou une adolescente à la recherche de sa féminité jusqu'à la maternité qui la rend souvent autoritaire. Est-ce dû à l'extension de son prénom étale et sans éclat ?

Patronyme : Sidonie se combine mal avec un nom commençant par « i » ou « ni ».

Siegfried

Fêté le 22 août.

Etymologie : vient du germain « sig » qui signifie victoire et « frid » qui veut dire paix.

Historique : saint Siegfried était un humble moine, très pieux et très érudit, mais qui était phtysique. Sa charge d'abbé du monastère Saint-Pierre à Wearmouth l'usa et il en mourut, dans les bras de saint Benoît Biscop qui se mourait aussi. Cela se passait en 690.

D'autres saints et bienheureux ont porté le nom de Siegfried. Citons notamment un missionnaire anglais qui devint évêque en Suède où il avait ranimé le christianisme. Il mourut en 1045. Il est fêté le 15 février.

Personnage célèbre : Siegfried, le héros wagnérien.

La *part de chance* de Siegfried est à 257° sur le zodiaque, c'est-à-dire le 17° du Sagittaire.
Le *chiffre* de Siegfried est le 1.
La *couleur* de Siegfried est le violet.

Caractère type : c'est un perpétuel voyageur, toujours insatisfait. Il veut toujours aller plus loin en lui et hors de lui. Le prénom est noble.

Patronyme : Siegfried se combine mal avec un nom commençant par « d » ou « ri ».

Simon

Fêté le 28 octobre.

Etymologie : vient de l'hébreu « shimmon » qui veut dire : celui qui est exaucé.

Historique : saint Simon, dit le Zélé, était un des douze apôtres. La légende le fait mourir en Perse, avec saint Jude.

Personnages célèbres : Simon le magicien. Simon Ben-Jokaï, qui écrivit le Zohar. Simon Memmi, dit Simon de Sienne. Simon Bolivar. Sigmund Freud.

La *part de chance* de Simon est à 110° sur le zodiaque, c'est-à-dire le 20° du Cancer.
Le *chiffre* de Simon est le 7.
La *couleur* de Simon est le rouge.

Caractère type : il a le don de la poésie. Il est très sensible. C'est un rêveur et son imagination débordante en fait un excellent conteur.

Patronyme : Simon se combine mal avec un nom commençant par « on » ou « mon ».

Simone

Voir Simon.

Personnages célèbres : Simone de Beauvoir. Les actrices Simone Signoret et Simone Simon.

La *part de chance* de Simone est à 115° sur le zodiaque, c'est-à-dire le 25° du Cancer.
Le *chiffre* de Simone est le 3.
La *couleur* de Simone est le violet.

Caractère type : elle a du mal à faire la part des choses entre ses rêveries et la réalité qu'elle travestit souvent par d'innocents mensonges. Elle est généralement tenace. Elle est très fixée à son enfance, surtout à son père.

Patronyme : Simone se combine mal avec un nom commençant par « n » ou « mo ».

Solange

Fêtée le 10 mai.

Etymologie : vient du latin « solemnis » qui veut dire solennel.

Historique : sainte Solange était une jeune et jolie bergère de la région de Bourges. Elle se refusa à un prétendant qui la tua de dépit. Elle mourut en 880. Elle est la patronne du Berry.

La *part de chance* de Solange est à 99° sur le zodiaque, c'est-à-dire le 9° du Cancer.
Le *chiffre* de Solange est le 1.
La *couleur* de Solange est le bleu.

Caractère type : elle est douée d'imagination poétique. Elle cherche souvent dans la vie un homme mûr qui la protège et lui rappelle son père.

Patronyme : Solange se combine mal avec un nom commençant par « j » ou « an ».

Sonia

Voir Sophie.

Etymologie : Sonia est la forme slave de Sophia, qui veut dire sagesse en grec. « La Sophia » est celle « par qui les choses arrivent ».

Personnage célèbre : Sonia Delaunay.

La *part de chance* de Sonia est à 71° sur le zodiaque, c'est-à-dire le 11° des Gémeaux.
Le *chiffre* de Sonia est le 4.
La *couleur* de Sonia est le jaune.

Caractère type : elle a de la répartie, des bons mots incisifs et souvent un air de garçon manqué. Elle est fantasque et volontiers amorale.

Patronyme : Sonia se combine mal avec un nom commençant par « a » ou « nia ».

Sophie

Fêtée le 1er août.

Etymologie : vient du grec « sophia » qui signifie sagesse.

Historique : sainte Sophie aurait été martyrisée sous Hadrien avec ses trois filles : Foi (sainte Nadège), Espérance (sainte Véra) et Charité (sainte Liubbe). Il s'agit sans doute d'une allégorie sur les quatre vertus théologales.

D'autres saintes et bienheureuses ont porté le nom de Sophie.

Personnages célèbres : une impératrice byzantine. L'épouse d'un électeur de Hanovre. Sophie Alexeievna, régente de Russie. Sophie-Charlotte, reine de Prusse. Sophie-Dorothée, épouse du futur roi George de Hanovre et maîtresse du comte de Königsmarck. Sophie-Whilhelmine, margravine de Bayreuth. Les actrices Sophie Desmarets et Sophia Loren.

La *part de chance* de Sophie est à 113° sur le zodiaque, c'est-à-dire le 23° du Cancer.
Le *chiffre* de Sophie est le 3.
La *couleur* de Sophie est le vert.

Caractère type : ses jugements sont souvent subjectifs. Elle s'illusionne facilement sur les êtres. Elle va jusqu'à aimer souffrir pour mieux se faire consoler. C'est un prénom profondément féminin - en soi -, avec toutes les dérivations affectives que cela suppose.

Patronyme : Sophie se combine mal avec un nom commençant par « i », « fi » ou « vi ».

Stéphane

Voir Etienne.

Personnage célèbre : Stéphane Mallarmé.

La *part de chance* de Stéphane est à 129° sur le zodiaque, c'est-à-dire le 9° du Lion.
Le *chiffre* de Stéphane est le 7.
La *couleur* de Stéphane est l'orangé.

Caractère type : le prénom est clair, aux sonorités bien équilibrées. Aristocrate jusqu'au bout des ongles, Stéphane est capable de noblesse et de générosité. Son intelligence est claire et son esprit synthétique. Il a le goût de la création. Il sait envoûter un auditoire.

Patronyme : Stéphane, prénom parfois féminin, se combine mal avec un nom commençant par « n » ou « a ».

Stéphanie

Fêtée le 2 janvier.

Etymologie : voir Etienne.

Historique : sainte Stéphanie était une humble dominicaine qui se dévoua toute sa vie pour les pauvres et porta les stigmates du Christ. Elle mourut en 1530 à Sancino en Italie.
D'autres saintes et bienheureuses ont porté le nom de Stéphanie.

La *part de chance* de Stéphanie est à 139° sur le zodiaque, c'est-à-dire le 19° du Lion.
Le *chiffre* de Stéphanie est le 7.
La *couleur* de Stéphanie est l'orangé.

Caractère type : elle défend ses idées et ses amis avec passion. Elle s'enflamme pour une cause qu'elle croit juste. C'est une idéaliste.

Patronyme : Stéphanie se combine mal avec un nom commençant par « i », « ni » ou « fa ».

Suzanne

Fêtée le 11 août.

Etymologie : vient de l'hébreu et signifie « lys ».

Historique : Suzanne était une femme juive que deux vieillards surprirent au bain. Ils lui dirent leurs désirs séniles et elle les repoussa. Mais comme ils étaient juges, ils l'accusèrent d'adultère. Le jeune Daniel fit reconnaître l'innocence de la jeune femme et les vieillards furent lapidés. Mais sainte Suzanne que l'on fête le 11 août est une martyre du IIIe siècle, qui fut égorgée dans sa maison par le prétendant qu'elle refusait et qui n'aurait été autre que le fils de l'empereur Dioclétien. La légende joue un grand rôle dans cette histoire édifiante.

Personnages célèbres : L'artiste Suzanne Valadon et l'actrice Susan Hayward.

La *part de chance* de Suzanne est à 59° sur le zodiaque, c'est-à-dire le 29° du Taureau.
Le *chiffre* de Suzanne est le 1.
La *couleur* de Suzanne est le violet.

Caractère type : elle est très féminine. Les hommes résistent difficilement à sa perspicacité parfois ironique. Un peu secrète, elle est cependant simple et directe.

Patronyme : Suzanne se combine mal avec un nom commençant par « n » ou « na ».

Sylvain

Fêté le 4 mai.

Etymologie : vient du latin « silva » qui veut dire forêt.

Historique : saint Sylvain était évêque de Gaza. Il fut condamné aux travaux forcés dans les mines de Phaenno avec ses disciples. Finalement on les décapita en 311.

D'autres saints et bienheureux ont porté le nom de Sylvain. Citons entre autres un martyr dans lè Limousin. Il est fêté le 16 octobre.

La *part de chance* de Sylvain est à 47° sur le zodiaque, c'est-à-dire le 17° du Taureau.
Le *chiffre* de Sylvain est le 3.
La *couleur* de Sylvain est le vert.

Caractère type : c'est un prénom « terrestre ». Sylvain travaille et agit avec lenteur mais il abat une immense besogne. Il est assez renfermé et ne se confie pas à n'importe qui.

Patronyme : Sylvain se combine mal avec un nom commençant par « in » ou « vin ».

Sylvaine

Voir Sylvain

La *part de chance* de Sylvaine est à 52° sur le zodiaque, c'est-à-dire le 22° du Taureau.
Le *chiffre* de Sylvaine est le 8.
La *couleur* de Sylvaine est le vert.

Caractère type : elle aime le travail bien fait. Elle est discrète et consciencieuse. Elle peut assumer de grandes responsabilités.

Patronyme : Sylvaine se combine mal avec un nom commençant par « n » ou « é ».

Sylviane

Voir Sylvie.

La *part de chance* de Sylviane est à 52° sur le zodiaque, c'est-à-dire le 22° du Taureau.
Le *chiffre* de Sylviane est le 8.
La *couleur* de Sylviane est le vert.

Caractère type : elle est souvent peu commode malgré son tempérament gai et rieur. Elle dit parfois des mots qu'elle regrette ensuite amèrement.

Patronyme : Sylviane se combine mal avec un nom commençant par « n » ou « na ».

h

Sylvie

Fêtée le 5 novembre.

Etymologie : voir Sylvain.

Historique : sainte Sylvie était la mère de Saint Grégoire le Grand, à qui elle envoyait des légumes de son jardin sur l'Aventin... Elle mourut vers 592.

Personnages célèbres : Sylvie Vartan. La comédienne Sylvie. Sylvia Montfort.

La *part de chance* de Sylvie est à 1° sur le zodiaque, c'est-à-

dire le 1° du Bélier.
Le *chiffre* de Sylvie est le 2.
La *couleur* de Sylvie est le vert.

Caractère type : elle conserve souvent un air de jeunesse même en vieillissant. Elle est énergique. Elle fait beaucoup pour ceux qu'elle aime. Elle se dévoue parfois pour les pauvres.

Patronyme : Sylvie se combine mal avec un nom commençant par « i » ou « vi ».

Tanguy

Fêté le 19 novembre.

Etymologie : vient du celtique « tan » qui veut dire feu et « guy » qui signifie chien.

Historique : saint Tanguy était le fils du seigneur de Trémazan en Bretagne. Egaré par sa belle-mère, il décapita sa sœur Haude. Epouvanté par ce crime involontaire, il se fit moine et fonda le monastère de Saint-Matthieu de Fine-Terre. Il mourut au IXe siècle.

La *part de chance* de Tanguy est à 110° sur le zodiaque, c'est-à-dire le 20° du Cancer.
Le *chiffre* de Tanguy est le 7.
La *couleur* de Tanguy est le violet.

Caractère type : il possède une grande fraîcheur d'âme et une imagination débordante qui en font un admirable conteur.

Patronyme : Tanguy se combine mal avec un nom commençant par « i » ou par une consonne dure.

Tania

Fêtée le 12 janvier.

Etymologie : vient probablement de Tatius, roi des Sabins.

Historique : sainte Tania ou Tatiana fut martyrisée à Rome vers 230. C'est tout ce qu'on sait d'elle.

Personnage célèbre : la danseuse Tania Balachova.

La *part de chance* de Tania est à 102° sur le zodiaque, c'est-à-dire le 12° du Cancer.
Le *chiffre* de Tania est le 9.
La *couleur* de Tania est le bleu.

Caractère type : c'est une rêveuse incorrigible. Elle ment parfois quand elle ne trouve pas la réalité à son goût.

Patronyme : Tania se combine mal avec un nom commençant par « a » ou « na ».

Théodore

Fêté le 7 février.

Etymologie : vient du grec « theodoros » qui veut dire don de Dieu.

Historique : saint Théodore était-il général ou simple conscrit ? Il fut en tout cas martyrisé en Turquie en 319.

D'autres saints et bienheureux ont porté le nom de Théodore. Citons entre autres un archevêque de Canterbury mort en 690 et fêté le 19 septembre.

Personnages célèbres : deux papes. Deux empereurs byzantins. Théodore Géricault. Théodore de Banville. Théodore Roosevelt.

La *part de chance* de Théodore est à 42° sur le zodiaque, c'est-à-dire le 12° du Taureau.
Le *chiffre* de Théodore est le 9.
La *couleur* de Théodore est le rouge.

Caractère type : il aime jouir du temps qui passe. Il est souvent possessif et entêté. C'est un être à l'esprit concret qui a de la jugeotte et ne s'engage jamais à la légère.

Patronyme : Théodore se combine mal avec un nom commençant par « r » ou « or ».

Théophile

Fêté le 10 octobre.

Etymologie : vient du grec « Théos » qui veut dire Dieu et « philein » qui signifie aimer.

Historique : saint Théophile fut évêque d'Antioche sous Marc-Aurèle.

D'autres saints et bienheureux ont porté le nom de Théophile. Citons entre autres saint Théophile le Pénitent, qui fut sans doute un saint légendaire mais dont l'histoire, rappelant celle de Faust vendant son âme au Diable, fournit le thème du Miracle de Théophile au poète Rutebeuf. Il est fêté le 4 février.

Personnages célèbres : Théophile d'Alexandrie, excommunié par Innocent Ier et schismatique. Le poète Théophile de Viau. Théophile Gautier.

La *part de chance* de Théophile est à 256° sur le zodiaque, c'est-à-dire le 16° du Sagittaire.
Le *chiffre* de Théophile est le 8.
La *couleur* de Théophile est le vert.

Caractère type : il est armé d'une solide volonté qui lui permet de se dépasser sans cesse, ce à quoi il aspire toujours.

Patronyme : Théophile se combine mal avec un nom commençant par « l » ou « fi ».

Thérèse

Fêtée le 15 octobre.

Etymologie : vient du grec « Tarasia » qui signifie : habitante de Tarente.

Historique : sainte Thérèse d'Avila naquit dans cette ville en 1515, d'une famille noble. Après une jeunesse assez frivole, elle entra chez les Carmélites. Elle connut pendant près de quinze ans, après une longue maladie, une sorte de langueur. Mais bientôt se succédèrent des expériences mystiques, qui la décidèrent à réformer l'ordre du Carmel. Elle fonda des monastères avec saint Jean de la Croix qui, lui aussi, avait une expérience mystique. Sainte Thérèse mena à bien ses entreprises malgré une opposition qui ne désarmait pas. Elle écrivit également des ouvrages d'une haute spiritualité qui lui valurent le titre de Docteur de l'Eglise. Elle mourut en 1582.

D'autres saintes et bienheureuses ont porté le nom de Thérèse. Citons surtout sainte Thérèse de l'Enfant-Jésus, qui mourut tuberculeuse au Carmel, non sans avoir écrit la relation de ses expériences mystiques. Elle s'éteignit en 1897 à Lisieux où l'on construisit une basilique à sa mémoire.

Personnages célèbres: Thérèse de Castille, régente de Portugal. Marie-Thérèse d'Autriche. Thérèse Desqueyroux, héroïne de François Mauriac. Thérèse Raquin, héroïne de Zola.

La *part de chance* de Thérèse est à 203° sur le zodiaque, c'est-à-dire le 23° de la Balance.
Le *chiffre* de Thérèse est le 7.
La *couleur* de Thérèse est l'orangé

Caractère type: elle met de l'élégance dans le moindre geste. Elle est « aérienne ». Intelligente et cultivée, elle tient beaucoup à être aimée et désire le bonheur à deux dans le mariage, un peu par conformisme.

Patronyme: Thérèse se combine mal avec un nom commençant par « s » ou « è ».

Thibaut

Fêté le 8 juillet.

Etymologie: vient du germain « theud » qui veut dire peuple et « bald » qui signifie hardi.

Historique: saint Thibaut était de la famille noble entre toutes des Montmorency. Il entra chez les Cisterciens à l'abbaye de Vaux-de-Cernay dans les Yvelines. Il devint un prieur austère et pieux. Saint Louis le fit venir à la cour pour qu'il prie le ciel de donner une descendance au roi. Ses prières furent exaucées. Il mourut en 1247.

D'autres saints et bienheureux ont porté le nom de Thibaut.

Personnages célèbres : cinq comtes de Blois. Cinq comtes de Troyes, dont Thibaut IV le Chansonnier qui écrivit de magnifiques poèmes courtois.

La *part de chance* de Thibaut est à 107° sur le zodiaque, c'est-à-dire le 17° du Cancer.
Le *chiffre* de Thibaut est le 8.
La *couleur* de Thibaut est le violet.

Caractère type : il ressent profondément tout ce qui lui arrive. Il est souvent « ailleurs ».

Patronyme : Thibaut se combine mal avec un nom commençant par « o » ou « bo ».

Thierry

Fêté le 1er juillet.

Etymologie : vient du germain « theud » qui signifie peuple et « rik » qui veut dire roi.

Historique : saint Thierry naquit à Auménancourt dans la Marne. Son père, qui était un brigand, voulut le marier... Saint Thierry préféra se retirer, sur les conseils de saint Remi, dans un ermitage qui devint bientôt un monastère à Saint-Thierry dans la Marne. Il mourut en 533.

D'autres saints et bienheureux ont porté le nom de Thierry.

Personnages célèbres : trois rois de Neustrie, dont le premier était le fils aîné de Clovis. Un roi franc. Thierry de Martel. Thierry le Luron.

La *part de chance* de Thierry est à 113° sur le zodiaque, c'est-à-dire le 23° du Cancer.
Le *chiffre* de Thierry est le 4.
La *couleur* de Thierry est le bleu.

Caractère type : il a souvent tendance à prendre ses désirs pour des réalités. Il se ment parfois à lui-même. Ses réactions sont très subjectives. Avec cela, un amoureux de la poésie et un être charmant, sensible et délicat.

Patronyme : Thierry se combine mal avec un nom commençant par un « i » ou « ri ».

Thomas

Fêté le 3 juillet

Etymologie : vient de l'hébreu et veut dire « jumeau ». Dans les Evangiles, on appelle Thomas « didymus » qui en latin signifie en effet : jumeau.

Historique : saint Thomas l'apôtre était un Galiléen. Il suivit Jésus et devint un des douze apôtres. Il ne crut pas à la résurrection du Christ. Il dut, pour se convaincre de sa réalité, toucher de la main les plaies des mains et du côté de Notre Seigneur ressuscité. Après l'Ascension, la tradition veut qu'il ait évangélisé la Perse et même les Indes. Il aurait été martyrisé près de Madras, sur les côtes de Malabar. Une croix du VIIe siècle indique le lieu de son supplice à San Thomé.

D'autres saints et bienheureux ont porté le nom de Thomas. Citons les plus importants et d'abord saint Thomas d'Aquin. Il naquit à Roccasecca, près d'Aquino, dans le royaume de Naples, en 1225. Malgré l'opposition de sa famille qui était de noblesse lombarde, il entra chez les Dominicains. Il étudia à Cologne sous la direction de saint Albert le Grand et devint professeur de théologie en Sorbonne et en Italie. Se basant sur l'œuvre d'Aristote, il écrivit alors la « Somme théoloque » qui le fit surnommer le « Docteur angélique ». Cette œuvre est magistrale et a toujours un profond retentissement sur la théologie. Saint Thomas d'Aquin mourut en 1274. Docteur de l'Eglise, il est fêté le 28 janvier.

Saint Thomas Becket fut d'abord l'ami du roi d'Angleterre, Henri II, qui le nomma chancelier. Il devint quelques années plus tard archevêque de Canterbury. Il commença dès lors à s'opposer à son royal ami, car celui-ci voulait tout régenter dans l'Eglise d'Angleterre. Saint Thomas Becket dut s'exiler en France où il excommunia Henri II. De retour à Canterbury, le peuple l'acclama. Il ne céda sur aucun point. Il continua de défendre l'Eglise contre le pouvoir royal. Quatre chevaliers, voulant débarrasser le roi de ce « clerc outrecuidant », assassinèrent le saint près d'un pilier de sa cathédrale. Il mourut en 1170. Il est fêté le 29 décembre.

Saint Thomas More naquit à Londres en 1478. Humaniste, docteur en droit, il fut l'ami d'Erasme. Henri VIII le nomma chancelier du royaume. Catholique fervent, il ne put supporter le divorce de son royal protecteur et le dit publiquement. Il fut emprisonné et condamné à mort. Il fut décapité en 1535. Il est fêté le 22 juin.

Personnages célèbres : Thomas a Kempis, écrivain mystique allemand, auteur plus que probable de « L'Imitation de Jésus-Christ ». Thomas d'Angleterre, trouvère anglo-normand du XIIe siècle, à qui on doit un roman devenu célèbre : « Tristan ». Thomas Bradwardine et Thomas d'York, deux théologiens anglais. Thomas Gainsborough. Thomas de Torquemada. Thomas Edison. Tommaso de Celano. Tomaso Albinoni. Thomas Mann. Thomas Hardy.

La *part de chance* de Thomas est à 99° sur le zodiaque, c'est-à-dire le 9° du Cancer.
Le *chiffre* de Thomas est le 4.
La *couleur* de Thomas est le bleu.

Caractère type : d'un abord aimable, il met tout de suite à l'aise. On se sent bien aux côtés de cet être imaginatif qui est un conteur merveilleux. Le prénom est évidemment symbolique. Il évoque le disciple « rationnel » du Christ.

Patronyme : Thomas se combine mal avec un nom commençant par « a » ou « ma ».

Urbain

Fêté le 29 juillet.

Etymologie : vient du latin « urbanus » qui veut dire citadin.

Historique : le bienheureux Urbain II fut pape de 1088 à

1099. Il était Français et s'appelait Odon de Lagny. Son pontificat fut remarquable. Persévérant, il réforma du mieux qu'il put le clergé, interdisant notamment aux fils des prêtres d'accéder aux fonctions sacrées. Il combattit la simonie et proclama la première Croisade. Il mourut en 1099.

D'autres saints et bienheureux ont porté le nom d'Urbain. Citons entre autres saint Urbain Ier, mort en 230 et fêté autrefois le 25 mai. Son pontificat est si obscur et sa légende si brumeuse qu'il a été écarté du nouveau calendrier liturgique. Le bienheureux Urbain V, qui fut pape de 1362 à 1370, d'abord à Avignon puis à Rome, mourut en 1370 et est fêté le 19 décembre.

Personnages célèbres : huit papes. Urbain Grandier (curé de Loudun)

La *part de chance* d'Urbain est à 269° sur le zodiaque, c'est-à-dire le 29° du Sagittaire.
Le *chiffre* d'Urbain est le 2.
La *couleur* d'Urbain est l'orangé.

Caractère type : c'est un perpétuel insatisfait qui rêve toujours d'autre chose. Il a besoin de se sentir meilleur et mieux aimé.

Patronyme : Urbain se combine mal avec un nom commençant par « in » ou « bin ».

Urielle

Fêtée le 1er octobre.

Etymologie : vient du celtique et signifie ange.

Historique : sainte Urielle ou Eurielle était la sœur de saint Judicaël, roitelet breton. Une église lui est consacrée aux environs de Dinan. Elle vécut et mourut au VIIe siècle.

La *part de chance* d'Urielle est à 286° sur le zodiaque, c'est-à-dire le 16° du Capricorne.
Le *chiffre* d'Urielle est le 1.
La *couleur* d'Urielle est le rouge.

Caractère type : c'est une femme sur qui on peut compter. On lui reproche parfois de ne pas savoir s'amuser mais elle possède un réel sens de l'humour.

Patronyme : Urielle se combine mal avec un nom commençant par « l ».

Ursule

Fêtée le 21 octobre.

Etymologie : vient du latin « ursus » qui veut dire ours.

Historique : sainte Ursule était une fillette de huit ans qui fut martyrisée à Cologne au IIIe siècle. Elle aurait précédé 11.000 vierges martyres. C'est du moins ce que raconte la légende, qui a tendance à exagérer. C'est flagrant dans ce cas.

Personnage célèbre : l'actrice Ursula Andress.

La *part de chance* d'Ursule est à 187° sur le zodiaque, c'est-à-dire le 7° de la Balance.
Le *chiffre* d'Ursule est le 6.
La *couleur* d'Ursule est le bleu.

Caractère type : le prénom est « paysan » dans le sens large. Ursule sait généralement ce qu'elle peut attendre de la vie. Elle est intelligente et souvent cultivée.

Patronyme : Ursule se combine mal avec un nom commençant par « l » ou « lu ».

Valentin

Fêté le 13 février

Etymologie : vient du latin « valens » qui veut dire plein de force.

Historique : saint Valentin était un prêtre romain au IIIe siècle. Il fut martyrisé vers 273 sous Aurélien.

D'autres saints et bienheureux ont porté le nom de Valentin. Citons entre autres un évêque de Terni, sans doute martyrisé à la même époque que le précédent dont on ne sut pas toujours le dissocier. A la saint-Valentin, les oiseaux commencent à s'accoupler; saint Valentin est donc depuis le Moyen Age le patron des amoureux...

Personnages célèbres: un pape. Le gnostique égyptien Valentin. Jean de Boullongne, dit le Valentin, peintre français du XVIIe siècle. Valentin Haüy qui consacra sa vie aux aveugles. Valentin le désossé, peint par Toulouse Lautrec.

La *part de chance* de Valentin est à 192° sur le zodiaque, c'est-à-dire le 12° de la Balance.
Le *chiffre* de Valentin est le 7.
La *couleur* de Valentin est le bleu.

Caractère type: il a plus qu'un autre le sens de l'équité mais il éprouve certaines difficultés à prendre parti.

Patronyme: Valentin se combine mal avec un nom commençant par « in », ou pire « tin ».

Valentine

Fêtée le 25 juillet.

Etymologie: voir Valentin.

Historique: sainte Valentine fut arrêtée à Gaza alors qu'elle assistait au saint office, interdit par la loi romaine. Elle fut torturée à Césarée. Elle résista et fut brûlée vive en 308.

Personnage célèbre: Valentine de Milan, femme de Louis Ier, duc d'Orléans.

La *part de chance* de Valentine est à 197° sur le zodiaque, c'est-à-dire le 17° de la Balance.
Le *chiffre* de Valentine est le 3.
La *couleur* de Valentine est le bleu.

Caractère type: elle aime souvent les mondanités où elle peut briller, car elle est intelligente et cultivée.

Patronyme: Valentine se combine mal avec un nom commençant par « n » ou « i ».

Valère

Fêté le 14 juin

Etymologie: vient du latin «valere» qui signifie être courageux.

Historique: saint Valère fut martyrisé dans le Soisonnais en 287.

D'autres saints et bienheureux ont porté le nom de Valère.

Personnage célèbre: l'historien romain Valère Maxime.

La *part de chance* de Valère est à 247° sur le zodiaque, c'est-à-dire le 7° de Sagittaire.
Le *chiffre* de Valère est le 9.
La *couleur* de Valère est le bleu.

Caractère type: le prénom offre une belle sonorité ouverte. Valère est fondamentalement optimiste, il est souvent armé de suffisamment de volonté pour se dépasser, ce qu'il désire par dessus tout.

Patronyme: Valère se combine mal avec un nom commençant par «r».

Valérie

Fêtée le 28 avril.

Etymologie: voir Valère.

Historique: sainte Valérie ne survécut pas longtemps au martyre de son mari, saint Vital, qui fut exécuté pour avoir encouragé un chrétien soumis à la torture. Peu de temps après, sainte Valérie fut martyrisée pour avoir refusé de sacrifier aux dieux. Cela se passait au IIe siècle.

Personnage célèbre: Valérie-Anne Giscard d'Estaing.

La *part de chance* de Valérie est à 257° sur le zodiaque, c'est-à-dire le 17° du Sagittaire.
Le *chiffre* de Valérie est le 9.
La *couleur* de Valérie est le bleu.

Caractère type : elle a une personnalité attachante et est souvent une ardente féministe. Elle ne souffre d'aucun complexe d'infériorité vis-à-vis des hommes.

Patronyme : Valérie se combine mal avec un nom commençant par « i », ou pire, « ri ».

Valery

Fêté le 1er avril.

Etymologie : voir Valère.

Historique : saint Valéry naquit en Auvergne. De petit berger pauvre, il devint moine à Auxerre, puis à Luxeuil où il fut le disciple de saint Colomban. Ensuite il fonda un ermitage à Leuconay. Bientôt grandit à cet endroit une abbaye, foyer de Saint-Valéry-sur-Somme. Saint Valéry mourut en 619.

Personnages célèbres : Valéry Larbaud. Valéry Giscard d'Estaing.

La *part de chance* de Valéry est à 252° sur le zodiaque, c'est-à-dire le 12° du Sagittaire.
Le *chiffre* de Valéry est le 2.
La *couleur* de Valéry est le bleu.

Caractère type : souvent insatisfait, il voudrait se dépasser, aller toujours plus loin en lui-même et hors de lui-même ; c'est pourquoi il adore voyager.

Patronyme : Valéry se combine mal avec un nom commençant par « i », ou pire, « ri ».

Véra

Fêtée le 18 septembre.

Etymologie : vient du slave « viera » qui signifie foi.

Historique : sainte Véra aurait été martyrisée avec

sainte Nadège. (voir Nadia). Il faut y voir une allégorie des vertus théologales : Foi, Espérance et Charité, dont la mère est Sagesse. (voir Sophie).

Personnages célèbres : le poète Véra M. Inber et l'artiste Vieira da Silva.

La *part de chance* de Véra est à 212° sur le zodiaque, c'est-à-dire le 2° du Scorpion.
Le *chiffre* de Véra est le 1.
La *couleur* de Véra est le bleu.

Caractère type : elle peut réaliser de grandes choses à condition qu'on la stimule. Elle a le goût de l'action.

Patronyme : Véra se combine mal avec un nom commençant par « a », « r », ou pire, « ra ».

Véronique

Fêtée le 4 février.

Etymologie : vient du grec « beroniké », d'où vient aussi le nom Bérénice.

Historique : sainte Véronique était une brave femme qui, voyant passer le Christ sur le chemin du Calvaire, lui aurait essuyé le visage avec un linge blanc sur lequel les traits de la Sainte Face seraient restés marqués. La tradition et les récits apocryphes parlent de cette belle histoire que ne relate pas l'Evangile.

D'autres saintes et bienheureuses ont porté le nom de Véronique.

Personnage célèbre : Véronique, opéra-comique d'André Messager.

La *part de chance* de Véronique est à 92° sur le zodiaque, c'est-à-dire le 2° du Cancer.
Le *chiffre* de Véronique est le 9.
La *couleur* de Véronique est le bleu.

Caractère type : elle manque parfois de volonté mais a de la ténacité. La maternité a le don de dissiper ses rêveries.

Patronyme : Véronique se combine mal avec un nom commençant par une consonne dure.

Victor

Fêté le 21 juillet.

Etymologie : vient du latin « victor » qui signifie vainqueur.

Historique : saint Victor était un officier romain. Il fut martyrisé à Marseille sous Maximien. Il mourut en 290. Son corps lancé à la mer fut rejeté sur le rivage, où les chrétiens l'enterrèrent. On construisit un monastère sur sa tombe au IVe siècle.

D'autres saints et bienheureux ont porté le nom de Victor. Citons saint Victor Ier, pape de 189 à 199, année de sa mort ; il est fêté le 28 juillet. Le bienheureux Victor III, pape de 1086 à 1087, année de sa mort. Il est fêté le 16 septembre.

Personnages célèbres : trois papes et un antipape. Deux ducs de Savoie. Deux rois de Sardaigne. Victor-Emmanuel III, roi d'Italie, qui mourut en exil. Victor Riqueti, marquis de Mirabeau. Victor Hugo. Victor Boucher. L'acteur Victor Francen. Le philosophe Victor Cousin. L'écrivain Victor Ségalen et le peintre Victor Vasarely.

La *part de chance* de Victor est à 346° sur le zodiaque, c'est-à-dire le 16° des Poissons.
Le *chiffre* de Victor est le 6.
La *couleur* de Victor est le vert.

Caractère type : il peut avoir du génie s'il allie l'idéalisme à la volonté et à l'optimisme qui ne lui manque pas. Il a le sens des êtres et devine ce qu'ils cachent en eux.

Patronyme : Victor se combine mal avec un nom commençant par « r » ou « or ».

Victoria

Fêtée le 17 novembre.

Etymologie : vient du latin « victoria » qui signifie victoire.

Historique : sainte Victoria fut martyrisée à Cordoue vers 400.

D'autres saintes et bienheureuses ont porté le nom de Victoria.

Personnages célèbres : la reine d'Angleterre et impératrice des Indes Victoria. La cantatrice Victoria de Los Angeles.

La *part de chance* de Victoria est à 357° sur le zodiaque, c'est-à-dire le 27° des Poissons.
Le *chiffre* de Victoria est le 7.
La *couleur* de Victoria est le vert.

Caractère type : elle est rarement agressive. Elle possède un monde intérieur où elle se retire pour se mettre à l'abri des chocs affectifs et des souffrances. Elle est souvent très intuitive.

Patronyme : Victoria se combine mal avec un nom commençant par « a » ou « ri ».

Vincent

Fêté le 27 septembre.

Etymologie : vient du latin « vincens », participe présent de « vincere » qui veut dire vaincre.

Historique : saint Vincent de Paul naquit près de Dax en 1581. Très intelligent, de condition modeste, il accumula les diplômes à Dax, Toulouse, Paris et Rome. Il fut un moment curé de Clichy et précepteur des enfants de Philippe de Gondi. C'est alors qu'il se sentit une vocation irrésistible : aider les pauvres. A Châtillon-sur-Chalaronne, où il fut curé, il put à peine supporter la misère effroyable qui régnait dans les campagnes du temps de Louis XIII. Aumônier général des galères, il prit contact avec d'autres malheureux et tenta de les soulager. Ensuite, il fonda la société des Prêtres de la Mission, les bons Lazaristes, vouée au service des pauvres ruraux. Avec sainte Louise de Marillac, il jeta les bases d'une nouvelle communauté, celle des Filles de la Charité. « Monsieur Vincent » est devenu célèbre, au point que Louis XIII voulut mourir dans ses bras. Saint Vincent, grand saint du grand siècle, mourut en 1660.

D'autres saints et bienheureux ont porté le nom de Vincent. Citons entre autres saint Vincent le diacre, né à Saragosse, qui fut martyrisé en 304, patron des vignerons ; il est fêté le 22 janvier ; Saint Vincent d'Avila, martyr avec ses sœurs, au IIIe siècle, il est fêté le 27 octobre. Saint Vincent Ferrier, dominicain né à Valence en Espagne, en 1350, prédicateur prodigieux qui attirait des foules et faiseur de miracles ; il mourut à Vannes en 1419 et est fêté le 5 avril.

Personnages célèbres : le poète Vincent Voiture. Le compositeur Vincent d'Indy. L'écrivain Vicente Blasco Ibanez. Vincent Auriol. Vincent van Gogh.

La *part de chance* de Vincent est à 181° sur le zodiaque, c'est-à-dire le 1° de la Balance.
Le *chiffre* de Vincent est le 6.
La *couleur* de Vincent est le rouge.

Caractère type : il tient toujours compte de son interlocuteur et de son prochain. Il craint de faire de la peine ; aussi réfrène-t-il son agressivité. Il aime se faire aimer.

Patronyme : Vincent se combine mal avec un nom commençant par « an » ou « en ».

Vinciane

Fêtée le 11 septembre.

Etymologie : voir Vincent.

Historique : sainte Vinciane était la sœur de saint Landoald. Elle l'accompagna dans ses voyages. Ils évangélisèrent ensemble la Belgique. Elle mourut à Wintershoven au VIIe siècle. Elle est vénérée à Saint-Bavon à Gand où son corps a été transporté au Xe siècle.

La *part de chance* de Vinciane est à 152° sur le zodiaque, c'est-à-dire le 2° de la Vierge.
Le *chiffre* de Vinciane est le 5.
La *couleur* de Vinciane est l'orangé.

Caractère type: si elle reste repliée sur ses problèmes, elle devient insupportable. Par contre, si elle se dévoue, elle s'ouvre au monde extérieur et s'épanouit.

Patronyme: Vinciane se combine mal avec un nom commençant par « a » ou « n ».

Virginie

Fêtée le 7 janvier.

Etymologie: vient du latin « virgo » qui veut dire vierge.

Historique: sainte Virginie était une bergère en Poitou. C'est tout ce qu'on sait d'elle.

Personnages célèbres: Virginie, jeune romaine que son père tua plutôt que de la livrer aux désirs d'Appius Claudius. La plèbe se souleva contre le suborneur qui était décemvir. Ce fut la chute du décemvirat en 449 ou 441 av. J.-C. Virginia Woolf. « Paul et Virginie ».

La *part de chance* de Virginie est à 294° sur le zodiaque, c'est-à-dire le 24° du Capricorne.
Le *chiffre* de Virginie est le 8.
La *couleur* de Virginie est le violet.

Caractère type: c'est une femme active et un peu trop sérieuse, mais qui a plus qu'une autre le sens de l'humour. Elle est souvent « fermée » et intravertie.

Patronyme: Virginie se combine mal avec un nom commençant par « i » ou « ni ».

Vivian

Voir Vivien.

La *part de chance* de Vivian est à 83° sur le zodiaque, c'est-à-dire le 23° des Gémeaux.
Le *chiffre* de Vivian est le 5.
La *couleur* de Vivian est le rouge.

Caractère type : le prénom est primesautier, la sonorité en est à la fois féminine et sèche. Vivian vit dans le présent et ne prend rien au tragique, la plupart du temps. Il est souvent instable.

Patronyme : Vivian se combine mal avec un nom commençant par « an » ou « v ».

Viviane

Fêtée le 2 décembre.

Etymologie : vient du latin « vividus » qui veut dire vivant.

Historique : sainte Viviane ou Bibiane fut martyrisée à Rome. Elle aurait été fouettée jusqu'à ce que mort s'ensuive. Elle mourut au IIIe ou au IVe siècle.

Personnages célèbres : les actrices Viviane Romance et Vivian Leigh.

La *part de chance* de Viviane est à 88° sur le zodiaque, c'est-à-dire le 28° des Gémeaux.
Le *chiffre* de Viviane est le 1.
La *couleur* de Viviane est le rouge.

Caractère type : elle est souvent capricieuse et sujette à des phases d'excitation suivies de phases de dépression.

Patronyme : Viviane se combine mal avec un nom commençant par « n » ou « a ».

Vivien

Fêté le 10 mars.

Etymologie : voir Viviane.

Historique : saint Vivien faisait partie des « quarante de Sébaste », quarante légionnaires chrétiens qui furent condamnés à mourir de froid, attachés nus sur un lac gelé à Sébaste en Turquie. Il mourut en 320.

La *part de chance* de Vivien est à 87° sur le zodiaque, c'est-à-dire le 27° des Gémeaux.
Le *chiffre* de Vivien est le 9.
La *couleur* de Vivien est le rouge.

Caractère type : il mène souvent plusieurs activités de front. Il s'exprime généralement avec facilité.

Patronyme : Vivien se combine mal avec un nom commençant par « in ».

Vivienne

Voir Vivien.

La *part de chance* de Vivienne est à 142° sur le zodiaque, c'est-à-dire le 22° du Lion.
Le *chiffre* de Vivienne est le 1.
La *couleur* de Vivienne est le rouge.

Caractère type : elle aime le pouvoir et les responsabilités. C'est une femme d'action qui veut faire quelque chose de sa vie.

Patronyme : Vivienne se combine mal avec un nom commençant par « n ».

Vladimir

Fêté le 15 juillet.

Etymologie : vient du germain « wald » qui veut dire gouvernant et « maro » qui signifie illustre.

Historique : saint Vladimir le Grand naquit vers 956. Il était le petit-fils de sainte Olga et le fils de Sviatoslav. Il épousa la princesse Anne, sœur de l'empereur de Byzance Basile II. Elle le convertit, et lui fit de son mieux pour convertir la Russie d'alors. Il mourut en 1015.

Personnages célèbres : deux grands-princes de Kiev. Vladimir d'Ormesson. Vladimir, peintre russe du XVIe siècle. Vladimir Ilitch Oulianov, dit Lénine. Vladimir Nabokov. Vladimir Boukovski.

La *part de chance* de Vladimir est à 301° sur le zodiaque, c'est-à-dire le 1° du Verseau.
Le *chiffre* de Vladimir est le 7.
La *couleur* de Vladimir est le violet.

Caractère type : il déteste le tout-venant. Sa pensée est marquée par une grande originalité et il a le goût de l'expérience. Il a aussi le sens de l'amitié. C'est un homme bon.

Patronyme : Vladimir se combine mal avec un nom commençant par « r ».

Walter

Voir Gautier dont Walter est la forme germanique et anglo-saxonne.

Personnages célèbres : Walter Raleigh. Walter Scott.

La *part de chance* de Walter est à 282° sur le zodiaque, c'est-à-dire le 12° du Capricorne.
Le *chiffre* de Walter est le 7.
La *couleur* de Walter est le rouge.

Caractère type : il persévère dans ce qu'il a entrepris sans chercher d'aide. Il est fait pour les travaux longs et ardus. Il est souvent attiré par le passé.

Patronyme : Walter se combine mal avec un nom commençant par « r » ou « t ».

Wenceslas

Fêté le 28 septembre.

Etymologie : vient du slave « vienetz » qui signifie couronne, et « slava » qui veut dire gloire.

Historique : saint Wenceslas naquit vers 907. Il devint duc de Bohême en 921. Chrétien convaincu, il voulut garantir la paix mais ce fut au prix d'une reconnaissance de suzeraineté à l'empereur d'Allemagne Henri Ier l'Oiseleur. Il propagea le christianisme parmi son peuple et fut l'allié fidèle de l'Eglise. Il fut assassiné par son frère Boleslav alors qu'il priait. Il mourut en 929. Il est le patron de la Bohême. Il est vénéré par tous les Tchèques.

La *part de chance* de Wenceslas est à 357° sur le zodiaque, c'est-à-dire le 27° des Poissons.
Le *chiffre* de Wenceslas est le 7.
La *couleur* de Wenceslas est le bleu.

Caractère type : son imagination est très grande et peut se concrétiser en projets grandioses. Il est souvent mystique et se trouve bien au sein de l'Eglise.

Patronyme : Wenceslas se combine mal avec un nom commençant par « s » ou « la ».

Werner

Fêté le 19 avril

Etymologie : vient du latin « vernus » qui signifie printanier.

Historique : le bienheureux Werner, vigneron de la vallée du Rhin, mourut assassiné en 1287.

Personnage célèbre : Werner von Braun.

La *part de chance* de Werner est à 106° sur le zodiaque, c'est-à-dire le 26° du Cancer.
Le *chiffre* de Werner est le 2.
La *couleur* de Werner est le rouge.

Caractère type : charmant, délicat, poète un peu lunaire (et réalisant parfois ses rêves comme le fit Werner von Braun !), il a des talents de conteur indéniables. Il s'intéresse à un tas de choses mais ne les approfondit que rarement.

Patronyme : Werner se combine mal avec un nom commençant par « r », ou pire, « ner ».

William

Voir Guillaume dont William est la forme anglo-saxonne.

Personnage célèbre : William Shakespeare.

La *part de chance* de William est à 127° sur le zodiaque, c'est-à-dire le 7° du Lion.
Le *chiffre* de William est le 7.
La *couleur* de William est le rouge.

Caractère type : égocentriste, mais avec le besoin d'être compris, il peut être capable de générosité et a un sens réel de la justice. Son intelligence est claire et synthétique.

Patronyme : William se combine mal avec un nom commençant par « m » ou « n ».

Willy

Voir William, dont Willy est un diminutif.

Personnage célèbre : Willy,pseudonyme de Henry Gauthier-Villars, mari de Colette.

La *part de chance* de Willy est à 86° sur le zodiaque, c'est-à-

dire le 26° des Gémeaux.
Le *chiffre* de Willy est le 9.
La *couleur* de Willy est le rouge.

Caractère type : le prénom est court mais « lumineux ». Willy manie brillamment le paradoxe. C'est un excellent orateur. Il manie aussi bien la plume que le verbe.

Patronyme : Willy se combine mal avec un nom commençant par « i », ou pire, par « li ».

Wolfgang

Fêté le 31 octobre.

Etymologie : vient du germain « wulf » qui signifie loup, et « angil » qui veut dire lance.

Historique : saint Wolfgang, de moine à Einsiedeln devint évêque de Ratisbonne. Il se fit remarquer par ses œuvres charitables et par la réforme de son clergé. Il mourut en 994.

Personnages célèbres : Wolfgang Amadeus Mozart. Wolfgang Goethe.

La *part de chance* de Wolfgang est à 213° sur le zodiaque, c'est-à-dire le 3° du Scorpion.
Le *chiffre* de Wolfgang est le 4.
La *couleur* de Wolfgang est le bleu.

Caractère type : il possède une intelligence pénétrante qui va bien au-delà des êtres et des choses. Il est volontiers attiré par la métaphysique. Il peut être un artiste exceptionnel qui exprime ce que peu osent exprimer.

Patronyme : Wolfgang se combine mal avec un nom commençant par une consonne dure.

Xavier

Fêté le 3 décembre.

Etymologie: vient du basque «etchaberri» qui veut dire: maison neuve.

Historique: saint François Xavier naquit au château de Xavier (Navarre) en 1506. Etudiant à Paris, il rencontra saint Ignace de Loyola et fit partie du premier groupe de Jésuites. Il s'embarqua ensuite pour les Indes portugaises afin d'évangéliser les indigènes. Il gagna Goa, puis Malacca, ensuite les Molluques, pour aboutir au Japon. Mais la Chine immense l'attira, et c'est dans l'île de Sancian qu'il mourut en 1552. Il est le patron des missions.

Personnages célèbres: Xavier de Maistre. Xavier Leroux.

La *part de chance* de Xavier est à 282° sur le zodiaque, c'est-à-dire le 12° du Capricorne.
Le *chiffre* de Xavier est le 7.
La *couleur* de Xavier est le bleu.

Caractère type: il est méfiant. Il craint la souffrance et l'abandon. Le passé le fascine.

Patronyme: Xavier se combine mal avec un nom commençant par «é» ou «vié».

Xavière

Voir Xavier.

La *part de chance* de Xavière est à 287° sur le zodiaque, c'est-à-dire le 17° du Capricorne.
Le *chiffre* de Xavière est le 3.
La *couleur* de Xavière est le bleu.

Caractère type: elle a horreur de l'oisivité et se montre très active. Aucun travail ne la rebute. C'est une femme sur qui on peut compter. Son prénom n'est-il pas «guerrier»?

Patronyme: Xavière se combine mal avec un nom commençant par «r».

Yann

Voir Jean.

La *part de chance* de Yann est à 111° sur le zodiaque, c'est-à-dire le 21° du Cancer.
Le *chiffre* de Yann est le 9.
La *couleur* de Yann est le rouge.

Caractère type : il a souvent tendance à prendre ses désirs pour des réalités. Il est très doué pour tout ce qui touche à l'imagination.

Patronyme : Yann se combine mal avec un nom commençant par « n » ou « m ».

Yannick

Voir Jean

La *part de chance* de Yannick est à 161° sur le zodiaque, c'est-à-dire le 11° de la Vierge.
Le *chiffre* de Yannick est le 5.
La *couleur* de Yannick est le rouge.

Caractère type : il est volontiers méfiant. Il est exigeant mais ses qualités de patience, d'exactitude et d'ingéniosité en font un travailleur parfois génial.

Patronyme : Yannick se combine mal avec un nom commençant par une consonne dure.

Yolande

Fêtée le 15 juin.

Etymologie : vient du latin « viola » qui signifie violette.

Historique : sainte Yolande était la nièce de sainte Elisabeth de Hongrie, et l'épouse de Boleslas le Pieux. Ses trois filles étaient aussi pieuses que leur famille ; deux se marièrent, la troisième par contre se retira avec sa mère chez les Clarisses de Gnesen, à l'est de Poznan. Sainte Yolande en devint l'abbesse, puis mourut en 1299.

La *part de chance* de Yolande est à 170° sur le zodiaque, c'est-à-dire le 20° de la Vierge.
Le *chiffre* de Yolande est le 4.
La *couleur* de Yolande est le jaune.

Caractère type: installée dans ses meubles, elle attend, et cette attente devient angoissante si elle ne se dévoue pas pour les autres et ne s'ouvre pas ainsi au monde.

Patronyme: Yolande se combine mal avec un nom commençant par «d» ou «t».

Yves

Fêté le 20 mai.

Etymologie: vient du celtique «iv» qui veut dire if.

Historique: saint Yves naquit vers 1040 dans la région de Beauvais. Il étudia à l'abbaye du Bec avec saint Anselme. Il devint en 1090 évêque de Chartres, et sa rigueur morale le conduisit à provoquer l'excommunication de Philippe Ier qui avait répudié sa femme pour épouser celle d'un autre. Saint Yves fit preuve de beaucoup de courage. En outre, il prouva par son action et ses écrits qu'il était un pacifiste convaincu. Il mourut en 1116.

Mais le saint Yves breton s'appelait Yves de Kermartin. Il était né à Minihy-Tréguier en 1253. Il fit des études de droit à Orléans et à Paris. Nommé «official», c'est-à-dire juge ecclésiastique, il se montra si intègre qu'on écrivit: «Sanctus Yvo erat Brito. Advocatus et non latro. Res miranda populo». Ce qui peut être traduit ainsi: «Saint Yves était breton. Avocat et pas voleur. Chose merveilleuse pour le peuple». Il abandonna bientôt sa charge et accueillit, dans le manoir de Kermartin, tous les pauvres dont il devint «l'avocat». Il finit ses jours comme curé de Louannec. Il mourut là en 1303.

Personnages célèbres : le couturier Yves Saint-Laurent et les chanteurs Yves Montand et Yves Dutheil.

La *part de chance* d'Yves est à 321° sur le zodiaque, c'est-à-dire le 21° du Verseau.
Le *chiffre* d'Yves est le 8.
La *couleur* d'Yves est l'orangé.

Caractère type : il est très indépendant, il a horreur des contraintes, il aime aller hors des sentiers battus. C'est un original.

Patronyme : Yves se combine mal avec un nom commençant par « v » ou « f ».

Yvette

Voir Yves.

Personnages célèbres : l'accordéoniste Yvette Horner et la chanteuse Yvette Guilbert.

La *part de chance* d'Yvette est à 106° sur le zodiaque, c'est-à-dire le 16° du Cancer.
Le *chiffre* d'Yvette est le 7.
La *couleur* d'Yvette est le bleu.

Caractère type : c'est une rêveuse mal à l'aise dans le quotidien. Elle ment parfois pour l'embellir. Et comme elle a de la mémoire, ses beaux mensonges peuvent passer pour vrais.

Patronyme : Yvette se combine mal avec un nom commençant par « t ».

Yvon

Voir Yves.

La *part de chance* d'Yvon est à 136° sur le zodiaque, c'est-à-dire le 16° du Lion.
Le *chiffre* d'Yvon est le 4.

La *couleur* d'Yvon est l'orangé.

Caractère type : il est plein de bons sentiments, de noblesse parfois, d'ardeur et de générosité. Il montre un sens profond de la justice et fait preuve de beaucoup d'idéalisme.

Patronyme : Yvon se combine mal avec un nom commençant par « on », « un », « in », voire « an ».

Yvonne

Voir Yves.

Personnages célèbres : Yvonne Printemps. Yvonne de Carlo.

La *part de chance* d'Yvonne est à 191° sur le zodiaque, c'est-à-dire le 11° de la Balance.
Le *chiffre* d'Yvonne est le 5.
La *couleur* d'Yvonne est le bleu.

Caractère type : elle est faite pour la danse. Elle conserve un corps jeune, même en vieillissant, pour peu qu'elle y prenne garde. C'est une femme souvent cultivée et en tout cas intelligente. Elle aime parfois les mondanités.

Patronyme : Yvonne se combine mal avec un nom commençant par « n » ou « no ».

Zéphyrin

Fêté autrefois le 26 août.

Etymologie : vient du latin « zephyrus » qui signifie zéphir.

Historique : saint Zéphyrin, pape du IIIe siècle, est si peu connu qu'il a été rayé sur le nouveau calendrier.

La *part de chance* de Zéphyrin est à 10° sur le zodiaque, c'est-à-dire le 10° du Bélier.
Le *chiffre* de Zéphyrin est le 4.

La *couleur* de Zéphyrin est le jaune.

Caractère type : il est courageux. Il ne s'avoue jamais vaincu, et quand il l'est, il entre dans des colères aveugles.

Patronyme : Zéphyrin, prénom qui paraît un tantinet ridicule, se combine mal avec un nom commençant par « in », ou « rin ».

Zita

Fêtée le 27 avril.

Etymologie : vient du latin « zeta » qui signifie : chambre à coucher.

Historique : sainte Zita fut toute sa vie une domestique modèle. Pieuse et charitable, elle accomplissait son dur labeur avec dignité, malgré les mesquineries. Elle n'eut pas d'autres mérites, mais ils suffirent pour en faire une sainte. Elle mourut en 1278.

La *part de chance* de Zita est à 58° sur le zodiaque, c'est-à-dire le 28° du Taureau.
Le *chiffre* de Zita est le 2.
La *couleur* de Zita est le bleu.

Caractère type : elle est simple, gaie, directe, un peu secrète. Elle a le sens du rituel. C'est une excellente servante. Au grand cœur...

Patronyme : Zita se combine mal avec un nom commençant par « a », ou pire, par « ta ».

Zoé

Fêtée le 2 mai.

Etymologie : vient du grec « zoé » qui veut dire vie.

Historique : sainte Zoé, son mari et ses deux fils étaient esclaves en Turquie au IIe siècle. Leur maître exigea qu'ils sacrifient aux dieux. Ils refusèrent. Ils furent brûlés vifs, en 127.

Personnage célèbre : l'écrivain Zoé Oldenburg.

La *part de chance* de Zoé est à 82° sur le zodiaque, c'est-à-dire le 22° des Gémeaux.
Le *chiffre* de Zoé est le 1.
La *couleur* de Zoé est le bleu.

Caractère type : elle a une âme d'enfant qui transparaît derrière son humeur fantasque et ses caprices.

Patronyme : Zoé se combine mal avec un nom commençant par « é » ou « z ».

Achevé d'imprimer sur les presses de **Scorpion,**
à Verviers, pour le compte des nouvelles éditions **Marabout.**
D. novembre 1982/0099/197
ISBN 2-501-00205-9

Table des matières